現場で熱を感じ探る

火山の仕組み

THE MECHANISMS OF VOLCANOES

宇井忠英
TADAHIDE UI

ベレ出版

はじめに

地質学科の修士課程に在籍していた私は、鹿児島県指宿地方の火山噴出物を調査し、特に火砕流堆積物を調べるという研究課題を与えられていました。1964年の大みそか、池田湖の北方で地層が露出している崖を探して歩き回っていると、幸屋《こうや》集落のはずれで農業用水路を新たに作る工事現場を見つけました。池田湖起源の噴出物の下には厚さ20㎝の風化土壌層、その下に厚さ70㎝の火山灰層、更にその下には風化土壌層が見えていました。この火山灰層は当時アカホヤ火山灰層と呼ばれ、発生源不明の火山噴火により降ってきたものであると記載されていました。

ところが崖を詳しく観察してみると、細かな火山灰層の中に平均直径3㎝に達する非常によく発泡した軽石がいくつも入っていたのです。炭化した木片も見つかりました。非常に薄いけれどもこの火山灰層は降ってきたのではなく、火砕流により生じたと判断しました。日本列島では1万年に1回程度最大級の火砕流噴火が発生します。その最新事例として知られる幸屋火砕流堆積物の発見でした。私がその後、露頭（地層の断面が地表に現れているところ）や地形の観察により火山噴火の仕組みを探るというスタイルの研究者を目指すきっかけとなった思い出です。

多くの方々が抱く火山感は「火山に出かければ美しい自然景観を満喫できる。でも噴火は怖い」というものではないでしょうか？　火山の地形や火山の周りに残っている火山噴出物には、火山が今の姿になるまでにどういった噴火をしてきたのか、将来何が起こりそうかという情報が隠されています。そのことを多くの方々に知っていただきたいと考えて、本書の執筆を思い立ちました。

本書では私が国内のみならず海外にも出かけて噴火現象を野外の現場でどう読み解いてきたかを紹介しています。現地で撮影した画像を使い、地図やグーグルアースの画像も添えました。理解の助けになる論文の図版も入っていますが、専門の学術書ではないので最小限に留めました。

第1章から第7章までは火山の噴火に関わる現象ごとに分けて画像を沢山使いながら解説しています。第8章は火山と付き合うためには避けられない災害の状況と防災対策の現状を解説しました。最後の第9章はそれ以前の章ではあえて避けている火山の基礎知識の解説です。

本書を読んで火山現象に興味が湧いたら、できれば火山地域に出かけてみてください。特別な装備は用意しなくてもよいのです。山頂まで登る体力も必須ではありません。火山の周りを歩き回って火山の地形や地層を観察し何が起こっていたのかを探ってみましょう。但し、活火山に出かける場合には気象庁のウェブサイトで火山活動の現況を必ず確認してからにしましょう。

一般の市民の方々を対象とした本書ですが、将来地学系や土木系そして防災の分野の職業を選択しようと考えている若い世代の方々にもお役に立てるのではないかと思っています。

現場で熱を感じ探る　火山の仕組み［目次］

第3章 マグマの通り道

第4章 割れ目は語る

第5章 火砕流とその仲間たち

第6章 火山が崩れる

第7章 マグマと水のせめぎあい

第8章 火山がもたらす災害と防災対策

第9章

火山の基礎知識

第1章
流れる溶岩

図1・1　霧島山新燃岳の火口からあふれ出た2018年溶岩流。

マグマが火口から流れ出しているもの、そして冷えて固まったものを**溶岩流**といいます。略して**溶岩**ともいいます。例えば２０１８年の霧島山新燃岳の噴火では、火口からあふれ出した溶岩は山腹斜面の途中まで流れ下りました。この溶岩流は西山麓を通る林道から遠望できます（図１・１）。

溶岩流は流れやすいものから流れにくいものまでその形態は多様です。図１・２は溶岩流の表面の形態と厚さにより**パホイホイ溶岩**、**アア溶岩**、**塊状溶岩**に分類した断面の特徴を示しています。

火口から出てから流れた距離が厚さの8倍以内の流れにくかった溶岩を**溶岩ドーム**と呼びます。１９９１ー95年の雲仙普賢岳の噴火で、繰り返し発生した**火砕流**の発生源となったのが溶岩ドームです（図１・３）。火砕流とは高温の火山噴出物の破片が**火山ガス**と混合して高速で流れる現象です。第5章で詳しく解説します。雲仙普賢岳の噴火以前は溶岩**円頂丘**という用語が使われていましたが、取材陣か

図1・3　雲仙普賢岳1991-95年溶岩ドーム。

ら市民にはわかりにくいとの指摘があり、英語名を直訳した溶岩ドームに置き換わりました。

この章では溶岩流や溶岩ドームを対象に、その地形や露頭を観察して何が読み取れるかを紹介します。

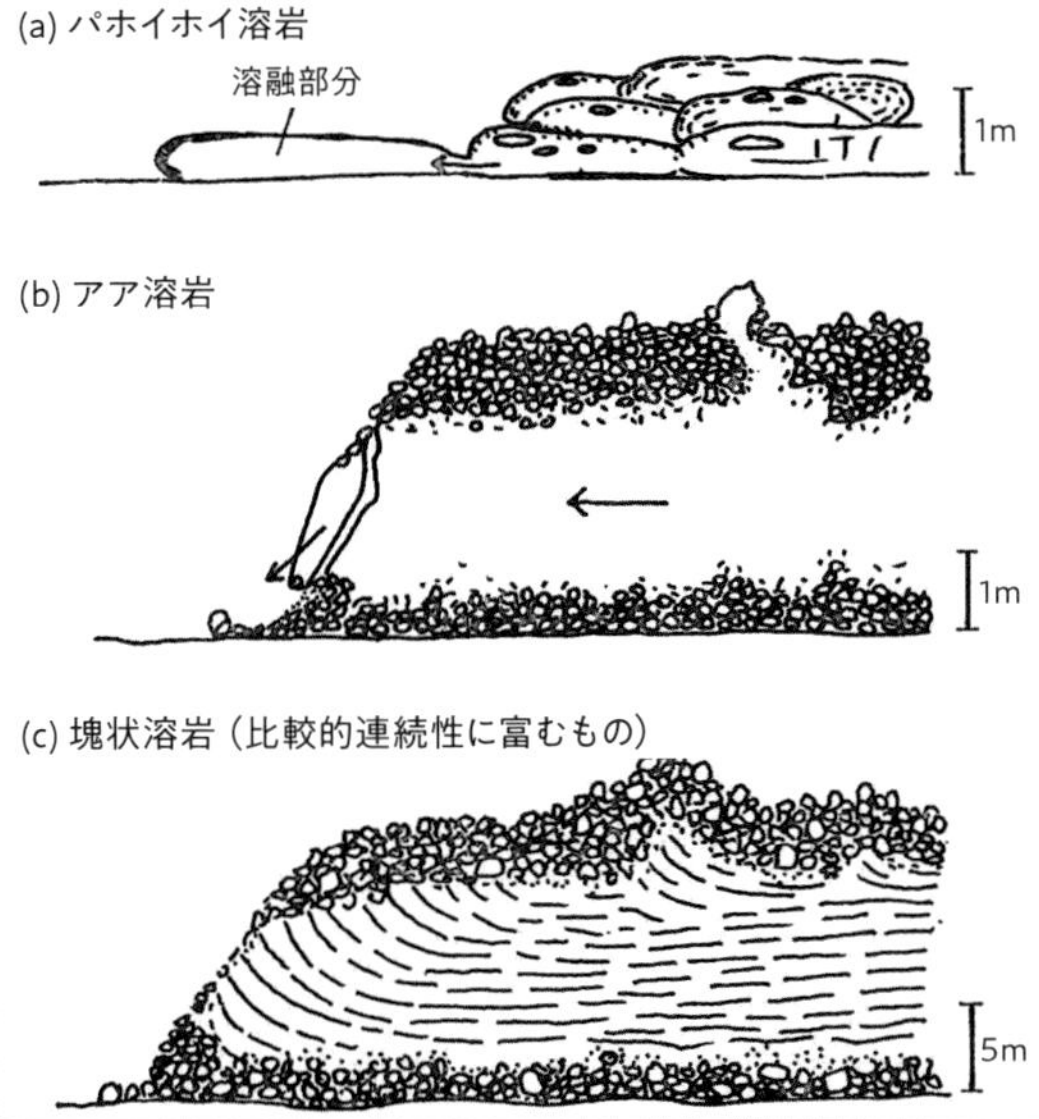

図1・2
表面の形態と厚さに基づく溶岩流の分類。（荒牧（1979）を改変）

1-1
パホイホイ溶岩とアア溶岩

パホイホイ溶岩とアア溶岩は表面の形態による歩きやすさの違いから使い分けていたハワイ語に由来します。表面が滑らかで歩きやすいのがパホイホイ溶岩、表面が尖った岩で覆われていて歩きにくいのがアア溶岩です。英語でもほぼパホイホイと発音していますが、ハワイ語の発音に近いのはパーホエホエです。

パホイホイ溶岩

図1・4はパホイホイ溶岩の典型的な地表写真です。表面にある**火山ガラス**が太陽光を反射して光っています。図1・5は緩やかな斜面を流れているパホイホイ溶岩の空撮画像です。画面の横幅は100m程度です。赤色が濃いほど高温で、流れながら次第に冷えて黒みを帯びていきます。画面では赤色の濃い場所は3か所あり、そのうち1か所は流れの途中から始まっています。幅が広がりながら流れの方向に沿って筋状の模様が見えています。そして次第に表面にしわが寄ったような模様が見えてきます。この表面形態は**縄状溶岩**と呼ばれています。これらの溶岩流の周囲にある濃い灰色の部分はこの溶岩流よりも前に流れた溶岩流です。

図1・6は先端から赤熱溶岩がゆっくり流れ出して縄状溶岩となりつつあるときの近接画像です。画面の横幅は2m位です。溶岩は熱の伝わり方が低いため、先に大気に触れて冷えた表面の薄皮を乗せたまま流れます。先端が停止すると後ろから押されて薄皮にしわが寄ってしまいます。縄状の模様が円弧状になっているのは、流れの両端の方が中央部より流速が遅く冷えやすいためです。

図1･4
流れ広がったパホイホイ溶岩。
画面右手が上流。

図1･5
画面の左から右に向かって流れるパホイホイ溶岩。2003年7月20日上空より撮影。

図1･6
パホイホイ溶岩の先端から流れ出して表面にしわを作る。2003年7月21日撮影。

溶岩流は低い方に流れますから、縄状溶岩のしわを観察することで溶岩流の流れの方向がわかります。しかし、局所的な起伏の影響を受けるので、一つの縄状のパターンを見つけただけで大局的な流れの方向と判断してしまうのは禁物です。

図１・７はパホイホイ溶岩の流速が下がった流れの先端部付近の画像です。丸みを帯びたパターンが見えています。その一部が割れて中身が絞り出されたような形態もあります。こうした形態は英語では靴のつま先を意味するトウを使って**パホイホイトウ**と呼びます。

図１・８は流速が遅く殆ど停止した溶岩流の先端部に近寄って観察した画像です。２コマの画像は１分以内に撮影しました。画面中央よりやや右下が割れて新たに赤熱溶岩が流れ出しました。輻射熱が強く２－３ｍ以内には近づけないので、スケールは写っていませんが画像の横幅は１－２ｍ程度です。

火山ガスがはじけた跡と引き伸ばされた火山ガラス

図１・８を近接撮影中にはパチパチという音が聞こえ、細かな火山ガラスの破片が飛んできました。図１・９は２０１８年山麓噴火で生じたパホイホイ溶岩の表面で、特に冷却直後の状態がよく残っている部分の接写です。赤丸内に丸い穴が見えています。マグマからの脱ガスによって成長中の**気泡**がはじけた痕跡です。赤矢印で示した筋が見えています。溶岩の流れにより表面の火山ガラスが冷却しながら引き伸ばされた痕跡です。

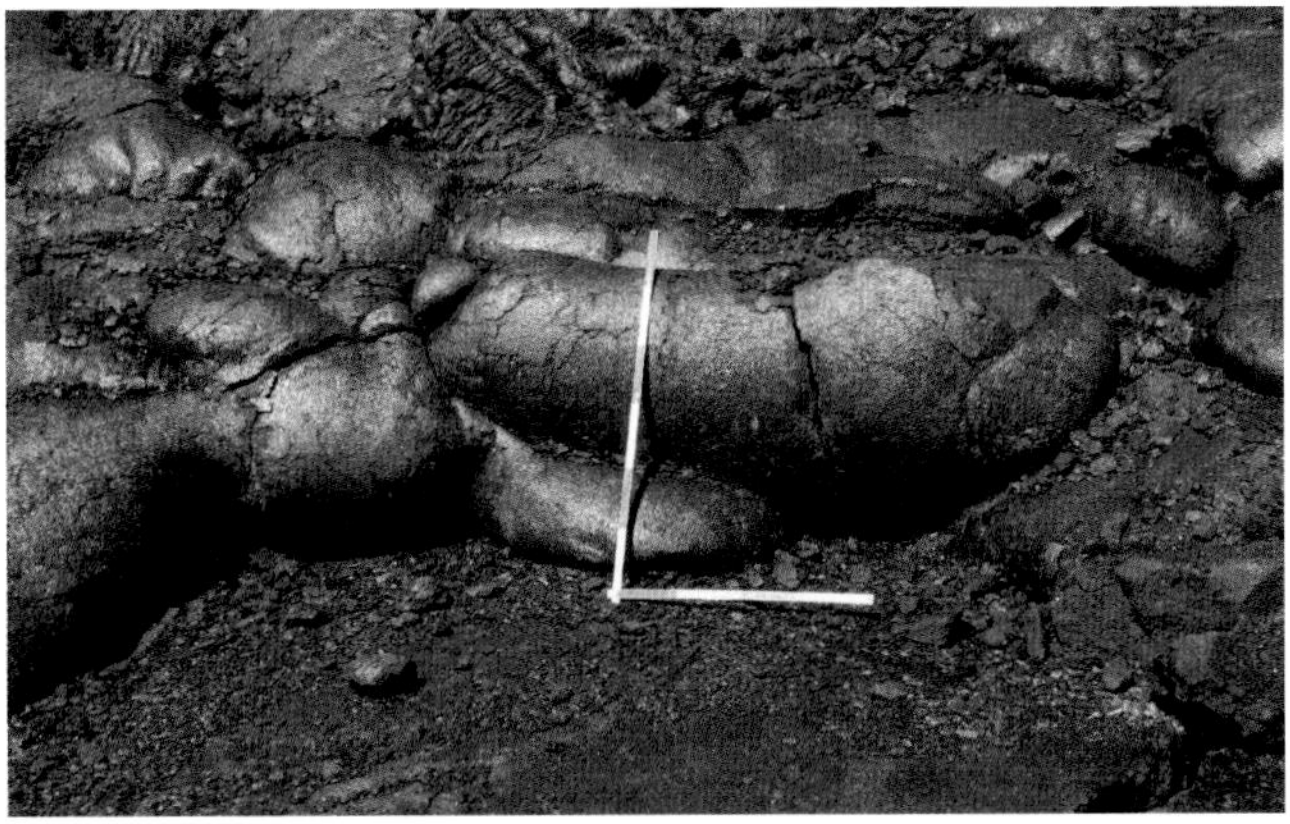

図1・7
スケールの左右に並ぶ丸みを帯びた形態がパホイホイトウ。

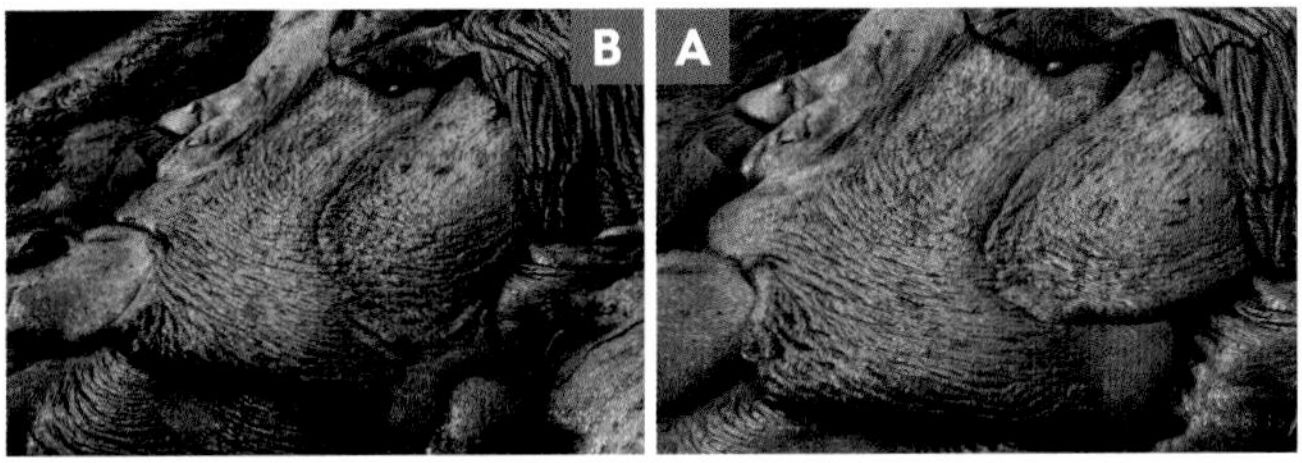

図1・8
溶岩流の先端部で1分以内に撮影した連続画像。1996年6月14日撮影。

図1・9
パホイホイ溶岩の表面に見られる発泡と流れの痕跡。

厚さ数㎜の急冷した火山ガラスは非常に脆《もろ》いので、4年半後に観察した時点でこうした形態の多くは剝がれて失われていました。

チュムラスとクレバスのような割れ目

大量のパホイホイ溶岩が一気に流れて分厚く溜まってしまうことがあります。こういう場所で直径数m位の範囲が蓋を開けたように盛り上がった形態をとる**チュムラス**が見つかります（図1・10）。チュムラスの周辺を歩いてみると氷河のクレバスのような割れ目が開いている場所が見つかります（図1・11）。こうしたことから溶岩流が分厚く溜まり、冷却が進行してからも押されてずれ動く力が加わって盛り上がったり破断したりしたことがわかります。割れ目には溶岩の冷却に伴って生じた**冷却節理**（4－1参照）が確認できます。

アア溶岩

図1・12はハワイ島**マウナロア火山**から400－500年前に流れ出した厚さ10m位のアア溶岩です。その表面Aには大きな岩塊が集積しています。Bはこの溶岩流の側端に見られる急崖です。

図1・13は緩斜面を流れ下っているアア溶岩の空撮画像です。画面の横幅は50－100m程度です。表面を覆っている溶岩が割れている様子が読み取れます。停止した

図1•11
分厚いパホイホイ溶岩流で見られるクレバス状の割れ目。

図1•10
分厚いパホイホイ溶岩流に見られるチュムラス。

図1•12
マウナロア火山のアア溶岩の表面（A）と側端の崖（B）。

図 1・13
流れ下るアア溶岩。 2008年4月9日上空より撮影。

図 1・14
アア溶岩の表面。

先端部を破って内部の熱い溶岩が流れ出し、横にはみ出した形態（青矢印）も読み取れます。図1・14は典型的なアア溶岩の地表写真です。表面は直径が数十cmから数m位のがさがさとした形態の岩塊で覆われています。

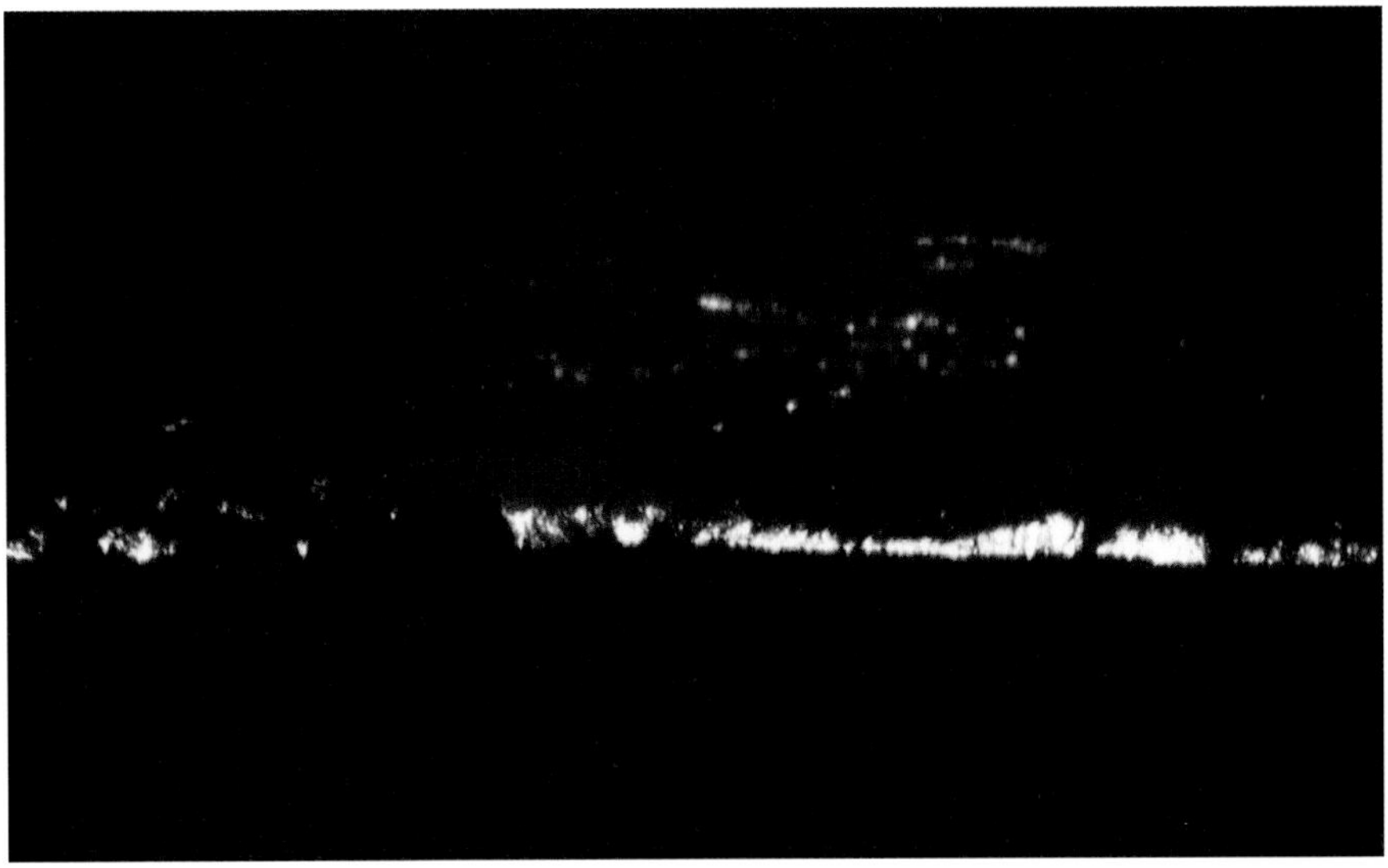

図1・15
山麓の平坦地に達したマウナロア火山2022年噴火の溶岩流。2022年12月6日18:28撮影。

マウナロア火山は２０２２年に38年ぶりの噴火が始まり、山頂部の**割れ目火口**から流れ出た溶岩流は、山麓の平坦地に達したため流速が次第に低下していました。図１・15は市民向けに設置された溶岩流遠望区域で日没直後に撮影した画像です。米国地質調査所（ＵＳＧＳ）の観測によると、約３㎞先ではアア溶岩の先端が前日から約５００ｍ前進していました。画面の手前側にアア溶岩の先端部の崖が明るい帯状に写っています。奥の方に写っている明るい斑点はアア溶岩の表面に露出した赤熱岩塊です。同時に撮影したビデオ映像を拡大してみると、先端部の厚さ10ｍ未満の崖からは赤熱した岩塊が転落を繰り返しつつ溶岩流がゆっくり前進していることがわかりました。

図１・16は比較的薄いアア溶岩の断面です。緻密な溶岩の上と下にはがさがさの岩片が多数見られます。まだ冷え切らないうちに次の溶岩流に覆われて上に乗っていた岩片が高温にさらされました。そのため岩片中の火山ガラスの一部が酸化鉄の微細な結晶を生じて赤みを帯びた色になりました。底面にも

がさがさの岩塊が張り付いています。この岩塊は流れの先端部で上部から転げ落ちて溶岩流の下敷きになったものです。

図1・17ではアア溶岩の断面に孔が開いています。溶岩流が流れる過程で冷えて固まった表面を残して固まっていなかった内部が流れ出してしまいます。そのため内部に

図1・16
アア溶岩の断面。スケールの長さは1m。

図1・17
先に冷えた表面を残して内部が流れ出てしまった溶岩の空洞。

空洞ができるのです。同様の形態はパホイホイ溶岩にもあります。

溶岩堤防

火口からの溶岩流の流出量が多い状態が何日も続くと、流路が固定して川のような流れを作ることがあります。流れの側方では冷やされた溶岩が固まって堤防のような高ま

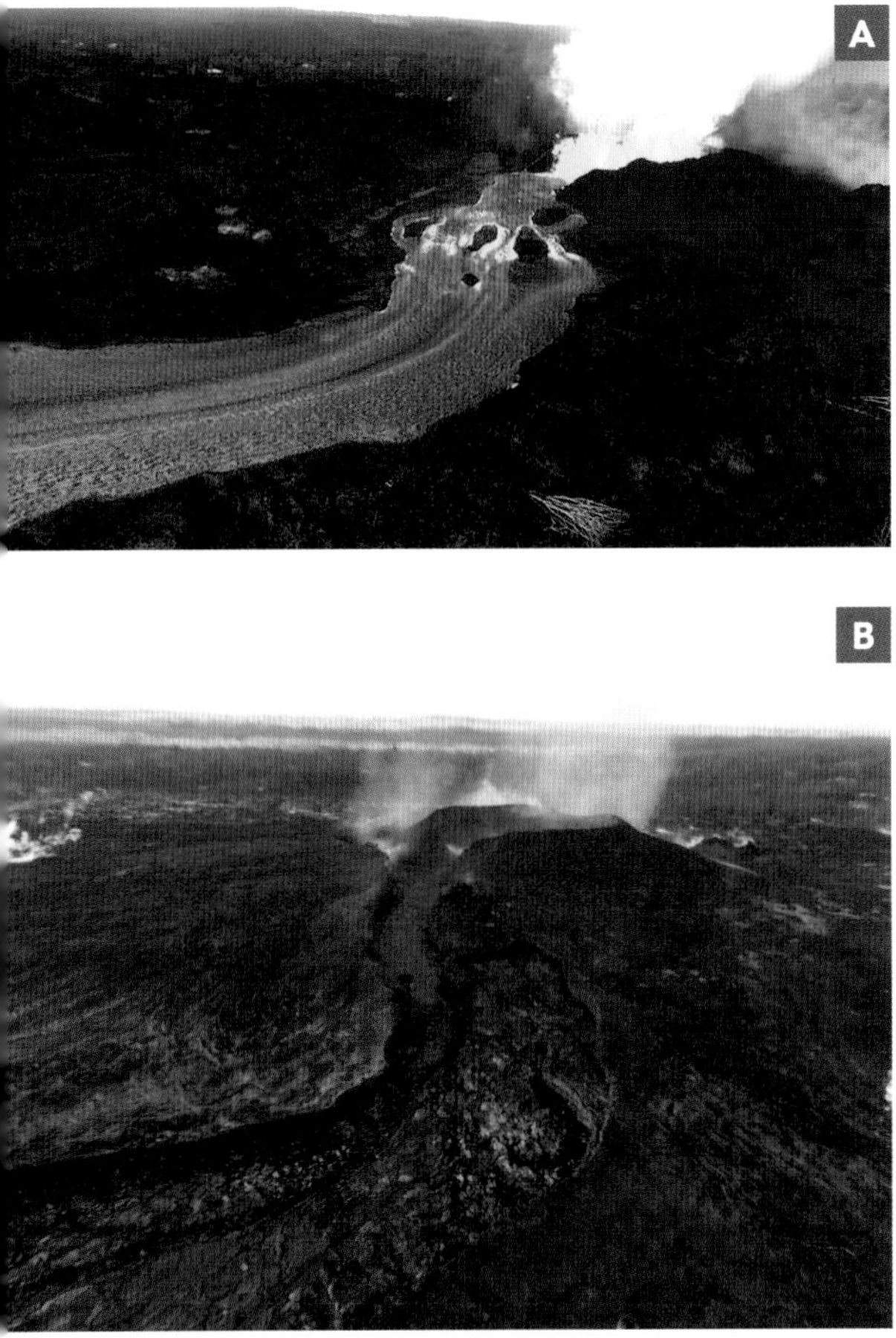

図1・18
キラウエア火山2018年山麓噴火の際に生じた溶岩堤防。ほぼ同一の範囲を溶岩が流出中の6月30日(A)と流出がほぼ停止した8月14日(B)に上空より撮影。(USGSによる)

りを作ることがあり、これを**溶岩堤防**と呼びます（図1・18）。

溶岩トンネル

溶岩流は大気に触れている表面が冷えて先に固まります。それが断熱材の役割をして、内部では赤熱状態の溶岩を効率よく遠方に流します。溶岩の供給が止まると、内部では溶岩が流れ去ってトンネル状の空洞ができます。これを**溶岩トンネル**と呼びます。この内部をまだ熱い溶岩が流れることがあります。

溶岩トンネルには中に人が入って歩ける大きさのものもあります（図1・19）。溶岩トンネルの内部を歩いてみると側壁に棚のような段差が見つかることがあります（図1・20赤矢印）。これはトンネル内を流れた溶岩の表面が側壁に張り付いてできたものです。

図1·19
溶岩トンネルの内部。

ピットクレーター

溶岩流や火山灰などを放出することなく、陥没により生じた火口を**ピットクレーター**と呼びます。溶岩トンネルの上にピットクレーターがいくつも並んでいることがあります。特にキラウエア火山

図1･20
溶岩トンネルの側壁に見える棚状の構造。

図1･21
ピットクレーター。

の６５０－７００年前の火山活動では東リフトゾーンに直径数百ｍに達するピットクレーター列ができました。図1・21はその一つ、**パウアヒクレーター**です。画面奥には1979年に流れ込んだ溶岩流が見えています。リフトゾーンとはハワイの火山で特徴的に見られる地形です。山頂部から２－３方向に放射状に伸びた割れ目を生じ、火口ができています。

ホーニト・スカイライト

ピットクレーターから赤熱溶岩のしぶきが噴き出して小さな丘のように積もることがあります。これを**ホーニト**（ホルニト）と呼びます（図1・22）。まだ溶岩トンネルの内部に溶岩が流れているタイミングでは、地表や上空からは赤熱溶岩が確認できることがあり、これを**スカイライト**といいます（図1・23）。

図1・23では溶岩トンネルの中を流れる溶岩から分離した白色の火山ガスが立ち上っています。白色の火山ガスの根元は透明で赤熱溶岩が見えています。火山ガスの主成分である水が沸点より低温だと水の微粒子ができて、その表面で太陽光などの光を反射します。一方、透明な部分は赤熱溶岩にさらされて水は気体であり、液体の水の微粒子がないため光を反射できないのです。

溶岩湖

火口底や火口壁での噴火が続くと、火口底に溶岩が溜まって溶岩の湖を作ることがあります（図1・24）。**溶岩湖**の表面からはマグマのしぶきを吹き上げる**溶岩噴泉**が見えることもあります（図1・25）。

溶岩湖は表面での冷却に伴って内部で**対流運動**を起こしています。そのため夜間には

図1・22
白煙の根元手前側にホーニトが見える。2013年3月6日上空より撮影。

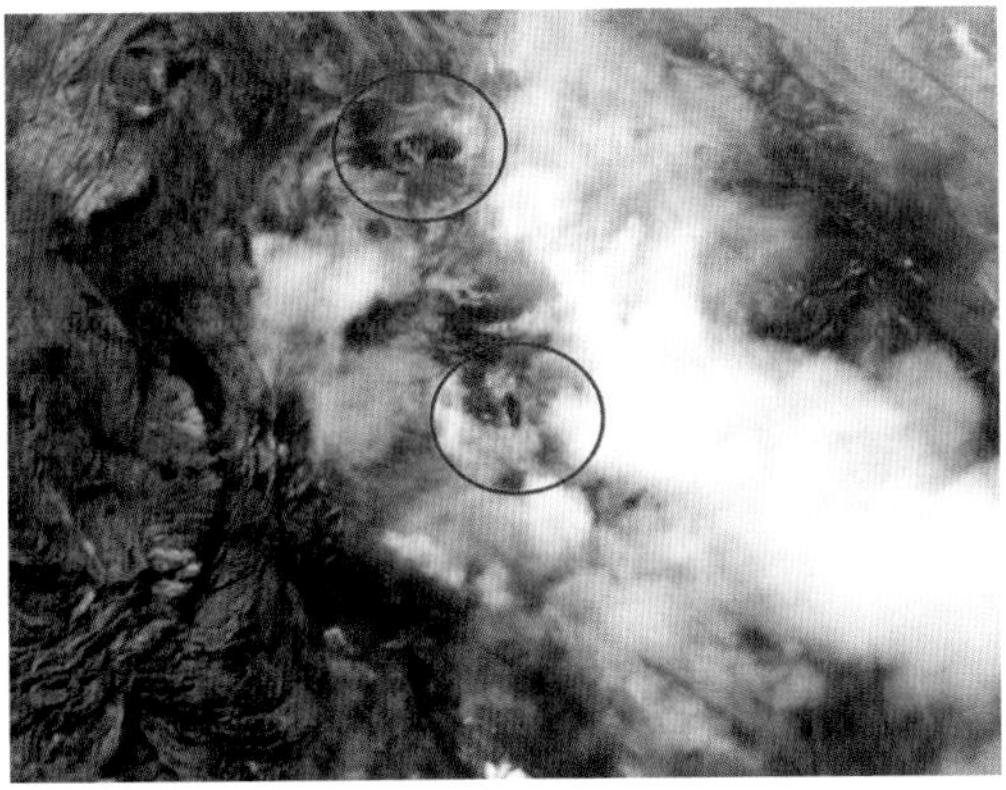

図1・23
スカイライト。2014年3月22日上空より撮影。

図1・24
ハレマウマウ火口内の溶岩湖。2022年12月5日撮影。

図1・25
ハレマウマウ火口内に生じた小火口で見られた溶岩噴泉。2014年9月5日撮影。

冷えて固体となった表面の殻の部分が割れて、赤熱溶岩が線状に見えるようになります。そして内部の対流運動に伴って動くことが観察できます（図1・26）。

完全に固まった溶岩湖の表面から赤熱溶岩があふれ出て流れ広がることもあります。図1・27は**プオオ火口**底の固結した溶岩湖の表面に流れ広がる溶岩流です。AとBはおよそ1分間隔で上空より撮影しました。画面の横幅は10m程度です。

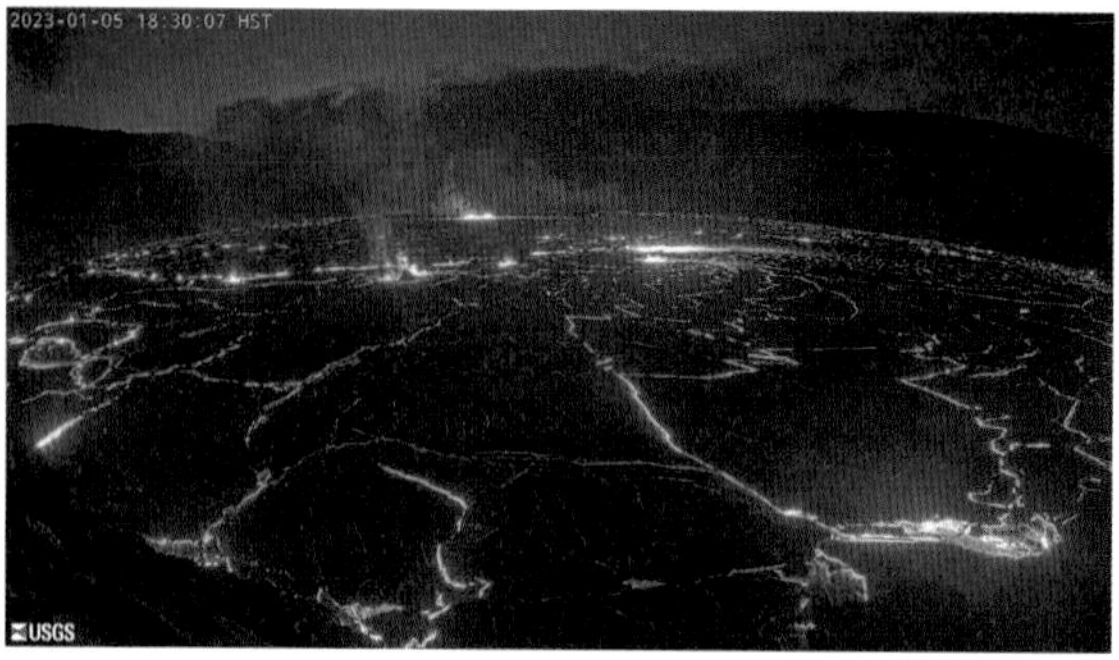

図1•26
2023年1月5日の火口監視カメラ画像。（USGSによる）

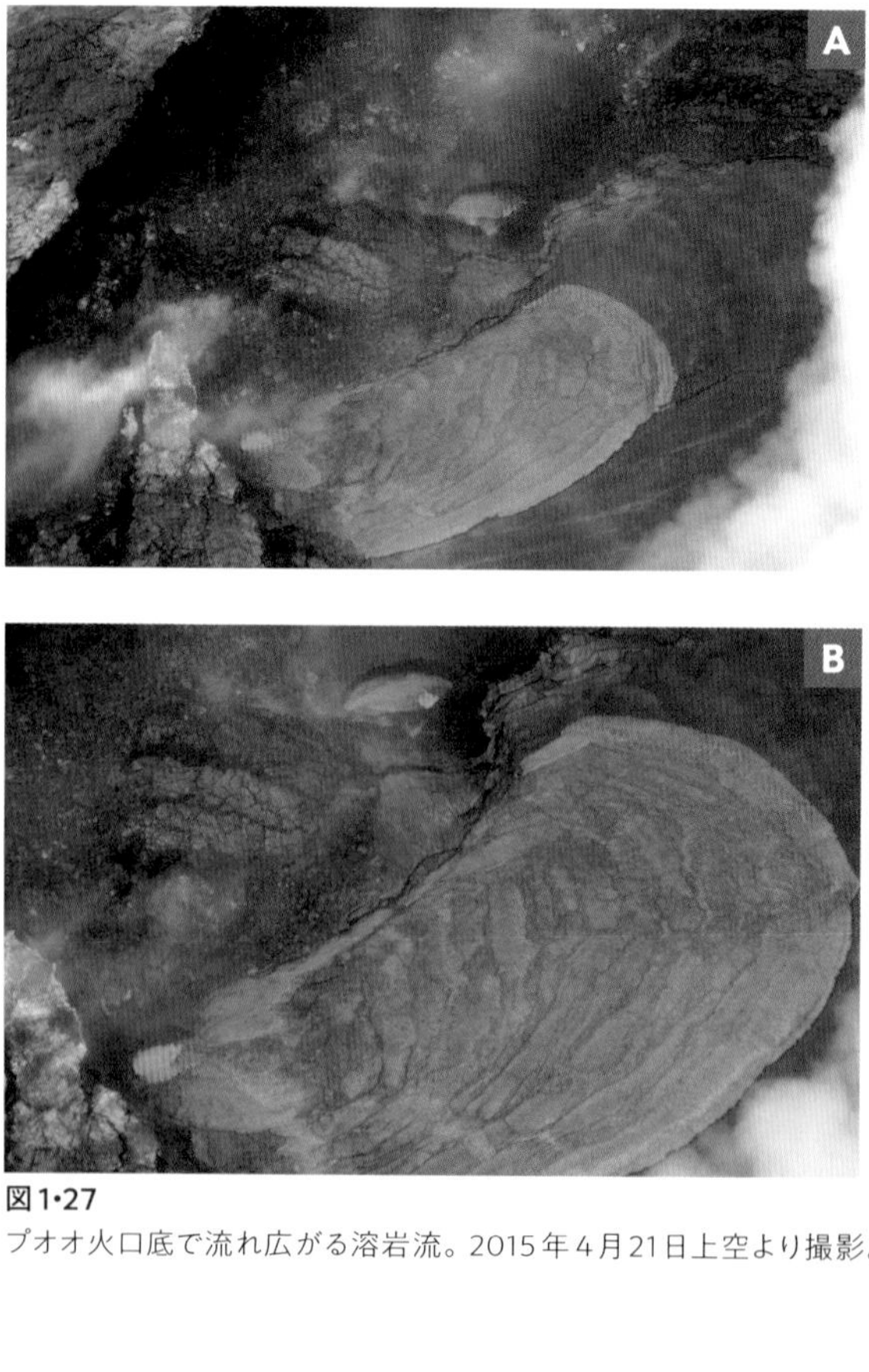

図1•27
プオオ火口底で流れ広がる溶岩流。2015年4月21日上空より撮影。

火映現象

溶岩湖では夜間になると赤熱したマグマからの光が、立ち上る白い噴煙の中に含まれる水蒸気の微細な粒子の表面や火口壁で反射して赤く見える**火映現象**が観察できます（図1・28）。

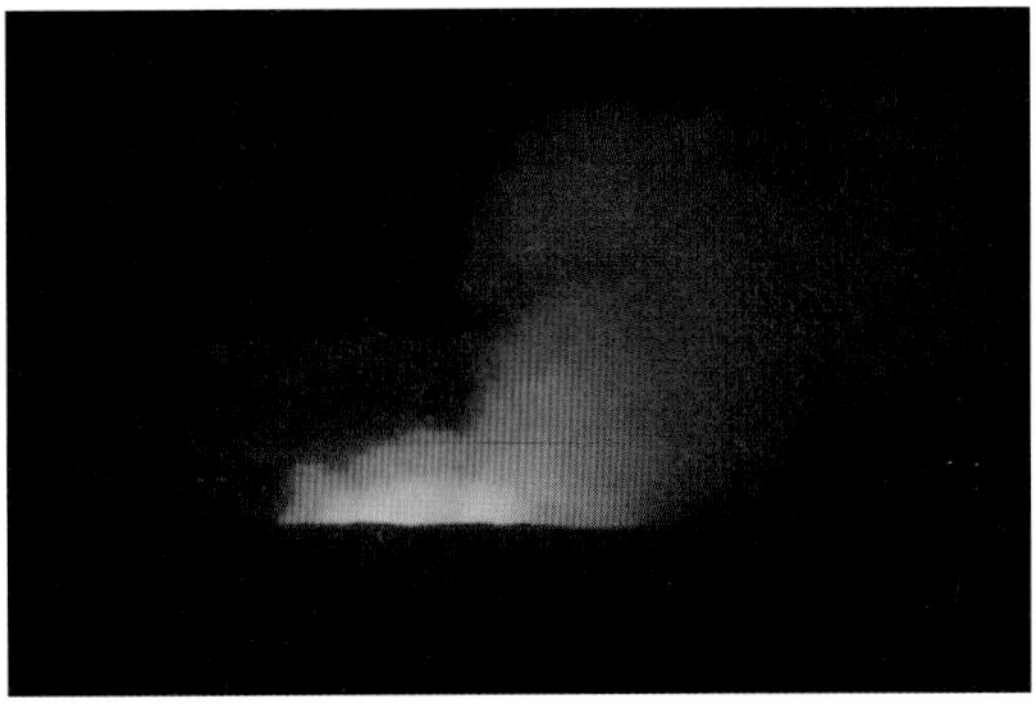

図1・28
ハレマウマウ火口内の小火口で見られた火映現象。2014年9月5日 19:09撮影。

溶岩樹型

パホイホイ溶岩の表面を歩いていると、丸い穴が見つかることがあります（図1・29）。この穴は溶岩流が森林の中を流れ、樹木が炎上する一方、その周りの溶岩が冷え固まった痕跡で、**溶岩樹型**といいます。溶岩流の熱と大気中の酸素により樹木は燃えてしまって、幹の形が鋳型となって残ったのです。図1・29Aで溶岩樹型の左側を見るとバウムクーヘンのような縞模様で包まれていることがわかります。短時間に繰り返し溶岩が流れては張り付いたことを示しています。

図1・29Bでは溶岩樹型の右側は溶岩を包み込むようにスムーズな曲面となっているのが見つかります。一方左側は2つの面が合流するような形態が見られます。こうしたことからこの場所では溶岩流が右側から流れてきたことがわかります。

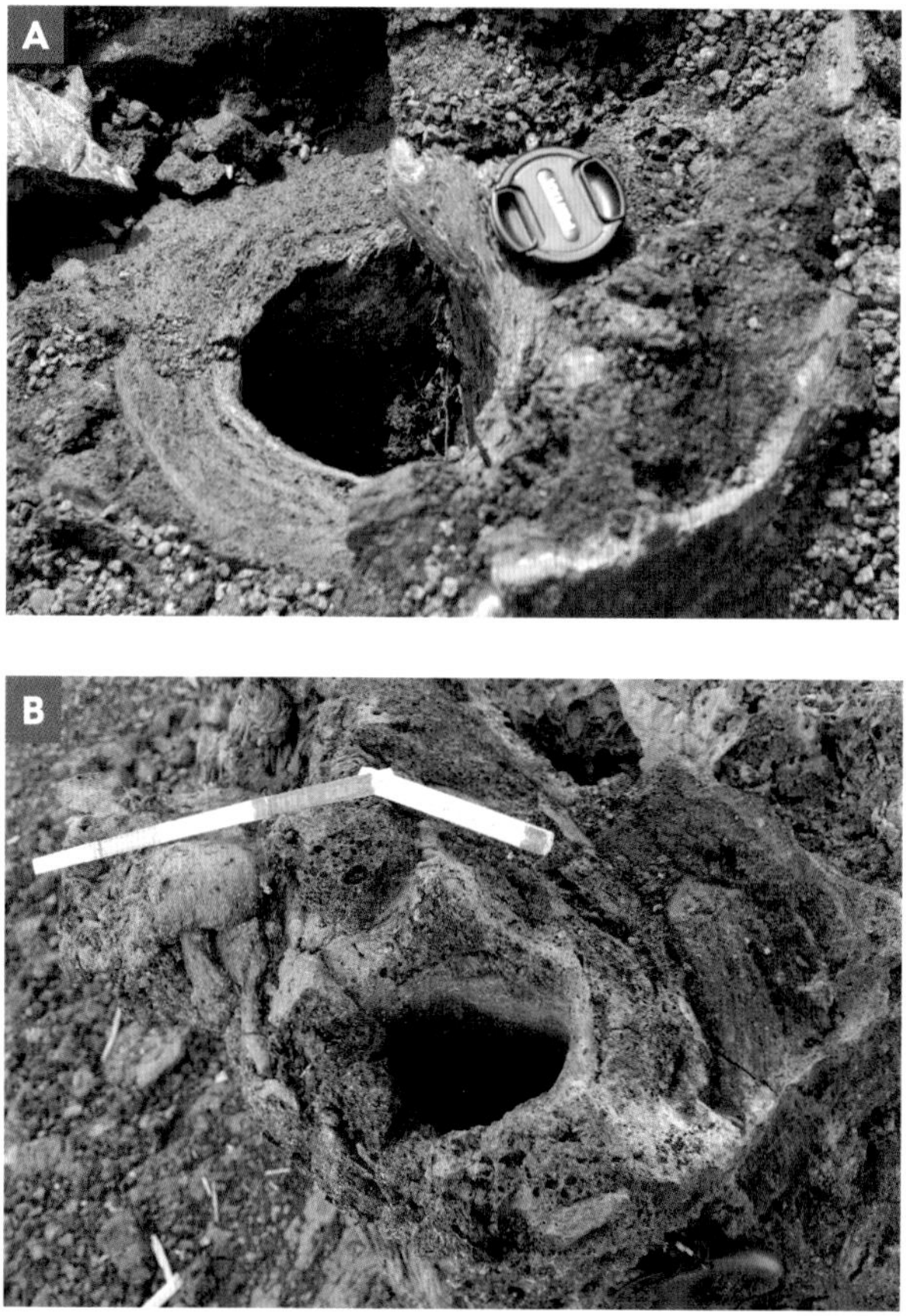

図1･29
溶岩樹型の断面。

溶岩樹型のそばに根元がない倒木が見られることがあります（図1・30）。溶岩流に飲み込まれた樹木の根元が炎上し、それより上部は冷えて固体の岩となっていた溶岩流の上に倒れたものの炎上しなかったのでしょう。

図1・31は**キラウエア火山**の山麓で、1840年に樹林帯の中で**割れ目噴火**が発生した場所の現況です。その後回復した植生の間に立っているのは溶岩樹型です。溶岩樹型の高さは噴火の際に流れた溶岩流の最大の厚さを示しています。

パホイホイ溶岩とアア溶岩の違いはなぜできるのか？

ハワイの火山の噴火で典型的に見られるパホイホイ溶岩とアア溶岩は、いずれも玄武岩と呼ばれる岩石（9－2参照）で化学組成は同じです。両者の形態の違いを生むのは溶岩流の温度と流れる速さそして流れる場所の地形です。地形がほぼ平坦な場所に流れ出た溶岩流は、流速が遅く表面が冷えて固体の岩となるまでの間に壊れにくいので、平滑な表面に覆われたパホイホイ溶岩になります（図1・4、図1・5）。一方、斜面に

図1･30
溶岩流の上に散在する倒木。

図1･31
流れた溶岩流の最大の厚さがわかる溶岩樹型。赤丸内に人物が立っている。

流れ出た溶岩流は流速が大きく、表面に冷えた岩ができる過程で引き伸ばされたり割れたりします。その結果、表面にとげがある岩片に覆われた状態となりアア溶岩になるのです（図1・14）。

パホイホイからアアへの変化

流れてきたパホイホイ溶岩がアア溶岩に変わってしまう事例が見つかっています。パホイホイ溶岩が地表の勾配の急な場所に差し掛かるとアア溶岩に変わってしまうことがあります。流速が上がり表面に亀裂が入ってしまってパホイホイ溶岩の特徴である滑らかな表面形態を保てなくなるからです。こうした変化は溶岩流の温度や流量にも左右されるのかもしれません。

キラウエア型カルデラ

キラウエアやマウナロアなど活発に噴火を繰り返している若い楯状火山（1－7参照）の山頂部には多数の断層崖が連なったくぼ地（5－3参照）があり、**キラウエア型カルデラ**と呼ばれています（図1・32）。図1・33は地質調査で判明した最近500年余りの間のキラウエア火山の山頂部の変動史を示しています。成長を続けていた山頂部は15世紀の末頃から200年ほどの間に陥没を繰り返し、キラウエアカルデラができました。その後現在までカルデラ内の噴火で次第に埋め立てられてきました。やがてカルデ

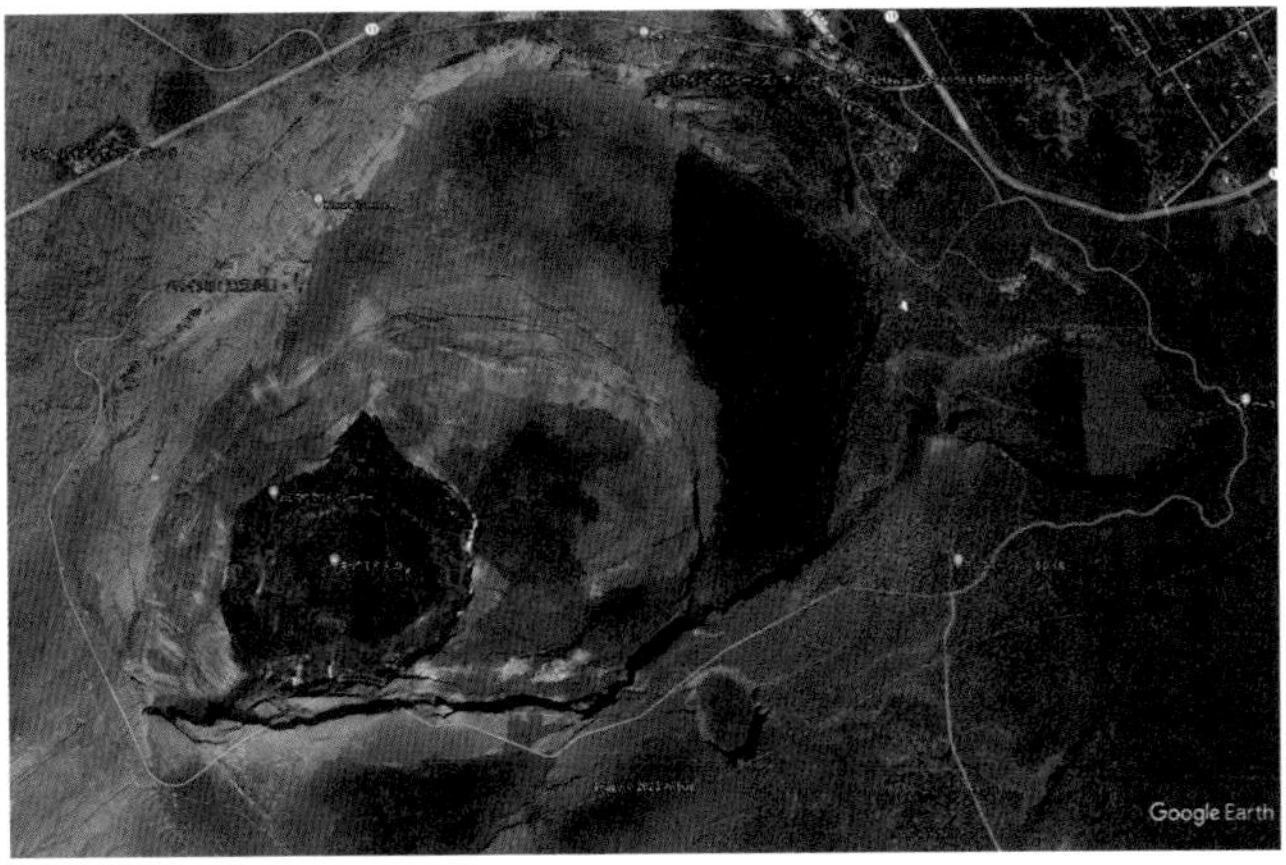

図1・32
多数の断層が連なっているキラウエアカルデラ。(Google Earth による)(19° 24'30"N, 155° 16'50"W)

ラは完全に埋まってしまうと推測されています。

溶岩シールド

ハワイの火山ではリフトゾーン沿いには山頂に火口があり緩い山腹斜面が溶岩流に覆われた火山体があります。これを溶岩シー

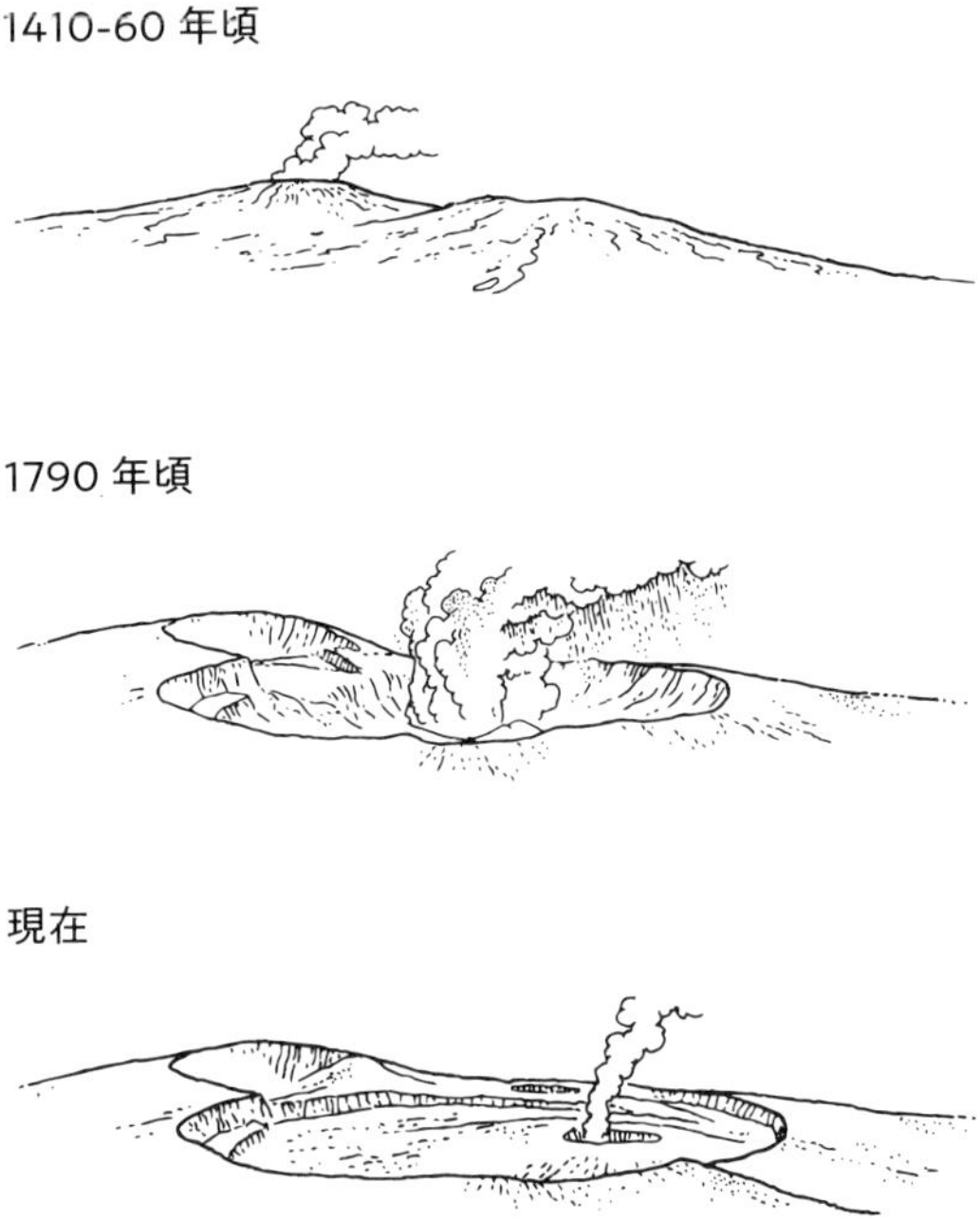

図1・33
15世紀以降のキラウエアカルデラの地形変遷。
(Hazlett (2014) を改変)

図1・35
1969-74年噴火で誕生したマウナウル溶岩シールド。
1983年2月8日上空より撮影。

図1・34
プオオ噴火初期の溶岩噴泉と流れ出す溶岩流。 1983年11月30日上空より撮影。

ルドと呼びます。その一例である**プオオ溶岩シールド**は1983年から35年間断続的に続いた噴火で、キラウエアカルデラから18㎞東方の東リフトゾーンで生じました。初期には火口から溶岩噴泉を高く吹き上げ、火口から溶岩流を流し出しました（図1・34）。溶岩流は広大な溶岩原を作り海に流れ込むほどの規模でした。最終的には比高255mのプオオ溶岩シールドとなりました。1969－74年噴火の際には**マウナウル**溶岩シールド（図1・35）ができました。

伊豆大島と福江島

ここまでハワイ島の溶岩流で何が見られるのか紹介してきました。同様な現象が見られる日本国内の事例を紹介しましょう。

伊豆大島は、1777－78年、1986年などに大量の玄武岩溶岩を流す噴火を繰り返してきました。アア溶岩の溶岩原（図1・36）、溶岩樹型、ホーニト、パホイホイ溶岩表面の縄状構造などを見ることができます。一時的に火口底に溶岩湖ができて火映現象が起きたことがあり、**御神火**と呼ばれていました。

五島列島の**福江島**には**福江単成火山群**に属する小型の火山群があります。富江地区の**只狩山**は標高わずか84m、周囲にパホイホイ溶岩との記載がある溶岩流が重なった平らな地形が広がっています。土壌と植生に覆われており、表面構造は観察できません。福江島の井坑や黄島には溶岩トンネルがあり、この内部に入って観察することができます（図1・37）。

図1・36
伊豆大島1986年アア溶岩。

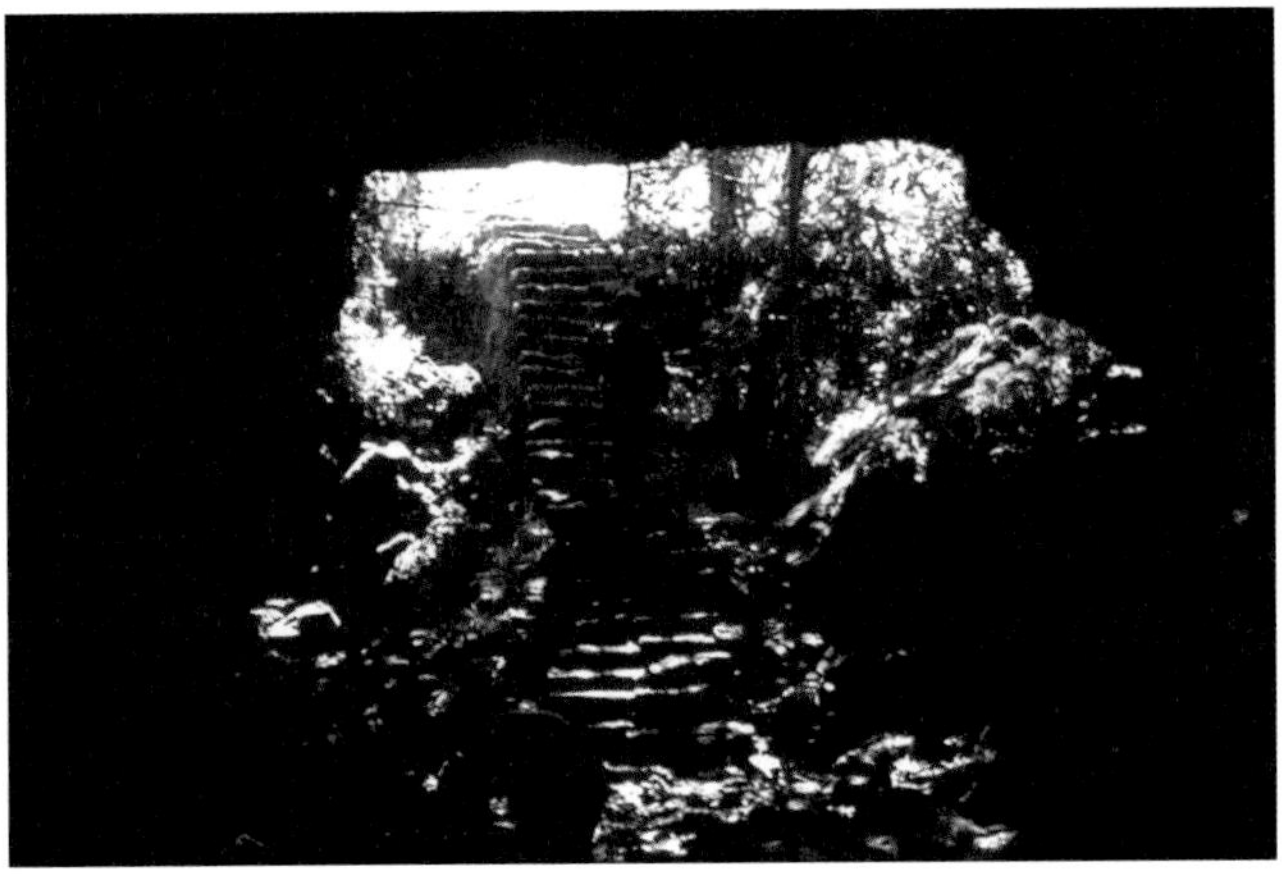

図1・37
福江島の井坑溶岩トンネル。

1-2
溶岩台地・洪水玄武岩

インドのデカン高原玄武岩や米国北西部のコロンビア川玄武岩（図1・38）は、数百万年の間に大規模な玄武岩マグマの噴火による溶岩の流出を繰り返してできた地形を作っています。このような地形は**溶岩台地**と呼ばれています。個々の溶岩は**洪水玄武岩**と呼ばれています。

1600万年前頃に始まったコロンビア川玄武岩の噴火ではオレゴン州からワシントン州、アイダホ州にかけ溶岩が21万平方キロメートルの範囲を覆いました。洪水玄武岩の噴出口については3-8で解説します。

スパイラクル

古い溶岩流がどういう方向に流れたかを調べる手段の一つとして

図1・38
コロンビア川玄武岩。

図1・39
溶岩流の基底部から水蒸気が立ち上り、右上方に曲がってできたスパイラクル。

スパイラクルの観察があります。溶岩流が湿地帯や沼などを急速に覆ってしまうと、閉じ込められた水分が気化して、まだ液体状態の溶岩の中に突入して筒のような形をした孔となるのがスパイラクルです。

図1・39はコロンビア川玄武岩の一つで、パイプ状のスパイラクルが見られる溶岩流の最下部の画像です。画面の左側の赤矢印の部分に右上方に曲がったスパイラクルが写っています。最下部が冷え固まっても内部の溶岩がまだ流れていたので、溶岩流の中に立ち上ったスパイラクルの上部は下流方向に曲がってしまったのです。その方向を多数計測することで、溶岩流が流れた方向を推測することができます。

人が入れるような大きなスパイラクルもあります。落盤を免れたスパイラクルの表面は細かく複雑な曲面で覆われているので水蒸気とまだ液体状態の溶岩という流体同士の接触面であることがわかります。このような形態を確認できれば、樹木の幹の形の鋳型を残した溶岩樹型や水平に近い傾斜で伸びる溶岩トンネルとは識別ができます。国内の観光地ではスパイラクルを溶岩樹型と誤認している事例があります。

1-3
塊状溶岩

日本の火山で見られる溶岩の多くは、**安山岩**（9－2参照）と呼ばれる化学組成のマグマが噴出してできる塊状溶岩です。塊状溶岩の表面は溶岩の塊で覆われており、背丈を超えるような大きさの岩塊もあります。

桜島の1914年噴火の際には、南岳を囲む東西の山腹火口列から大量の溶岩が流れ出して塊状溶岩の溶岩原を作りました。この噴火で桜島の南東部に溶岩が流れ広がり大隅半島と陸続きになってしまいました。

1980年代頃までは有村の展望所に登ってみると、樹木は目立たず人の背丈より大きなごつごつとした溶岩の塊が一面に広がっていました（図1・40A）。今では山麓に広がる**大正溶岩**は殆ど植生に覆われています（図1・40B）。

半月ほど続いた大正溶岩の総噴出量は1・5立方キロメートル、厚さは最大で150mに達したと推測されています。大正溶岩は先端部が開口して二次的に溶岩流が流れ出しているので（図1・41、図1・42）、大正溶岩の内部には溶岩トンネルが存在するはずです。

米国オレゴン州の**ニューベリー火山**の**ビッグオブシディアンフロー**は約1300年前に噴出した塊状溶岩です。図1・43は山頂部のパウリナピークから見た溶岩流の全景です。図1・44はこの溶岩流全体の地形図です。植生に覆われた範囲が緑色に塗られているので溶岩流の分布範囲がわかります。図1・45は溶岩流の先端部の崖にあるトレイルを登って先端部の厚さがわかるように撮影した画像です。赤丸内に人物が立っています。崖の大部分は大きな岩塊が集積していますが、中心部には連続した**黒曜石**と呼ばれるガラス質の溶岩が見られます。崖に近づいて観察すると、溶岩の断面には横に伸びた縞模様が見えています（図1・46）。**流理構造**といいます。

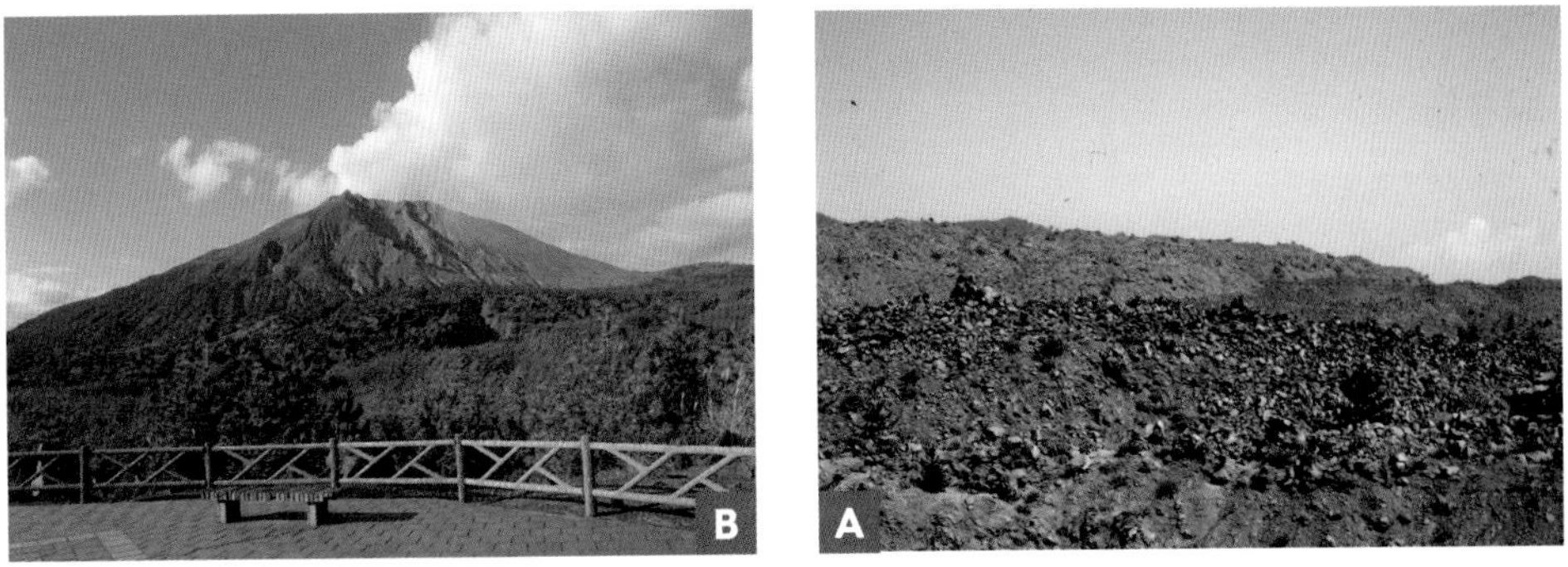

図1･40
桜島1914年噴火の塊状溶岩。1982年10月(A)と2021年12月(B)に撮影。

図1･41
桜島大正溶岩の先端部から流れ出した二次溶岩流。

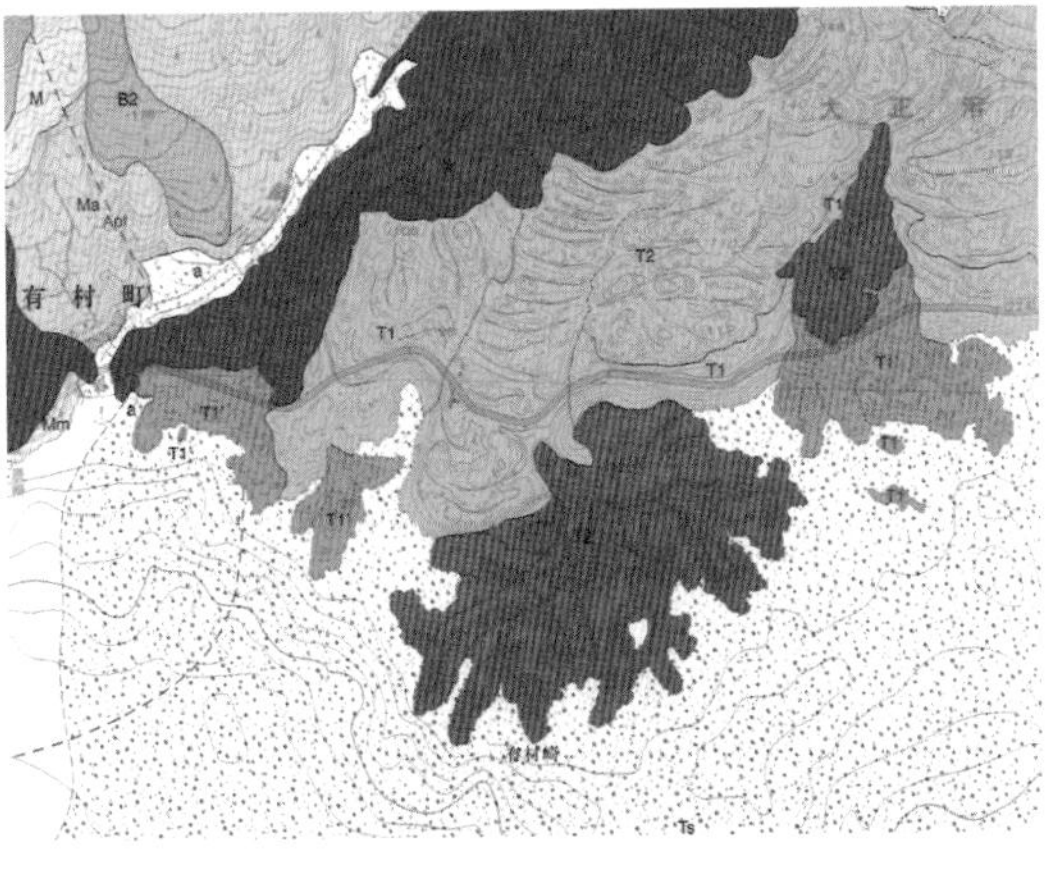

図1･42
海岸から海に流れ広がる色の濃い部分が二次溶岩流。(産総研による桜島火山地質図の一部)

図1•43
ビッグオブシディアンフロー。

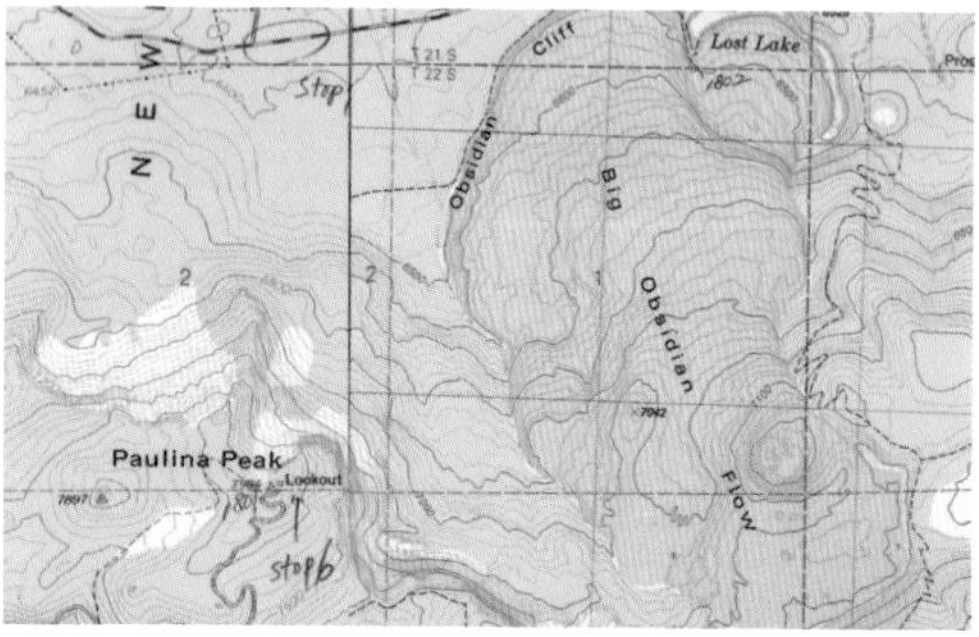

図1•44
ビッグオブシディアンフローの分布範囲がわかる地形図。(USGSによる)

図1•45
ビッグオブシディアンフローの先端崖。図1・44の赤丸地点。

図1•46
ビッグオブシディアンフローに見られる流理構造。赤丸内にスケールとして置かれた直径23mmのコインがある。

雲仙普賢岳新焼溶岩

雲仙普賢岳では１７９１年11月に噴火の前兆となる地震が始まり、翌92年２月に入ってからの噴気・小噴火を経て、**新焼溶岩**が火口から７㎞先の麓の千本木地区に迫りました。その先端部は厚さが約50ｍに達しました。図１・47は先端部の地形を南東側から遠望しています。上空から見ると溶岩流の側方には溶岩堤防があり、それに挟まれて中央部の表面には巨大なしわが寄っていることがわかります（図１・48）。図１・49に雲仙普賢岳の山頂部から北山麓にかけての地質図を示しました。紫色に塗られているのが山頂に近い山腹斜面から北東方向に流下した新焼溶岩です。

図1·47
雲仙普賢岳1792年新焼溶岩の先端部を南東側の南千本木町から望む。

図1·48
上空から見た雲仙普賢岳1792年新焼溶岩の地形。

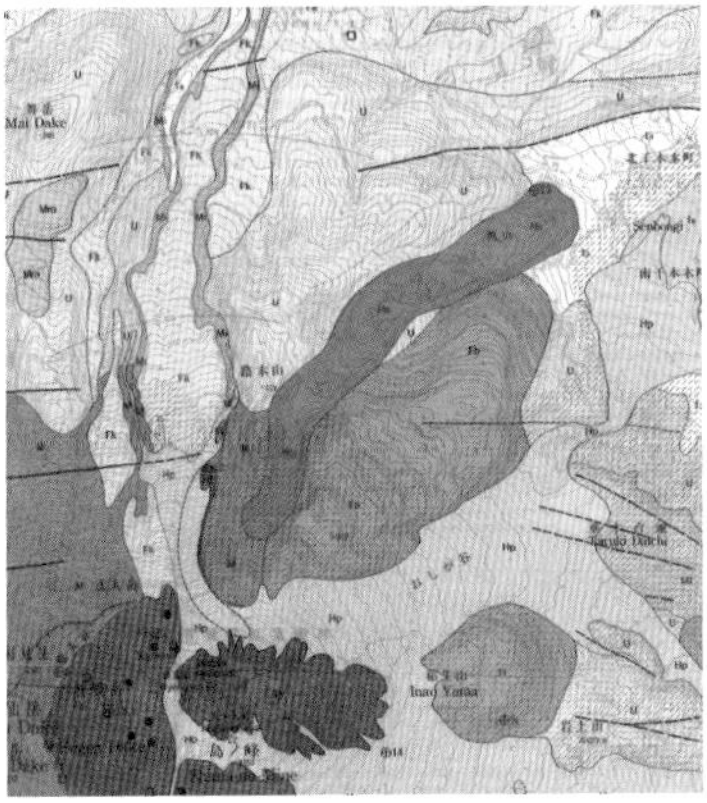

図1·49
雲仙普賢岳山頂部付近の地質図。
（産総研による雲仙火山地質図の一部）

1-4
溶岩ドーム

火口から安山岩や**デイサイト**（9－2参照）のマグマがゆっくりと絞り出されるように現れると、溶岩ドームが成長し始めます。デイサイトは火山岩の名称を3つに制限している理科の教科書には出てこない岩石名です。流れやすさなどの性質が安山岩と流紋岩の中間にある岩石（9－2参照）です。図1・50は**樽前山**の1909年溶岩ドームです。1月から始まった噴火は爆発を繰り返していましたが、4月中旬になってわずか2日間でプリンのような形をした高さ134mの溶岩ドームができました。5月に入ってから溶岩ドームの麓を壊す小爆発があって一連の噴火が終息しました。

有珠山は江戸時代初期に火山活動を再開してから1世紀の間に数回程度の噴火を繰り返して、山頂部や山麓に次々とデイサイトマグマの溶岩ドームを作ってきました。1853年の噴火で生じた**大有珠**は荒々しい岩肌に覆われており、山頂部では外側に若干反り返るような溶岩の割れ目も見られます（図1・51）。一方1822年の噴火で生じた**小有珠**や1944－45年噴火で山麓に生じた**昭和新山**（図1・52）は表面の大部分が滑らかな形態をとっています。上昇中の溶岩ドームの熱で地下の地層が焼かれてレンガ状になり、溶岩に張り付いたままで火口から上昇してきました。そのため新溶岩が見えている部分は限られているの

図1・50
樽前山の1909年溶岩ドーム。

です。１９１０年噴火と２０００年噴火の際には、地下の浅いところまでマグマが上昇しましたが地上には溶岩が出ませんでした。この時は山麓に相次いで火口を作り、地盤が隆起して断層によるずれを生じました。このような地表に溶岩が露出しない**溶岩ドーム**は**潜在ドーム**と呼ばれます（図１・53）。

１９７７－78年の山頂噴火でも大有珠と小有珠の間に**有珠新山**潜在ドームが成長しました。図１・54の２枚の画像は北西方向から見た有珠山です。１９７４年と１９９０

図1･51
有珠山の大有珠溶岩ドーム。

図1･52
有珠山の昭和新山溶岩ドーム。

図1･53
点々と見える白い建物の背後が有珠山の明治新山(四十三山)潜在ドーム。

年にほぼ同一地点から撮影しました。大有珠（O）と小有珠（K）の間の地形の違いは、1977－78年噴火で有珠新山潜在ドームが隆起したことによります。

雲仙普賢岳の1991－95年噴火で生じたデイサイトの溶岩ドームは樽前山や有珠山の溶岩ドームとは成長の様子が違います。火口から押し出された溶岩は少しだけ斜面にせり出しました（図1・55）。このように斜面に舌状に伸びる形態を**ローブ**と呼びます。数か月経過して次に生じたローブは前のローブの上に積み重なったり、別の方向に流れたりしました。ローブの先端は不安定なので、少しずつ割れては崩れ落ちて火砕流を発

図1•54
北西方向から見た有珠山、O:大有珠、K:小有珠。1974年9月(A)と1990年6月(B)に撮影。

図1•55
雲仙普賢岳噴火で成長中のローブ。1991年8月24日上空より撮影。

生しました（5－6参照）。噴火の最終期には新しい溶岩が割れ目から塔のようにせり上がって停止しました（図1・56）。この特徴的なせり上がった形態の溶岩の塔を**スパイン**と呼びます。

伊豆諸島の新島で9世紀に起こった噴火では最後に流紋岩の**向山溶岩ドーム**ができました。よく発泡した岩石なので軽量で断熱性能が優れており、切り出して**抗火石**という名称で建物の壁面や石垣などコンクリートブロックの代用品として使われています（図1・57）。

図1•56
雲仙普賢岳噴火の最終期に出現したスパイン。

図1•57
発泡した向山溶岩が建材として使われている伊豆諸島の新島。

1-5 根なし溶岩流

噴火の際に火口から吹き上げた、まだ赤熱状態の溶岩が大量かつ急速に火口の周りに降り積もると、その重みで崩れて流れ出してしまうことがあります。一見溶岩流のような形態を示すので**根なし溶岩流**と呼びます。

伊豆大島の1986年噴火では山頂カルデラ内で11月21日に大規模な割れ目噴火が発生し、溶岩が流れ出しました。噴火が停止した23日になって、前日には見当たらなかった〝LBⅡ溶岩流〟が割れ目火口群から流れ下っているのが見つかりました（図1・58）。現場の露頭を観察してみると降り注いだ噴出物が互いに接着している（図1・59）根なし溶岩流であることがわかりました。

浅間山の1783年噴火で生じた鬼押出し溶岩も根なし溶岩流であることが判明しています。

図1・59
LBII溶岩流は岩片が互いに接着した構造を持つ。

図1・58
伊豆大島1986年噴火で生じた根なし溶岩流（LBII溶岩流）の先端部。

1-6

溶岩に含まれる捕獲岩と苦鉄質包有物

露頭で溶岩を観察していると溶岩の中に溶岩とは見かけが異なる異物が入っているのが見つかることがあります。これを**捕獲岩**あるいは**ゼノリス**と呼んでいます。

ハワイ諸島では海洋地域の地殻の厚さが平均7㎞前後と薄いので、マグマが上部マントルから直接地表に向かって上昇して噴出してしまうことがあります。図1・60はマウイ島の**ハレアカラ火山**1800－01年溶岩流の露頭写真です。灰色の玄武岩溶岩の中に入っている黄緑色の岩片（赤丸内）は上部マントルを構成していた**カンラン岩**の破片です。上部マントルにあったマグマ溜まりに上部マントルの岩盤が壊れてマグマの中に取り込まれ、そのまま噴出した捕獲岩です。

図1・61は伊豆諸島の新島北部の淡井浦海岸の南側に露出している**流紋岩**（9－2参照）の**阿土山**溶岩ドームの岩石です。その中には点々と黒みを帯びて不規則な曲面で囲まれた塊が入っています。深部からより高温の玄武岩マグマが上昇してきて液体のまま低温の流紋岩のマグマ溜まりの中に入り込みました。そしてマグマと混ざることなく液滴のようにばらばらになりながら冷やされたもので、**苦鉄質包有物**と呼ばれています。

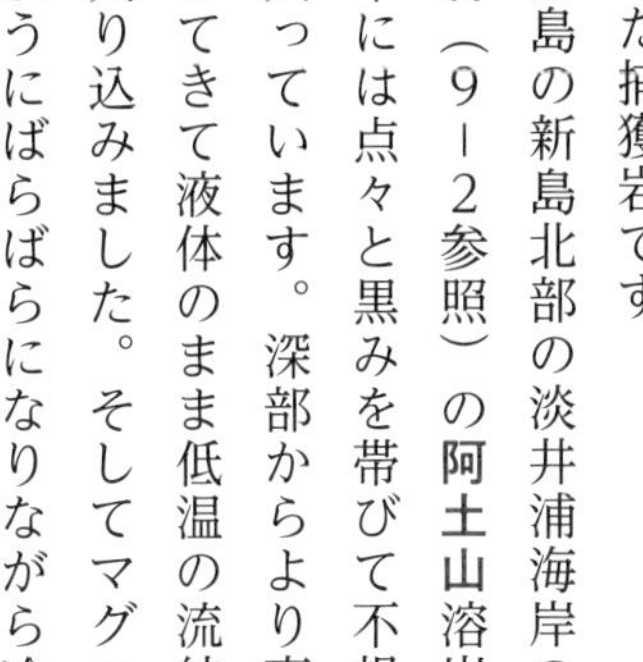

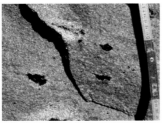

図1・61
伊豆諸島の新島阿土山溶岩に含まれた玄武岩質の包有物。

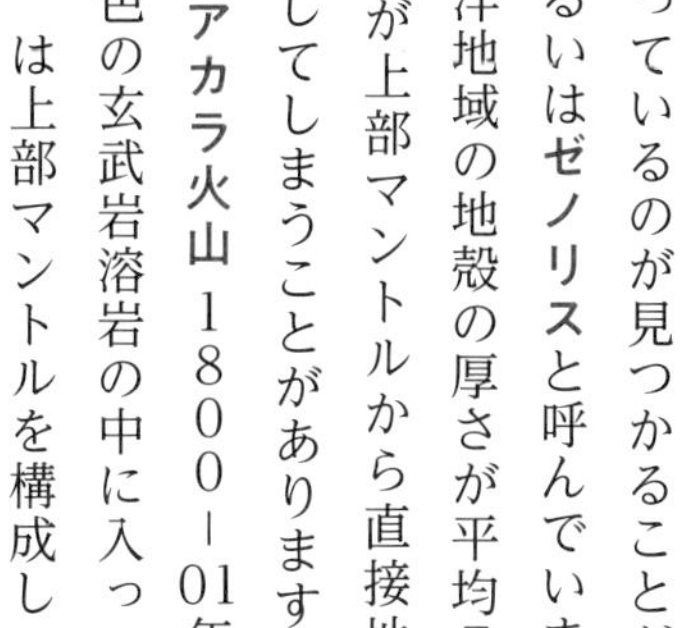

図1・60
マウイ島ハレアカラ火山の1800-01年溶岩に取り込まれた上部マントルのカンラン岩。

1-7 主に溶岩でできた火山体

殆どが溶岩でできている火山体として**楯状火山**・**成層火山**・**溶岩ドーム**があります。これらの地形の特徴を紹介しましょう。

楯状火山

ハワイ島のキラウエアやマウナロア（図1・62）などは玄武岩マグマが大量に噴出を繰り返してできる火山で楯状火山と呼ばれます。噴火は山頂部に加えてリフトゾーンと呼ばれる山腹の特定方向でも発生します。そのため、緩やかな稜線を持つ楯状火山となります。

成層火山

噴火をほぼ同じ場所で繰り返して成長した火山を成層火山といいます。**複成火山**という名称もありますが成層火山と同じです。成層火山を作るマグマの化学組成は主に安山岩ですが、玄武岩やデイサイトのこともあります。富士山、**羊蹄山**（図1・63）などが代表的な事例です。山頂に火口があり、円錐形の斜面に囲まれた火山体を作ります。火口の位置が一定ではなく、移動するため遠方から眺めると山頂部がギザギザに見える成層火山もあります。例えば**御嶽山**（図1・64）や桜島があげられます。

図1•62
南東側から遠望したマウナロア。

図1・63
南東側から見た北海道の羊蹄山。手前の平坦地は洞爺火砕流が作った火砕流台地。

溶岩ドーム

火口からマグマが上昇し始めて、流れ広がらずに盛り上がった形で冷え固まってできた火山体を溶岩ドームといいます（図1・3、図1・50、図1・51）。溶岩ドームの岩石は主にデイサイトですが、安山岩のこともあります。溶岩ドームは雲仙普賢岳の1991－95年の噴火で日本人に広く知られるようになりました。

図1・64
東側から見た御嶽山。長野県木曽町。

COLUMN 1

米国流の国立公園

米国の内務省が所管する国立公園制度は1872年にイエローストンを最初に指定して始まりました。その後追加指定が続き現在では63か所あります。米国の国立公園を訪れてみると日本とは大きな違いのあることがわかります。筆者の訪れたことがある国立公園は限られていますが、何が違うのか紹介します。

レンタカーで国立公園に近づくと大きな看板が目につきます。そして入り口には入域料を徴収するゲートがあります。ハワイ火山国立公園では2023年現在、定員15名以下の自家用車はクレジットカードで30ドル払えば1週間以内なら再入場できます。

国立公園内は車道と駐車場、更に駐車場から出発するトレイルが明確に分けられています。トレイルを歩いて行くと柵で仕切られた見学地点があり視野をさえぎらないように配慮して設置された解説看板があります（図1・65）。文字数が少なく画像が主体の看板に次第に置き換えられてきています。また、目立つところに立ち入り禁止や保護動物への餌やり禁止の標識が設置されています。バイク侵入禁止やペット同伴禁止の標識も見かけることがあります。車いす利用可能のトレイルにはそのことが明示されています。バックパッカー向きの長距離のトレイルにはキャンプ場やトイレがあります。試料の採取は禁止です。このように来訪者ができることと、してはいけないことが明確に伝わるようになっています。

ビジターセンターの建物は簡素な造りですが中身は充実しています（図1・66）。壁面を一

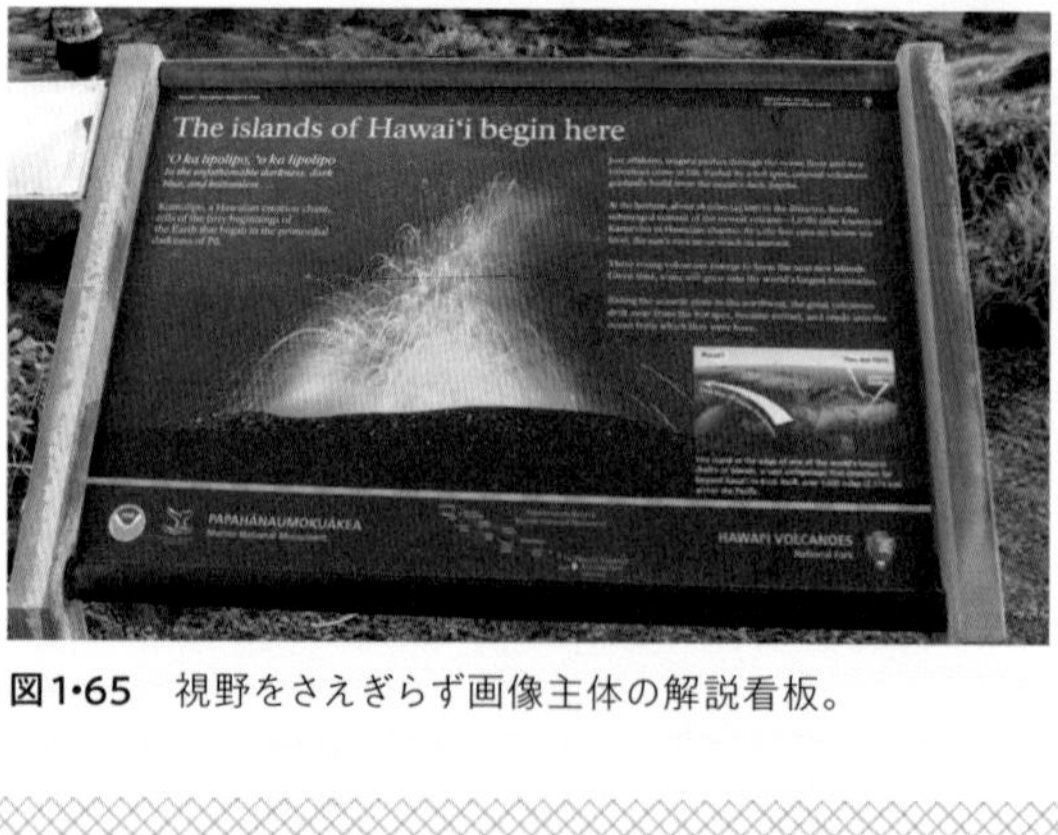

図1･65　視野をさえぎらず画像主体の解説看板。

杯に使った生態系や地学系の展示物は、何を来訪者に伝えるべきかそれぞれの分野の専門研究者が内容を吟味して作っています。カウンターではパークレインジャーが来訪者の多様な質問に丁寧に対応しています。その付近には来訪者向けの無料リーフレット（図1・68）が多様な言語ごとに準備されています。講堂での30分程度の解説ビデオ上映のプログラムもあります。NPOに運営を委託した売店もあります。並んでいる商品は国立公園の外の土産物店とは一線を画しており、自然現象を適切に理解できる商品に限定しています。児童向けの学習書などを積極的に置いているのも特徴です。

時間帯を特定してパークレインジャーが案内するトレイルツアーが開催されています。パネルを使った一通りの解説が済むと延々と参加者からの質疑が続きます（図1・67）。

国立公園内は国有地となっていて、国立公園に指定される前からあったものは例外ですが、民営の店舗や宿泊施設はありません。警察も消防もありません。国立公園内ではパークレインジャーが一切のトラブルに対処する役割を担っています。来訪者がパークレインジャーに支援を求めるための電話番号が公開されています。

それぞれの国立公園はウェブサイトを開設しており、多様な情報を提供しています。国立公園に出かけようと思い立った際に参考になります。

図1・66　ハワイ火山国立公園のビジターセンター展示室。

図1・67　パークレインジャーによるトレイルツアー。

Hawai'i Volcanoes National Park

National Park Service
U.S. Department of the Interior

クレーター・リム・ドライブとチェーン・オブ・クレーターズ・ロードの探索

訪問者への警告

- 一部のトレイルと施設は、絶滅危惧種と2018年の爆発活動による損傷のために閉鎖されている可能性があります・現在の閉鎖状況を確認してください・
- ハワイ島のどこにも、現在溶けている溶岩は見えません・

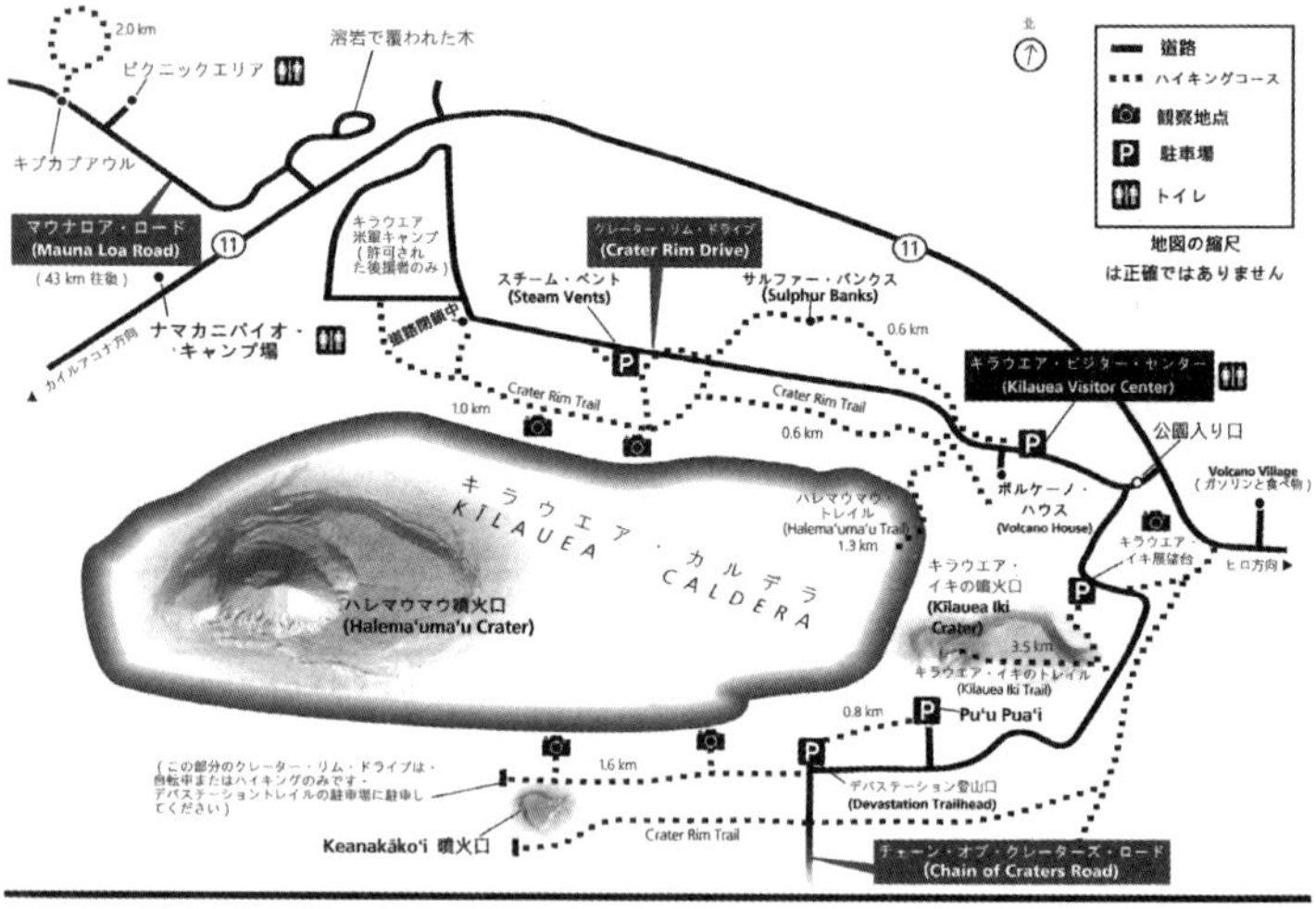

短い散歩とハイキング

サルファー・バンクス・トレイル
(*Sulphur Banks Trail*)

サルファー・バンクス (Sulphur Banks) とスチーム・ベント(Steam Vents)
この舗装されたトレイルと遊歩道に沿って、火山のガスが多彩な硫黄の結晶とその他の鉱物を沈着させた場所をご覧ください・キラウエア・ビジター・センター(サルファー・バンクスまで 0.6 km)から歩くか、または車椅子が利用可能なトレイルのあるスチーム・ベントの場所(0.8 km)から歩いてください・ハイキングはまたクレーター・リムトレイルを介して 出発点に 戻るループとしてもお楽しみいただけます・

デバステーション登山道 (Devastation Trail)
1959年のキラウエア・イキ溶岩泉の爆発によって、燃え殻となった場所に生命が戻っていることを見れる舗装道路のトレイル・(0.8 km 一方通行)

キラウエア・イキの噴火口 (Kīlauea Iki)
固有の熱帯雨林を通して噴火口まで 400 フィート(122 m)降り、1959年の爆発でできた硬化した溶岩湖を横断するハイキング・キラウエア・イキ展望台で駐車します(3.5 km 一方通行)

Keanakāko'i 噴火口とクレーター・リム・ドライブ
クレーター・リム・ドライブの古い部分の景色を楽しみながら、大きく口を開けたハレマウマウ噴火口および小さなKeanakāko'i 噴火口の方向に歩きます・デバステーション登山口駐車場に駐車します・トレイルは駐車場の出口近くから始まります・(1.6 km 一方通行)

EXPERIENCE YOUR AMERICA™　　www.nps.gov/hawaiivolcanoes

図1•68　無料リーフレットの日本語版(2019年7月発行)。両面印刷で随時最新の情報に更新されている。

第 2 章
降り注ぐ噴出物

富士山が噴火すると首都圏に火山灰が降り（図2・1）、インフラに混乱が発生する可能性を指摘する話題が時々マスメディアで報じられます。

2022年7月には桜島の噴火で噴石が火口から2・5㎞の地点に飛来したこと（図2・2）を根拠に噴火警戒レベルが最大級の5となりました。山麓の一部の集落の緊急避難や国道の閉鎖が行なわれました。

この章では噴石や火山灰などが降り注ぐことによってできた地形や噴出物を観察して何がわかるのか紹介します。

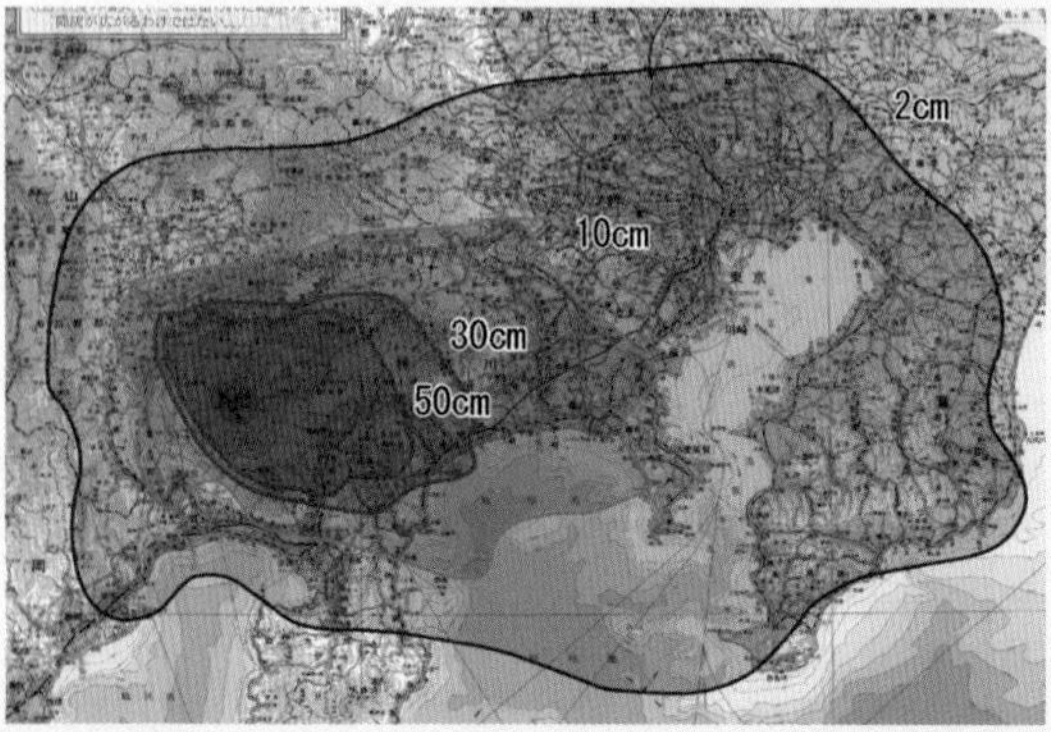

図2・1　富士山火山防災対策協議会による降灰の可能性マップ。

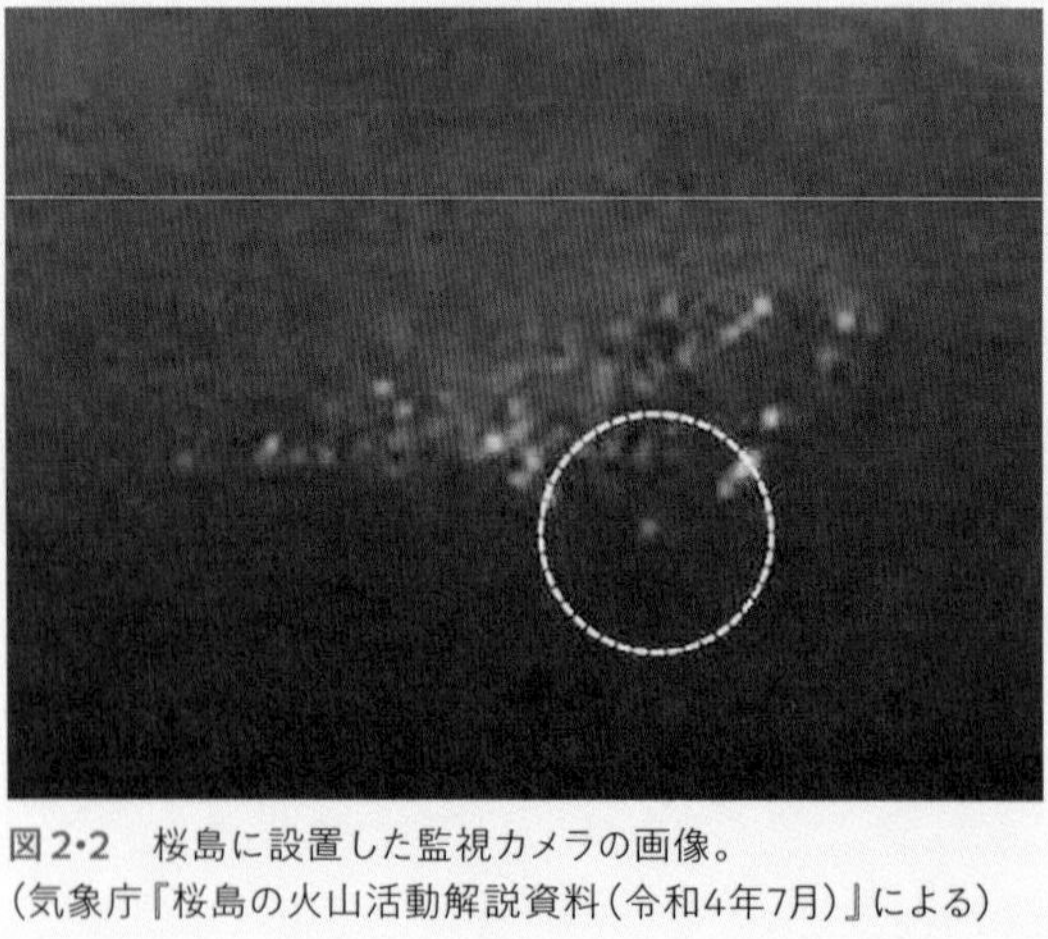

図2・2　桜島に設置した監視カメラの画像。
（気象庁『桜島の火山活動解説資料（令和4年7月）』による）

2-1
立ち上る噴煙を観察する

火口から勢いよく立ち上った黒い噴煙は渦巻きながら上昇していきます（図2・3）。勢いよく立ち上る噴煙はマグマの中に含まれている火山ガスが分離して体積が急膨張することで起こる現象です。噴煙は高温なので周りの大気を取り込んで膨張し、渦を巻くような形態になります。噴煙の中には火山灰（9－3参照）の粒子が大量に含まれているため、太陽光などをさえぎって黒く見えます。

噴火の勢いが弱まってくると噴煙の中に含まれる火山灰の量が減って水蒸気が主体の火山ガスが立ち上るだけになり、白い噴煙がゆっくりと火口から出続ける状態（図2・4）になります。

図2・3
米国セントヘレンズ火山1980年5月18日の噴火で発生した黒い噴煙。（USGSによる）

図2・4
有珠山2000年火口から立ち上る白色噴煙。

図2・5
マウナロア火山2022年噴火で溶岩噴泉から上昇する根元が透明な噴煙。（USGSによる）

図2・5はハワイ島マウナロア火山で噴火が始まったときの噴煙です。日本の火山で見られる噴煙とは違って高く吹き上がらず、渦巻かず、色も薄いという特徴があります。この噴火を引き起こすマグマは流動性に富むので地表に向かって上昇しやすく、上昇路にある岩盤を殆ど壊しません。マグマは発泡したしぶきの状態で火口から噴き出します。そして冷えながら火口の周りに降り注ぎ、高温の火山ガスが立ち上ります。火山ガスの主成分は水で**二酸化炭素**や**二酸化硫黄**なども含んでいます。

火口のすぐ上の噴煙は主成分である水が沸点を超える温度のため、気体の水蒸気しかなく光を反射しません。そのため透明で噴煙の背後にある**マウナケア火山**が透けて見えています。噴煙は上昇すると大気に冷やされて微細な水滴ができるので噴煙は不透明な白に近い色に変わります。

2-2 風に流されて降ってくる噴出物

上空の風に流された噴煙により風下では火山灰などが降ってきます（図２・６）。火口に比較的近い場所では直径２㎜を超える火山礫（９－３参照）も混ざっています。こうした現象を降灰といいます。

降灰が起こる範囲は上空の風向きにより変わります。日本列島では上空の気流が西寄りの傾向が大きいので、火山の東側の方が降灰の可能性が高くなります。

図2・6
噴煙が画面右手に流され降灰。桜島。

火山灰層の露頭を観察する

降灰により地上に降り積もった堆積物を**降下火砕物**といいます。火山噴出物を観察してその成因が降灰によるものだと判断する基準が３通りあります。地層を構成する粒子のサイズが比較的揃っていること、粒子の間に隙間があること、粒子の表面が摩耗されていないこと、です（図２・７）。なぜ粒子のサイズが比較的揃っているかというと、サイズが大きく重い粒子ほど風に流されている間の空気抵抗が大きく、先に地表に降ってしまうからです。このように粒子のサイズが揃う現象を**淘汰**が良いといいます。その結果降り積もった堆積物を構成する粒子の間に隙間ができます。粒子の表面が摩耗されていないのは、上空に吹き上げられた後には粒子同士がぶつかりこすれあう機会がないためです。

少し露頭から離れて堆積物を底面から最上部まで見ると、粒子のサイズが変わっていくことがあります。これは噴火の勢いに変化があったか、噴火中に上空の風向きが変わったかを示しています。

更に露頭から離れて堆積物全体を観察してみると、厚さがほぼ一様であることがわかります（図２・８）。数十m程度の範囲では噴出源からの距離に違いがないので、同じ量だけ降るから厚さも同じになるのです。図２・８では大地を覆って５層の白い軽石からなる降下火砕物層が積み重なっています。個々の火砕物層の上には噴火の休止期に生じた茶色や黒色の土壌が積もっています。

図2•7
屈斜路カルデラの大規模火砕流噴火に伴った降下火砕物。

図2•8
支笏火砕流堆積物の上に積み重なった樽前山の火砕物層。

図2・9
地層大切断面。伊豆大島。（臼井里佳撮影）

丘陵地や山地では降雨の影響により大地が削られて谷や尾根筋に挟まれた傾斜地ができます。こうした場所にも火山灰が積もります。図2・9のように傾いた火山灰層とか湾曲した火山灰層が見られることがあります。しかし、火山灰層が褶曲《しゅうきょく》したり、傾動したりしたのではありません。起伏がある地面に積もっただけです。

火砕物層の構成物を観察してみると、発泡していない岩片が見つかることがあります（図2・7の赤丸内）。これはマグマが上昇する際にマグマ溜まりから地表までの間にあった地層を壊して取り込み、マグマ由来の火山砕屑物と一緒に降ってきたもので、**外来岩片**、あるいは**ゼノリス**と呼びます（1－6参照）。

火砕丘の露頭を観察する

火口の周りに火山砕屑物が降り積もってできた円錐形の火山体を**火砕丘**といいます（図2・10）。火砕丘は石材資源として活用されることが多いので良好な露頭が見つかります。ここでは遠方に積もった火山灰層と比較すると淘汰が良くありません。風に流されて淘汰が進むことがないからです。それでも粒子の間に隙間を確認することができますし、粒子の外形は摩耗されていないので、降り注いでできた地層であることがわかります（図2・11）。
火砕物が降り積もる量が最大になるのは火砕丘の火口の縁です。火口から離れるほど降り積もる量が少なくなります。噴火が続いているうちに火砕丘の表面の傾斜は次第に急になります。約30度の傾斜、**安息角**に達する（図2・10Aより左側）と、それ以上積もることができずに火砕物は転がり落ちていき、**転動堆積物**になります。

図2•10
ハワイ州マウイ島ハレアカラカルデラ内のプーオペレ火砕丘。

図2•11
火砕物が降り積もったままの露頭。熊本県阿蘇カルデラ上米塚。

図2•12
転動堆積物の縞模様が見られる火砕丘の露頭。
兵庫県神鍋山。

図2•13
阿蘇中岳の山頂部で横方向に長く続く柱状節理がある地層。

図2・11の露頭では画面中央部で火砕物層が無秩序に厚く積もっているだけなので、まだ安息角に達していない場所に積もったと判断できます。この露頭の右上部は頻繁に縞模様を繰り返しており、転動堆積物であると判定できます。図2・12の露頭は全面的に縞模様が見られる転動堆積物です。転動している間に粒子が割れることがあり、その痕跡が見つかることがあります。

溶結した降下火砕物

図2・13は**阿蘇中岳**の火口断面です。一見溶岩流のような、横に長く続く地層があります。**柱状節理**があり高温状態から冷却したことは確かです。柱状節理とは岩体に柱が林立したようなひび割れが入っている状況を示す用語（4－2参照）です。しかし、溶岩流であれば火口の縁の低いところから流れ出すので、幅が狭いはずです。このように延々と横にたどれるのは溶岩流ではありません。

こうした一見溶岩流のような露頭に接近して観察すると、火砕物の粒子の集合体でできていることがわかります（図2・14）。また、この地層の底の方までたどると、柱状節理が徐々に見えなくなり、硬さが次第に柔らかになっていきます。露頭の中心部から上部にたどっても同じ傾向が見られます。こうした岩相の変化と分布からこの岩体は溶岩流ではなく、高温の火砕物が急速に降り積もることにより自重で気泡がつぶれてしまう**溶結現象**が起こったと判断できます。富士山の**宝永火口**の最上部や鳥海山の山頂部にも同様の崖が見えています。

図2・15はフィリピンのルソン島にある**マヨン火山**の山頂部です。30度くらいといわれる安息角をはるかに超える45度くらいの急斜面があります。この斜面も溶結現象を起こしたために崩れなかった安息角を超えた火山砕屑物で覆われているのではないかと推測しています。登って確かめたわけではありません。

図2•14
溶岩流のように見えるこの露頭の岩石は火砕物粒子の集合体である。那須岳。

図2•15
山頂部が安息角を超える急斜面なフィリピンのマヨン火山。

ペレーの毛・ペレーの涙

ペレーの毛とペレーの涙（9－3参照）はハワイの火山で活発な噴火が起こっているときの噴出物です。上空に吹き上げられるとマグマが引き伸ばされて透明で薄いオリーブ色をした火山ガラスの糸が生じます。これが風に流されて風下に降ってきます。これをペレーの毛といいます（図2・16）。ペレーとはハワイ先住民が信仰する女神のことです。この図に写っているペレーの毛は上から下に向かって次第に細くなっています。引き伸ばされながら固まったためでしょう。そして太陽光を反射して光っています。このことを手掛かりにすると見つけやすいでしょう。

火口のそばには表面が急冷したガラスに覆われ、内部が細かく発泡した火山礫サイズの丸い粒が降り注ぐことがあります。これをペレーの涙といいます（図2・17、図2・18A）。冷える過程で収縮するためひずみが生じており、露頭で見られる殆どのペレーの涙は割れています。割れ目を見ると細かな気泡が沢山できています（図2・18B）。

ペレーの涙よりも大きくて非常によく発泡し

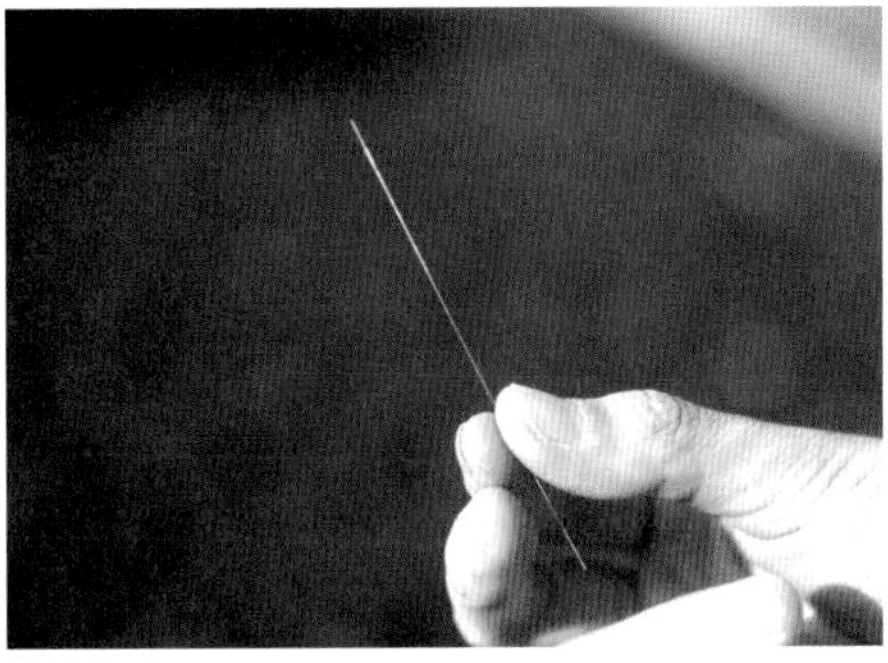

図2・16
ペレーの毛。キラウエア火山ハレマウマウ火口からの噴出物。

図2・17
キラウエア火山1959－60年噴火で生じた火砕丘噴出物。赤丸内にペレーの涙。

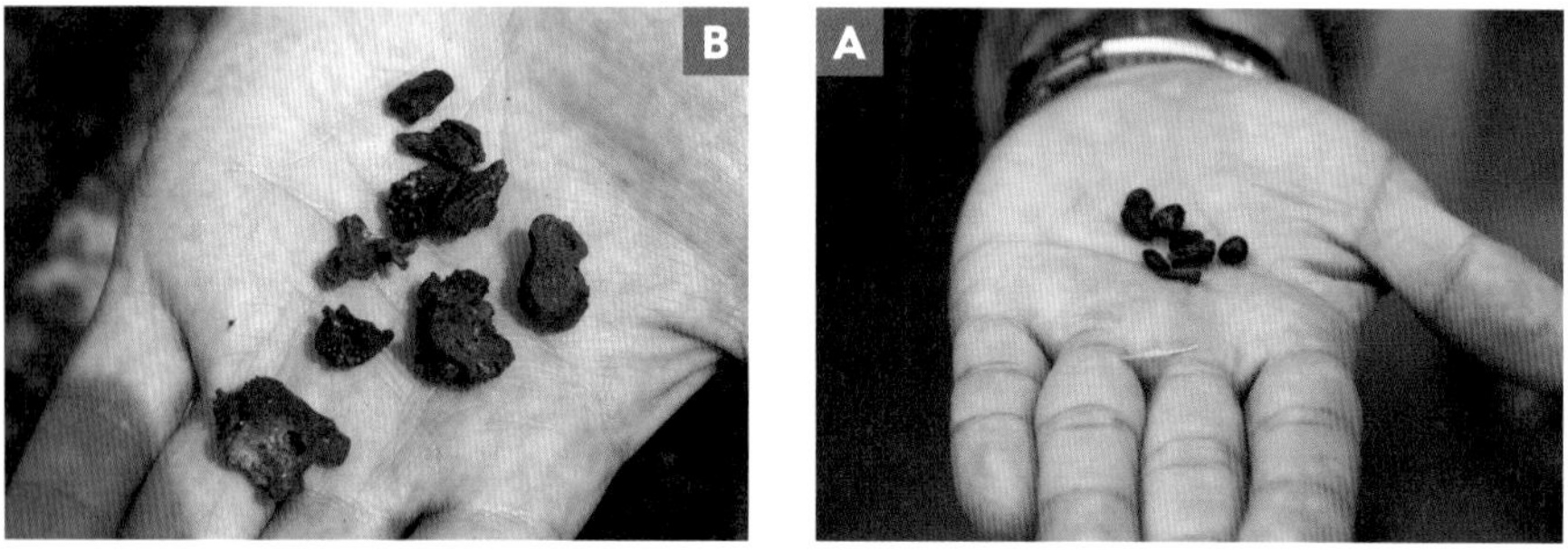

図2・18
キラウエア火山1969-74年噴火の噴出物。
殆ど割れていないペレーの涙（A）。割れて細かく発泡したペレーの涙の内部（B）。

図2・19
きわめてよく発泡した玄武岩の軽石。キラウエア火山2018年噴火の噴出物。

たスポンジのような火山礫サイズの粒子が稀に見つかることがあります（図2・19）。表面には部分的に薄くて黒い皮膜がついています。外形は凸凹で気泡のサイズは不揃いです。マグマのしぶきが放出され、表面が急冷されたガラス質の皮膜ができた後にも激しく発泡して冷え固まったようです。密度が1よりはるかに小さいので玄武岩の軽石ということになります。更に発泡が激しくて気泡の壁が破れて網目状のガラスの塊になったものはレティキュライトと呼ばれています。

スパターランパート・スパター

割れ目火口から激しくマグマのしぶきを吹き上げる噴火が続くと、降り積もった噴出物で割れ目火口のそばに土手のような高まりが生じます。これを**スパターランパート**といいます（図2・20A）。図2・20Bはスパターランパートの表面に接近して撮影した画像です。降り積もったしぶきが垂れ下がっています。着地した時には柔らかかったことがわかります。このような形態の噴出物を**スパター**（9－3参照）といいます。

図2-20
スパターランパート(A)とその表面に見えるスパター(B)。キラウエア火山。

2-3 弾道飛行して着地する噴石

火山体の内部に含まれている水が急激に気化して爆発を引き起こす噴火を**水蒸気噴火**、あるいは**水蒸気爆発**といいます。水蒸気噴火が発生したとき、火口から飛び出して弾道飛行して着地する噴出物を**噴石**といいます。噴石の大きさは直径2－64mmの火山礫サイズから人の背丈を超える巨大な岩塊まであります。

成層火山で水蒸気噴火が発生すると多数の噴石が放出されて火口の周囲に降り注ぎます。図2・21は**安達太良山**の**沼ノ平火口**の縁です。多数転がっている岩塊は過去の噴火で降り注いだ噴石です。

倶多楽火山の**地獄谷**では観光客が散策している遊歩道の周りに多数の噴石が点在しています（図2・22）。この火山では地獄谷とその周辺に水蒸気噴火を引き起こした火口が多数あります。水蒸気噴火はおおよそ700年に1回程度の頻度で繰り返しており、最新の噴火は約200年前のことでした。

図2・23は有珠山の2000年噴火で火口から300m離れた国道の上に降り注ぎ路面にめり込んだ噴石です。白い物体はスケール代わりに置いたヘルメットです。有珠山2000年噴火では火山体の山腹斜面に火口が開いて噴石が斜め上空に放出されたため、噴石の到達範囲は指向性を持っていました。

図2・21
福島県安達太良山沼ノ平火口から放出された噴石。

図2・24には画面の中央部に柔らかい地層の中に斜めにめり込んだ大きな噴石が写っています。噴石の右手では地層が押し付けられて曲がっています。このことから噴石は画面の左手方向から飛来したと判断できます。

図2・22
倶多楽火山地獄谷で見られる噴石。

図2・23
有珠山2000年噴火で火口から300mの国道上に散在する噴石。

図2・24
大地に斜めに突き刺さった噴石。ドイツ西部ラーハーゼーの噴出物。

図2・25
富士山宝永噴火の際に生じた火山弾。

火口からまだ高温のマグマが飛び出して弾道飛行して着地したものを**火山弾**（9－3参照）といいます。火山弾はラグビーボールのような紡錘状の外形をしています。図2・25は富士山の宝永噴火の際に放出された火山弾です。この火山弾には空中飛行中に引き伸ばされたことを示す筋が長軸方向についています。飛行中に回転したためねじれ曲がったようです。先端は着地後に破断しています。表面にはこの火山弾の着地後に降ってきた細かなスコリアが付着しています。

2-4

火山砕屑物が降り積もってできる火山

火口から上空に吹き上げた噴出物が降り積もってできる火山体を火砕丘といいます。典型的な火砕丘の山体は円錐形の山腹斜面を持っており、山頂部に火口があります。国内では東伊豆単成火山群の大室山、阿蘇カルデラの外側にある**米塚**（図２・26）などが知られています。

火砕丘の多くは玄武岩マグマの噴火により**スコリア**と呼ばれる、色が濃く密度が1を超えて水に沈む火山砕屑物が降り積もってできています。こういう火砕丘を**スコリア丘**と呼ぶことがあります。

前出の火砕丘、図２・10ではAからBまでの間が火口の縁です。Aの方が高いのは火砕丘の成長中に地表風が強かったので火砕物が風下側に多く積もるという指向性を生じたためです。

図2•26
阿蘇カルデラ米塚。

溶岩を流した火砕丘

火砕丘が成長する噴火中に溶岩流が流れ出すことがあります。但し山頂の火口を乗り越えてあふれ出すのではなく、成長中の火山体の一部を崩して中腹から流れ出します。火砕物が積もった火山体の密度はマグマの密度より低いので火口内に上昇してきたマグマが増えるとその重みに耐えきれずに火砕丘の一部が崩れ始めて溶岩流を流し出します。

発生した溶岩流は火砕丘の破片を溶岩流の上に乗せて流れて行きます。流された火砕丘の破片はいかだを意味する**ラフト**といいます（図2・27）。**神鍋山**は南東側で円錐形の形が乱れています（図2・28）。火砕丘の中腹からこの方向に溶岩が流れ出て崩れたのです。

図2･27
ラフト、米国アイダホ州クレーターースオブザムーン国立モニュメント。

図2･28
溶岩の流出に伴って南東方向に崩れた神鍋山。
（地理院地図による）

火口がずれ動いた火砕丘

ニュージーランド北島の**オークランド単成火山群**の一つ**マンゲレ火砕丘**は山頂の火口が円形ではなく複数の火口が連なっています（図2・29）。火砕丘を作る噴火が継続している間に火口の位置がずれ動いてしまったためでしょう。火山体の東側で円錐形の斜面が乱れているのはここから溶岩流が流れ出たためです。

軽石丘

デイサイトないし流紋岩マグマの噴火で放出される軽石が降り積もってできる火砕丘もあり、これを**軽石丘**と呼びます（図2・30）。軽石丘の方がスコリア丘よりも火山体の高さの割に火口の直径が大きい傾向にあります。上昇してきたマグマの発泡の程度が大きく爆発力が高いためと考えられます。

図 2·29
オークランド単成火山群マンゲレ火砕丘。（Google Earth による）（36° 57'00"S, 174° 46'59"E）

図 2·30
米国オレゴン州ニューベリー火山のパーミスコーン軽石丘。

2-5
噴火は ジェット機の天敵

ジェット機はエンジンに取り込んだ大気を圧縮して航空燃料と反応させ、発生したガスの勢いで飛んでいます（図2・31）。

ジェット機が飛行する高度は、大きな噴火が起こって成層圏まで達した噴煙が風に流される高度と同じです。ジェット機が火山噴煙に遭遇すると噴煙中の火山灰も一緒に取り込んで、高温の燃焼室で火山灰が溶けてしまいます。そのため水あめのような状態となった火山灰がタービンに付着してしまいます（図2・32）。その結果エンジンの推力が低下して正常に飛行できなくなります。こうした事態に陥った事例とその後始まった対策を紹介しましょう。

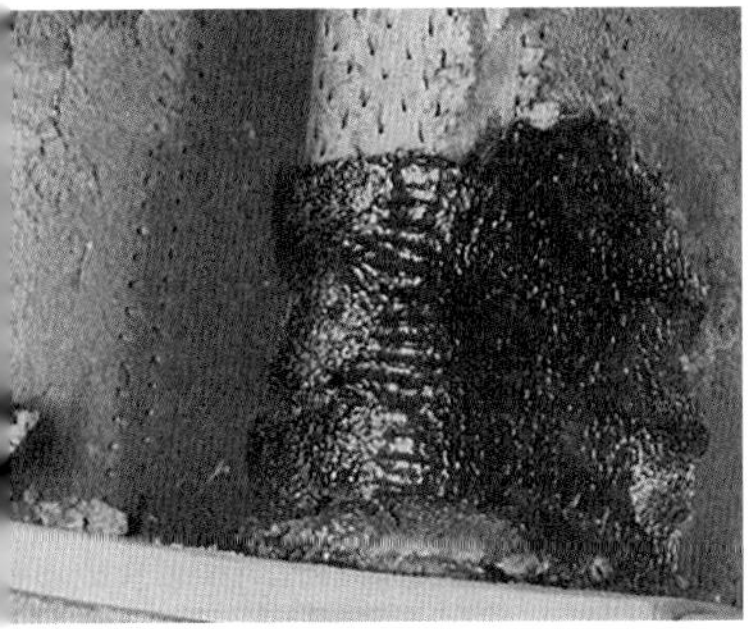

図2・32
火山灰が溶けてタービンに付着したエンジンの燃料噴射ノズル。（小野寺（1995）による）

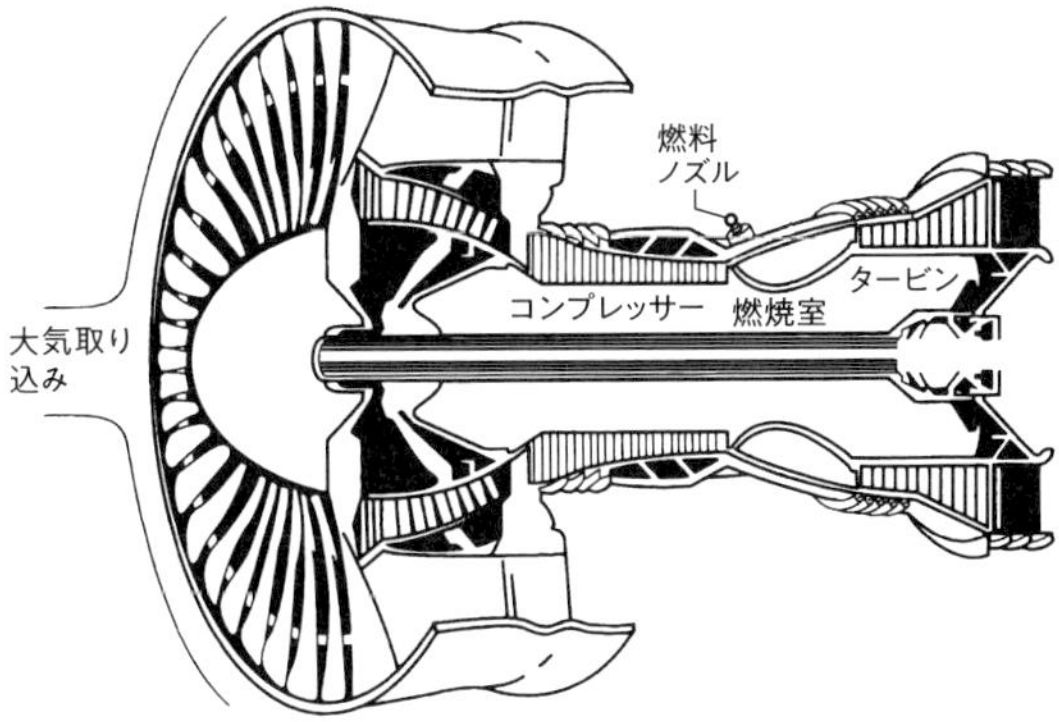

図2・31
ジェットエンジンの内部構造。（Casadevall（1992）を改変）

噴煙に遭遇したジェット機

1982年にロンドン発クアラルンプール経由でオーストラリアに向かっていたBA9便はジャカルタ付近で**ガルングン火山**の噴煙に遭遇して4基のエンジン全てが停止してしまいました。ジャカルタ空港への緊急着陸に向けて滑空を続ける中でエンジンの再起動に成功して、墜落を免れジャカルタ空港に緊急着陸しました。

1989年にはアムステルダム発北極圏経由で成田に向かっていたKLM867便がアラスカの**リダウト火山**の噴煙に遭遇して、全エンジンの推力を失いました。緊急着陸のため滑空状態でアンカレッジ空港に向かいました。幸い低空に下りてから冷えたエンジンの再起動に成功して無事着陸できました（図2・33）。しかしエンジン内部が損傷して使用不能となり、機体の表面にも火山灰粒子による擦り傷ができて大修理が必要となりました。

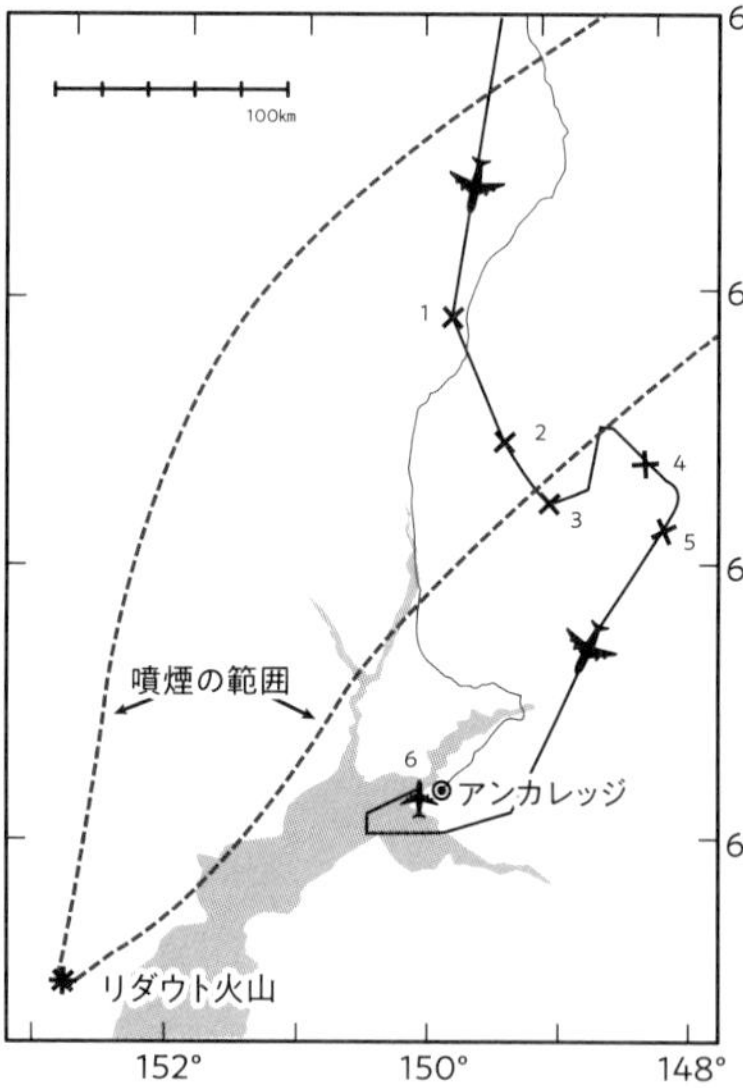

図2・33
1989年リダウト火山の噴煙に遭遇したKLM867便の緊急着陸経路。（Casadevall (1994) を改変）

航空路火山灰情報センター

これらの事態を踏まえて国際民間航空機関は東京を含む世界9か所に**航空路火山灰情報センター**（VAAC）を設置しました（図2・34）。センターは気象衛星による観測画像や航空機からの報告に基づいて、火山灰拡散モデルを使った火山噴煙の到達域と時刻の予測を行ない、航空路火山灰情報として発信します。航空会社や空港がそれを活用して運航の可否を判断する仕組みとなっています。

図2・35は拡散モデルを演算するための基礎となった気象衛星画像の一例です。異なる2つの波長の画像の差分から合成した画像には、画面の中央部に2015年5月29日に口永良部島の噴火で発生した噴煙が東南東に流され、屋久島南東部上空で南南西に向かう様子が白く表示されています（図2・35赤矢印）。

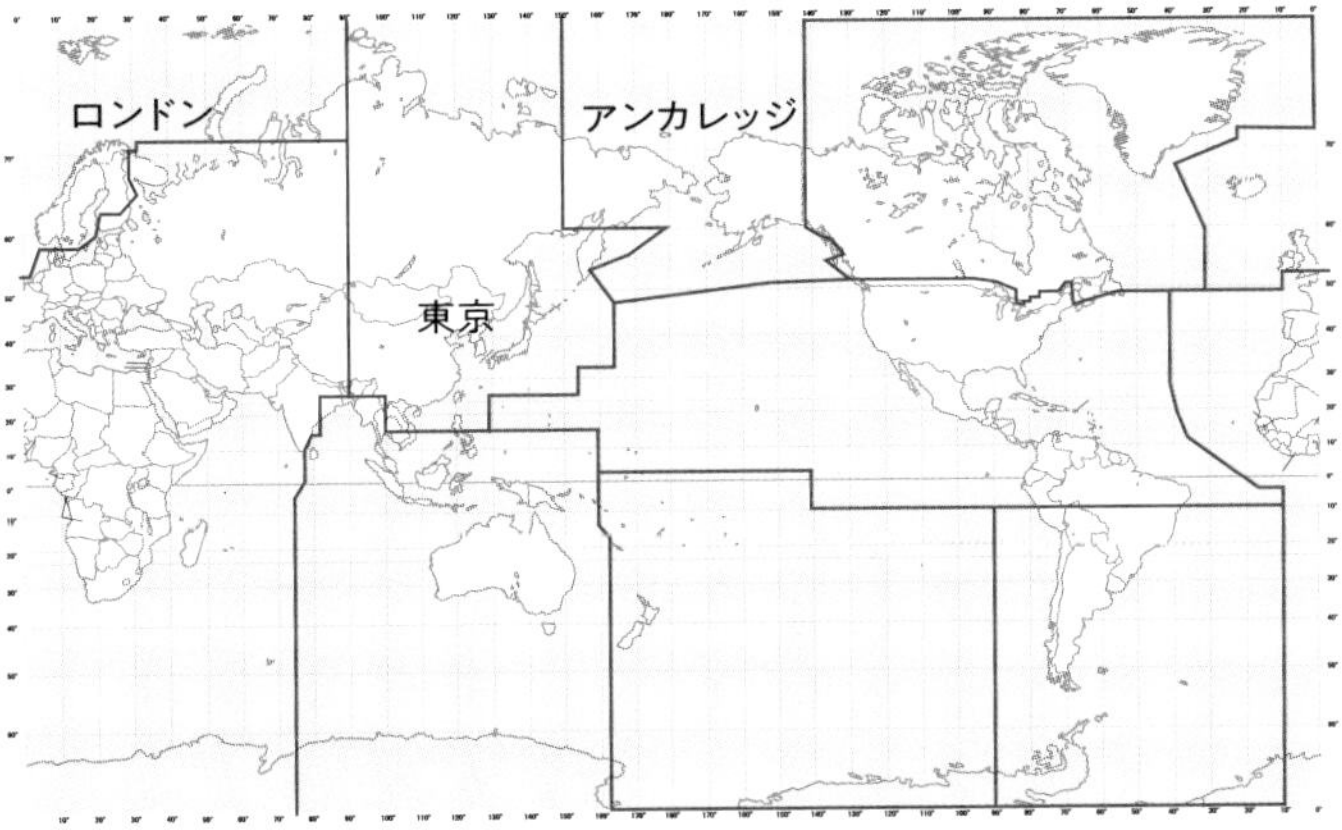

図2・34
9か所の航空路火山灰情報センターが分担する空域。

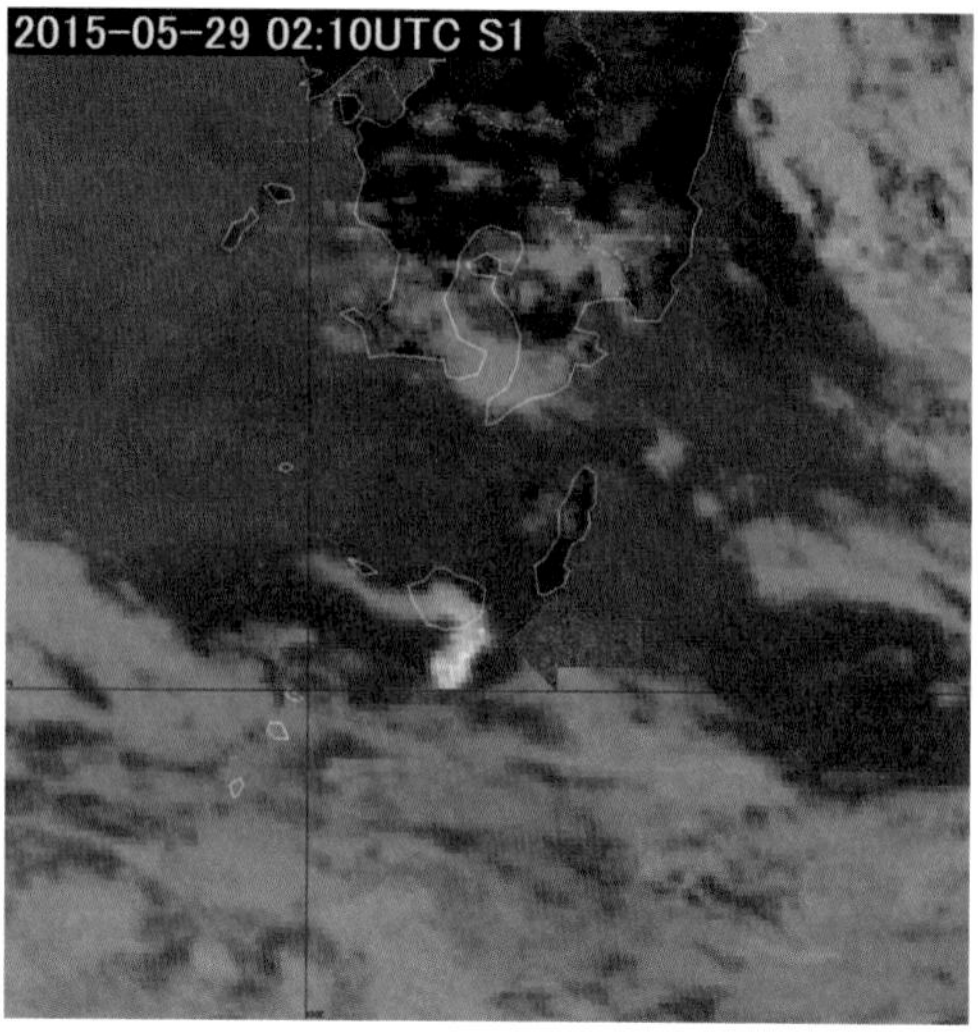

図 2•35
火山噴煙を検出した気象衛星画像。（気象衛星センターによる）

ヨーロッパで航空機の運航停止

2010年4月にギリシャとスペインを除くヨーロッパ全域で航空機の運航が停止となる事態が発生しました。その原因はアイスランドにある活火山**エイヤフィヤトラヨークトル火山**の噴火でした。氷河の底で噴火したため大量の火山灰を含む噴煙が成層圏まで到達し東方に向かって拡散すると予測されたための運航停止でした（図2・36）。

この噴火ではロンドンVAACが発信した情報により、欠航便が多発して人々の移動に混乱が生じたものの航空事故の発生は防ぐことができました。

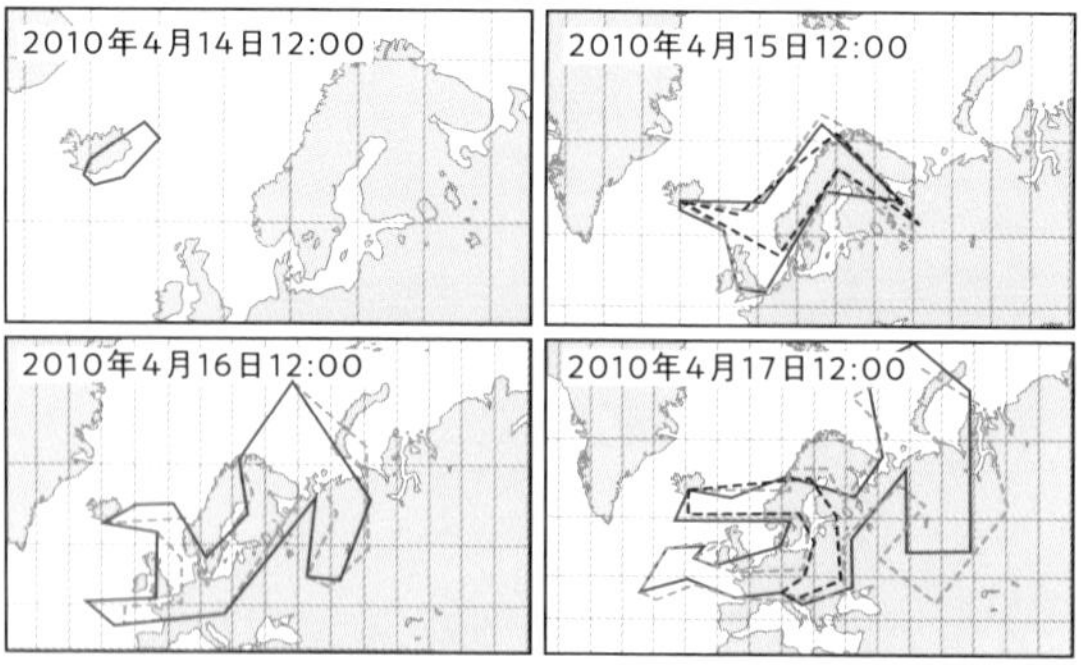

図 2•36
噴煙拡散予測。（London VAACの原図を改変）

COLUMN 2

新たに噴火が始まったときに行なわれる火山灰の緊急調査

活火山で新たに噴火が始まったとき、火山専門家に問いかけられるのは今後の噴火の見通しや何が起こるか、そして噴火の規模、いつ終息するかなどです。その判断材料を得るために緊急に現地に出かけ、火山灰を採取します。持ち帰った試料により本格的なマグマ噴火に移行するのか、噴火の規模はどれほどかを判断します。

雲仙普賢岳の1991－95年噴火では溶岩ドームの成長と火砕流発生を繰り返しました。マグマ噴火が始まる3か月前の小規模な噴火の際に採取していた降灰試料を調べてみると火砕流に含まれているのと同じ化学組成の発泡した新鮮な火山ガラスが見つかりました。

その後1990年代後半に北海道駒ヶ岳や雌阿寒岳で繰り返された小噴火で火山灰試料に新たなマグマ由来を示唆する火山灰が含まれているか否かと、噴火の規模を調査する手法が確立されました。廣瀬ほか（2007）による2006年3月に雌阿寒岳で発生した小噴火の調査報告の図を引用しながらその手法を解説しましょう。

本格的なマグマ噴火に移行するか否かは採取した火山灰試料から岩石薄片を作って顕微鏡観察を行ないます。岩石薄片とはスライドガラスに片面を研磨した試料を貼り付けてから0・03㎜まで削ったものです。火山灰試料の場合は最初に多数の火山灰粒子を樹脂に埋め込んだ状態にしてから研磨します。

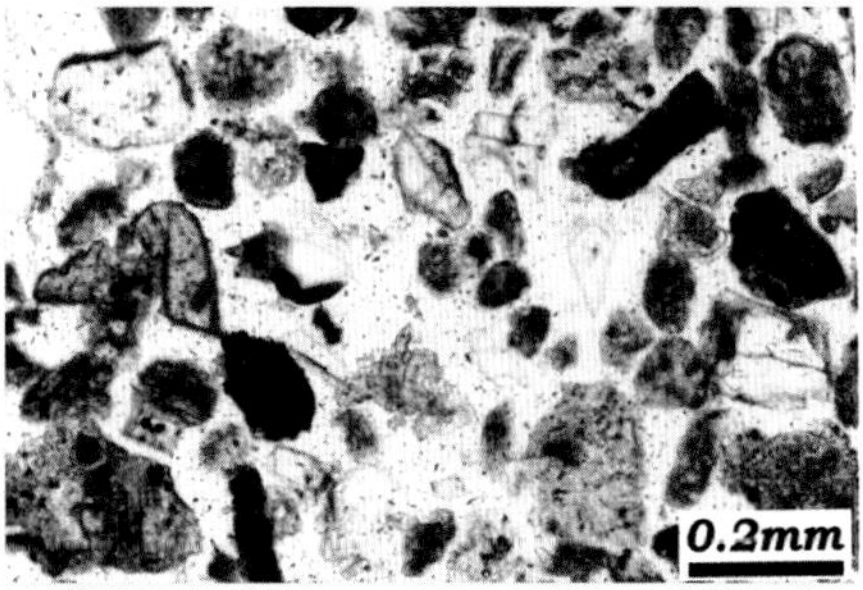

図2・37
火山灰試料の薄片写真。（廣瀬ほか（2007）による、北海道立総合研究機構提供）

図2・37は作成した火山灰試料の薄片写真です。多数の火山灰粒子の断面が写っていますが、発泡した気泡が見える新鮮な火山ガラスは見当たりません。このことからこの噴火は火山体内部に浸み込んでいる地下水がマグマからの熱により気化して爆発を引き起こした水蒸気噴火で

あると判定しました。本格的なマグマ噴火に移行する可能性は低いと判断できたのです。

噴火の規模を推測するためには降灰があった地点で1平方メートルに降り積もった火山灰を全て採取して、乾燥重量を測ります。この作業を多数の地点で行ない、重量測定結果を地図上に示したのが図2・38です。この図には等重量線が引いてあります。図2・39は等重量線の重さとその線で囲まれた面積の関係を示した両対数グラフです。データ点を直線近似で結びそれを外挿して積分すると総噴出量が求まります。経験上、火山山麓のデータのみでは過小評価になることが判明しています。火口近傍にのみ降り積もる噴石の量が多いからです。雌阿寒岳の報告事例でも山頂部を含む直線近似と山麓部のみの直線近似を行ない、両者をつないで総重量を求めています。

現在ではこの調査手法は気象庁の噴火観測手法の一つとして用いられています。

https://www.data.jma.go.jp/vois/data/tokyo/STOCK/kaisetsu/volmonita/volmonita.html#genchi

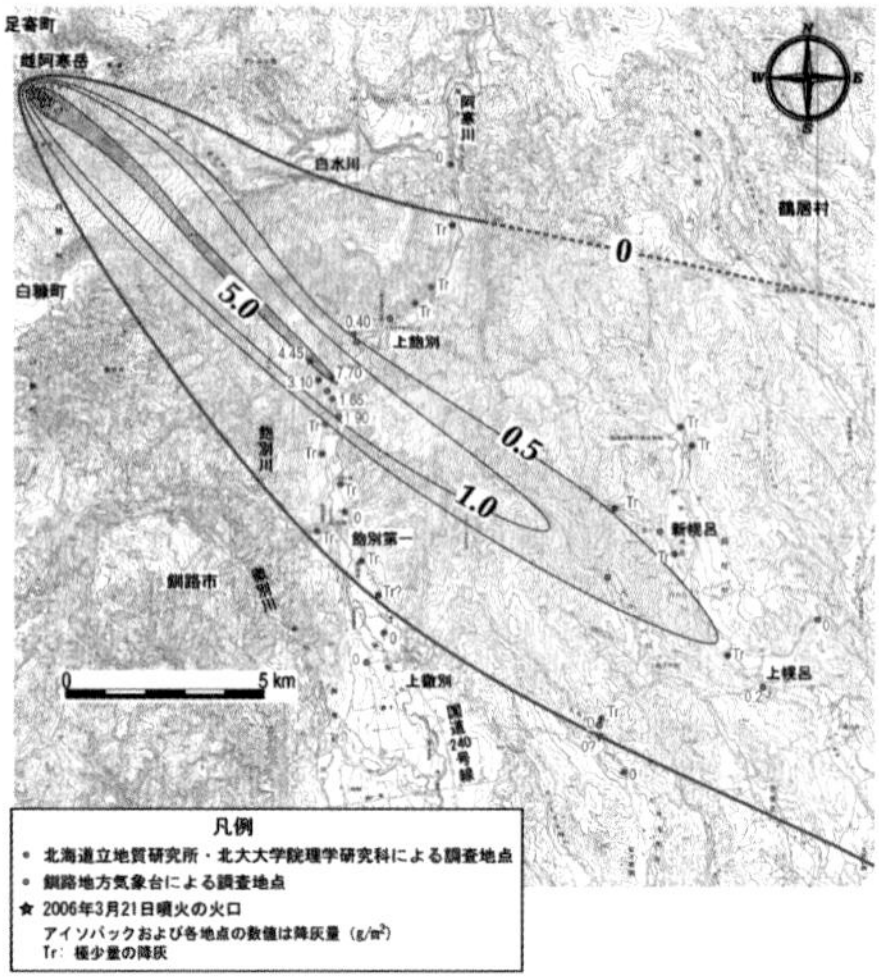

図2・38　降灰量分布図。（廣瀬ほか（2007）による、北海道立総合研究機構提供）

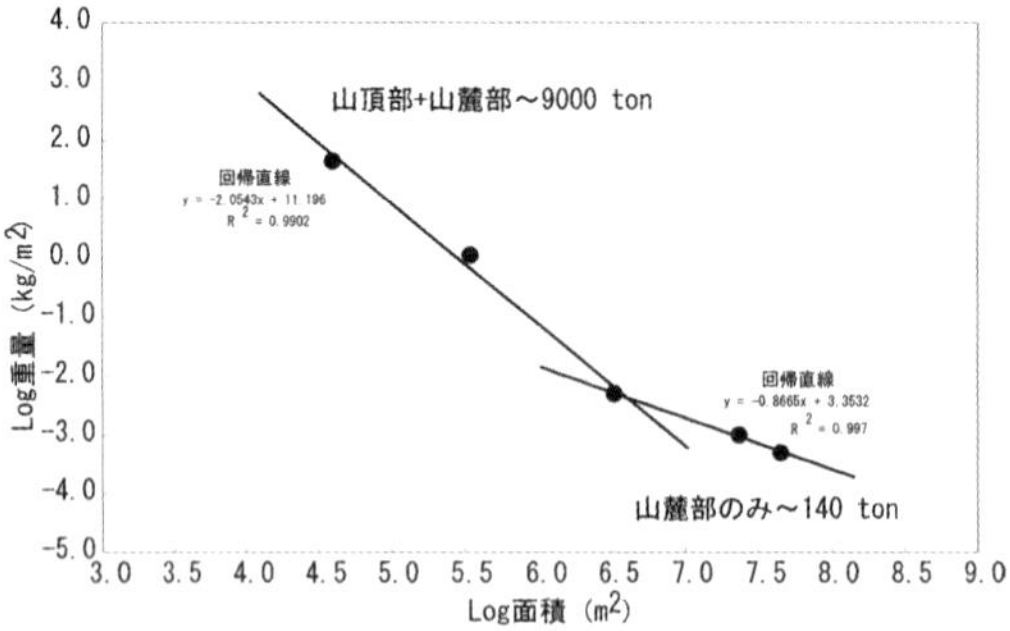

図2・39　降灰重量―面積グラフ。（廣瀬ほか（2007）による、北海道立総合研究機構提供）

第3章

マグマの通り道

日本で最初に火山について学ぶのは小学校6年の理科です。教科書の〝大地のつくりと変化〟という単元のページを開いてみると、噴火を起こす火山の地下の様子が描かれています。図3・1はその一例です。中学校1年の理科や高校の地学基礎の教科書を見ても解説は詳しくなりますが、火山の地下構造を示す挿絵はほぼ同じです。

こうした教育を受けた日本人は〝火山の地下には**マグマ溜まり**があり、そこから煙突のような通路を通って時々マグマが上昇し、山頂の火口で噴火する〟というイメージを持つようです。

噴火を引き起こすマグマが地表に向かう通り道はどうなっているのか、この章では世界各地の火山地域で地形や地層を観察してわかったことを紹介します。

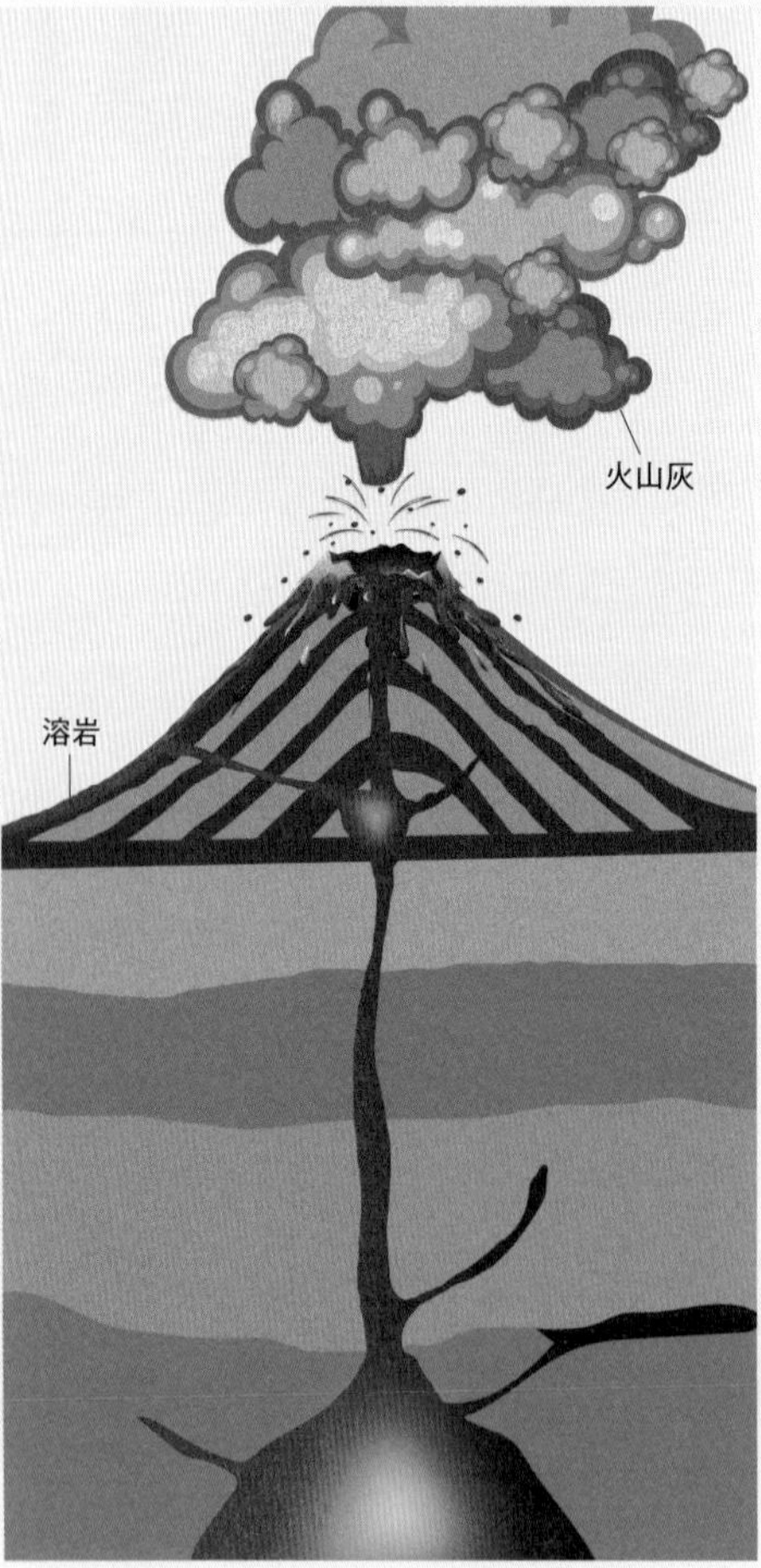

図3・1　小学校6年理科の教科書での解説例。

3-1 マグマ溜まり・岩脈・火道・岩頸・火口

上部マントルや地殻の最下部で生成されたマグマは周囲の岩石より軽いです。そのため浮力が働いて地殻上部まで上昇してマグマ溜まりを作ると考えられています。マグマのような液体は地震波の横波を通しませんし、割れません。地震波の伝わり方を観測して横波が伝わりにくい場所を見つければマグマ溜まりがありそうだとわかります。火山噴出物の試料を使って高温高圧実験を行なってマグマが**斑晶鉱物**を晶出していた深さを求めることが可能です。斑晶鉱物とはマグマ溜まりの中でマグマがゆっくり冷却しているときに成長する結晶のことです。溶岩などを肉眼で観察すると見つかる白や黒の結晶が斑晶です。マグマ溜まりの深さが推定できても形まではわかりません。

岩脈とは地層を上下方向に貫く板状の形態をした火山岩体です（図3・2）。**火道**とはマグマが地表に向かう通り道のことです。浸食された火山体で火口の直下だったと思われる場所にほぼ円形の断面を持つ岩体が見つかることがあり、これを**岩頸**《がんけい》と呼んでいます。洞爺カルデラの北壁にある烏帽子岩（図3・3）や伊豆大島南東部にある筆島は岩頸の典型的な事例です。

図3・2
岩脈。北海道積丹半島。

図3・3
岩頸。北海道洞爺湖北岸の烏帽子岩。

図3・4
南上空より見た羊蹄山の山頂火口。北西側の火口壁に2つ小さな火口がある。

マグマが地表に噴出する場所を火口といいます。火口はほぼ円形で直径は数百m以下です。噴火中に火口の位置が移動して円弧をつなげたような形の火口となることもあります（図2・29、図3・4）。噴火が終わった後に火口の壁面が崩れて火口が拡大することもあります。

火山性地震の群発

岩脈や岩頸を作りながらマグマが地表に向かって上昇し始めるとき**火山性地震**が群発します。有珠山の2000年噴火の前に火山性地震の発生回数が急増しました（図3・5）。マグマ溜まりの中で急速に発泡が進み始め、周囲の岩盤を押す力が加わって破壊が始まりこれが火山性地震として観測されたのです。

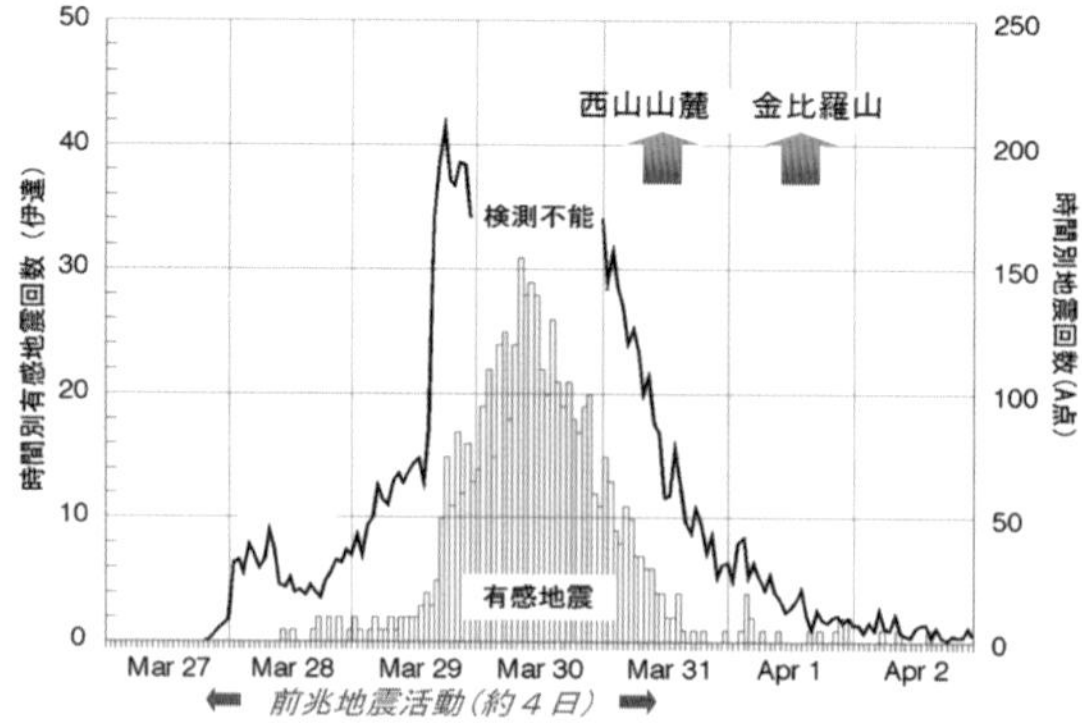

図3・5
有珠山で観測された火山性地震発生回数。（気象庁による）

3-2
成層火山の地下はどうなっているか

マグマ溜まりから上昇し始めたマグマは成層火山の山頂部にある火口で噴火を繰り返すとは限りません。側方に割れ目を作ってマグマが移動して岩脈となります。岩脈が地表まで達すると噴火して側火山を作ることがあります。**側火山**とは成層火山の山腹斜面上にできる火山体です。有珠山東山麓の昭和新山や浅間山南東山麓の離山など成層火山の山体から離れた場所に火山体が存在するケースがあります。これらもマグマの化学組成や過去の噴火履歴から、側火山であると判断されています。

社会科の地図帳では有珠山の山頂と昭和新山との両方に赤い三角マークがついています。そのため有珠山と昭和新山は別の活火山であると誤解する人がいます。しかし、昭和新山は有珠山と共通のマグマ溜まりから上昇してきたマグマにより生成したことがわかっているので、昭和新山も有珠山の一部なのです。

北海道北部にある利尻山や阿蘇カルデラの縁にある根子岳など古い成層火山では浸食が進行して地下にあるマグマの通り道である岩脈が露出しています。

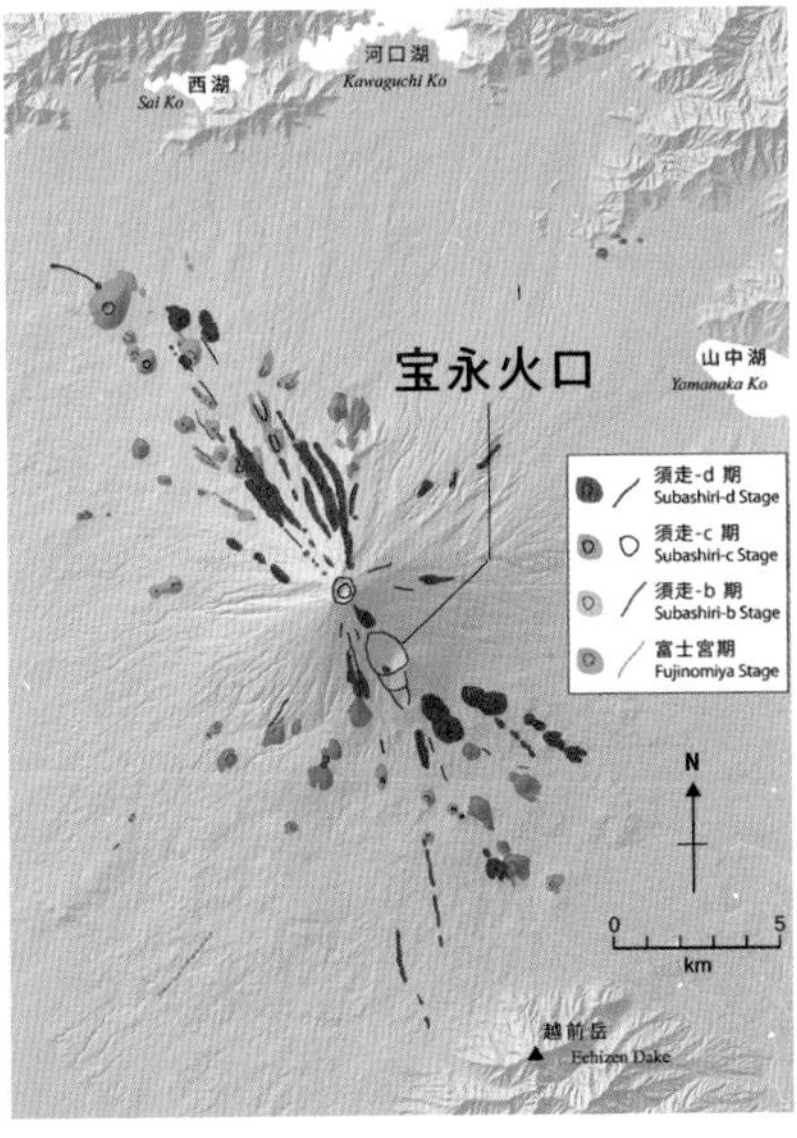

図 3･6
富士山の火口分布図。（高田ほか（2016）に加筆）

側火山の分布に指向性がある成層火山

富士山は山腹に多数の側火山があることがわかっています（図3・6）。山頂を挟んで北西―南東方向に側火山の分布が集中しています。この方向はプレートの沈み込みに伴う圧縮方向と一致しています。そのため、富士山の地下の火道はこの方向に割れて側方に岩脈を伸ばしやすく、側火山を作ると考えられています。1707年の宝永噴火では南東山腹に北西―南東方向に並ぶ3つの火口が相次いで形成されました（図3・6）。

米国コロラド州のスパニッシュピークの周辺では多くの地点で岩脈の露頭が確認できます。図3・7はスパニッシュピークとその周辺のグーグルアース画像です。西側の雪山がウエストスパニッシュピークで、2500万年前に地下で冷え固まった火成岩体が露出しています。図3・7でこのピークを挟んで西北西方向と東南東方向にほぼ直線状に並んでいる黒い筋が岩脈群です。図3・8はその一例の地上写真です。突出した板状の壁が岩脈で地下に向かって続いています。画面の奥に写っている山地がウエストスパニッシュピークです。

図3・9はそのことから想定したこの火山の地下構造の模式図です。岩脈群は火成岩体を挟んで対称な方向に集中しています。この方向はウエストスパニッシュピークがマグマ活動をしていた時代に、この地域の地殻に加わっていた圧縮力の方向と一致することがわかっています。岩盤は地殻が圧縮されている方向に割れやすく、マグマは割れ目を作りながら地層に侵入して岩脈となったのです。

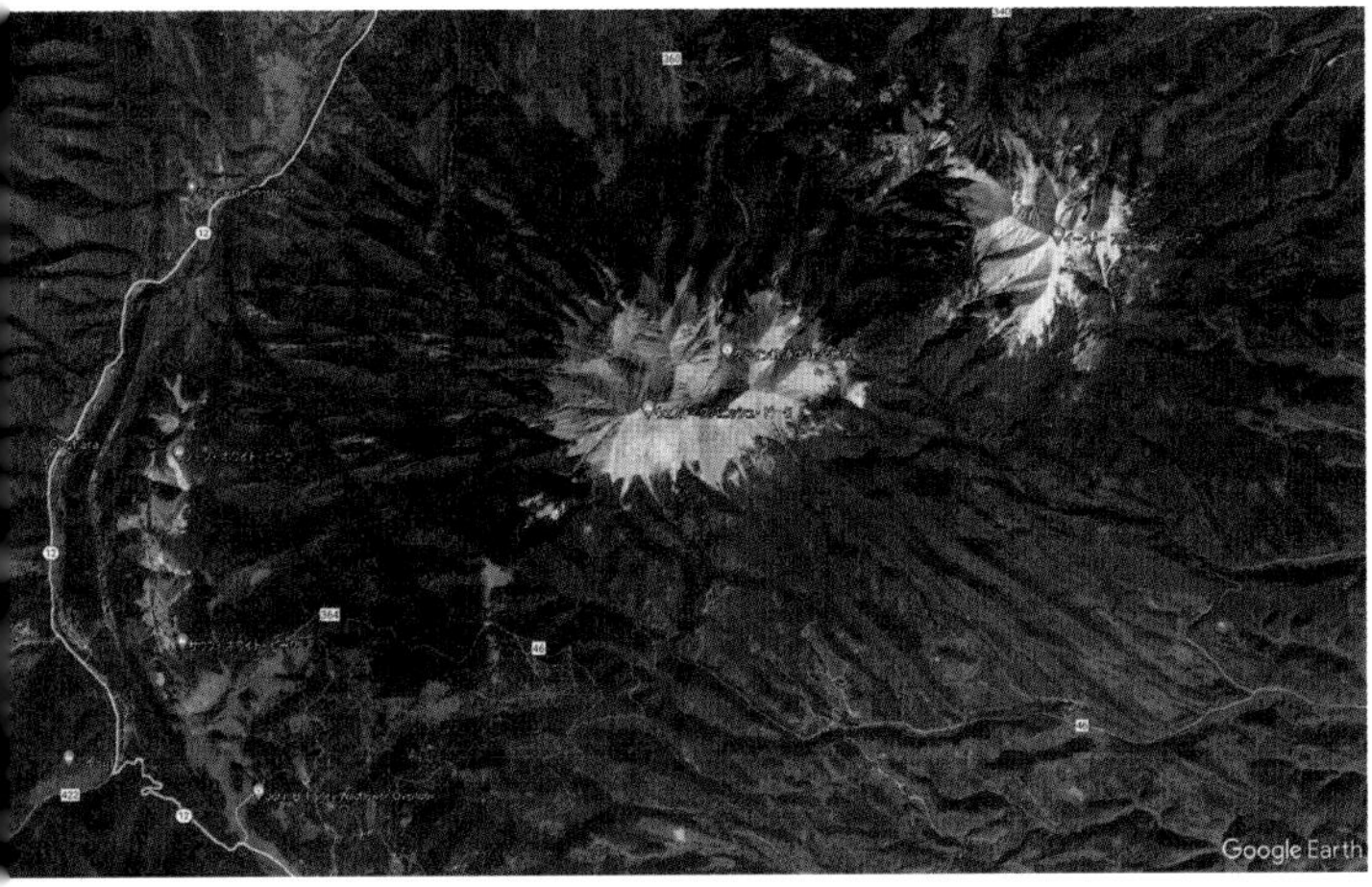

図 3•7
雪に覆われた山頂部を挟んで西北西―東南東方向に並ぶスパニッシュピークの岩脈群。
(Google Earth による)
(37° 20'23"N, 104° 56'16"W)

図 3•8
スパニッシュピーク山麓に見られる岩脈。

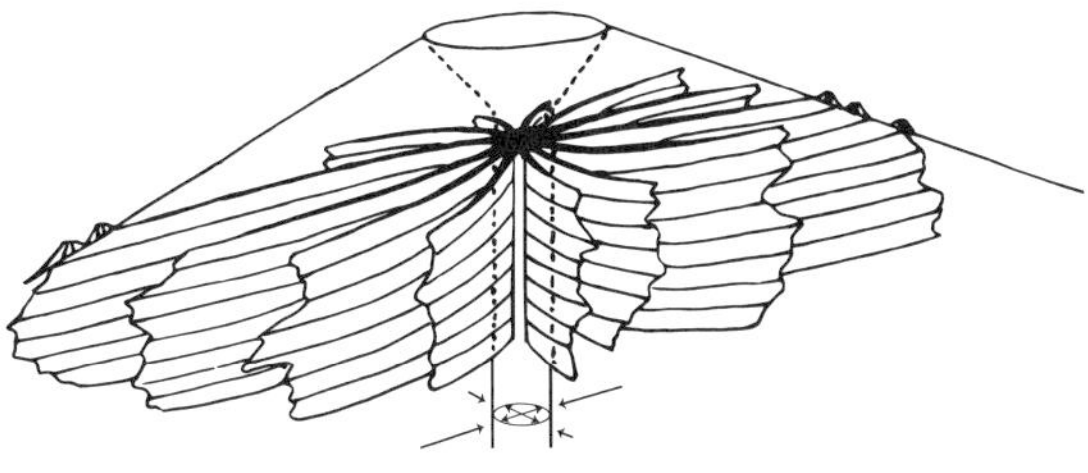

図 3•9
成層火山の火道と火口、岩脈と側火山の位置関係を示した模式図。
(Nakamura (1977) による)

側火山の分布に指向性がない成層火山

南九州の桜島は数百年間隔で最大級の噴火を繰り返してきました。図３・10は桜島の地質図です。山体を２つに割るように山頂を挟んで対称的な両側の山腹で割れ目噴火が起こりました。割れ目噴火の方位がわかるように噴火年代を図３・10に加筆してあります。割れ目の方向は噴火のたびに異なっています。プレートの沈み込みによる圧縮力の影響が及びにくい火道のごく浅い部分で火道が割れて、側方の山腹で噴火を引き起こすのでしょう。

米国ニューメキシコ州の北西端にシップロックと呼ばれる浸食が進んだ火山体があります。図３・11には岩頸から放射状に伸びる岩脈が写っています。図３・12は南南東に伸びた岩脈のそばから中心部の岩頸を遠望した画像です。図３・11下部の赤丸が撮影地点です。岩頸は高さ約５００ｍ、周囲の相対的に柔らかい地層は浸食が進んでおり、２７００万年前に生成した火山体の地下１０００ｍ位までの部分が露出していると推測されています。

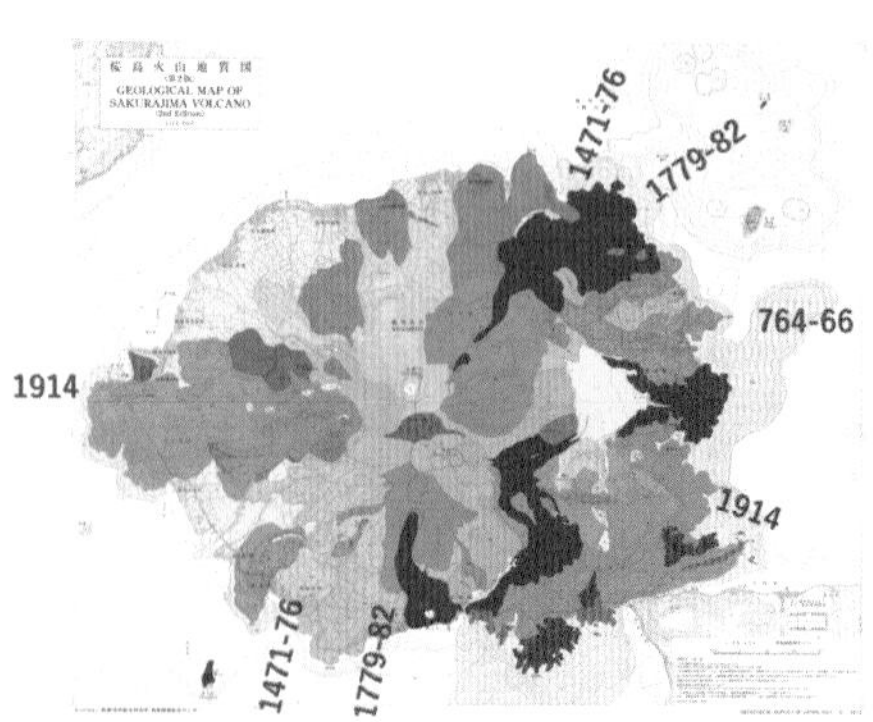

図3・10
桜島火山地質図に噴火年代を加筆。（産総研による）

マグマが地下で移動して陥没カルデラ形成

成層火山でマグマが山頂火口から噴火せず、地下で移動してしまうことがあります。米国アラスカ州のカトマイ火山1912年噴火の事例を図3・13に示しました。2日間ほどの強い前兆地震が群発してから軽石と火山灰が降り、火砕流がPの谷間を埋めました。N付近に溶岩ドームが成長して噴火が終息しました。Cの地下にあったマグマ溜まりから西方10㎞のNまで地下でマグマが移動して噴火、Cには径4×2・5㎞の陥没カルデラができたと解釈されています。

カトマイ火山の1912年噴火シナリオは僻地のため推測を交えたものですが、マ

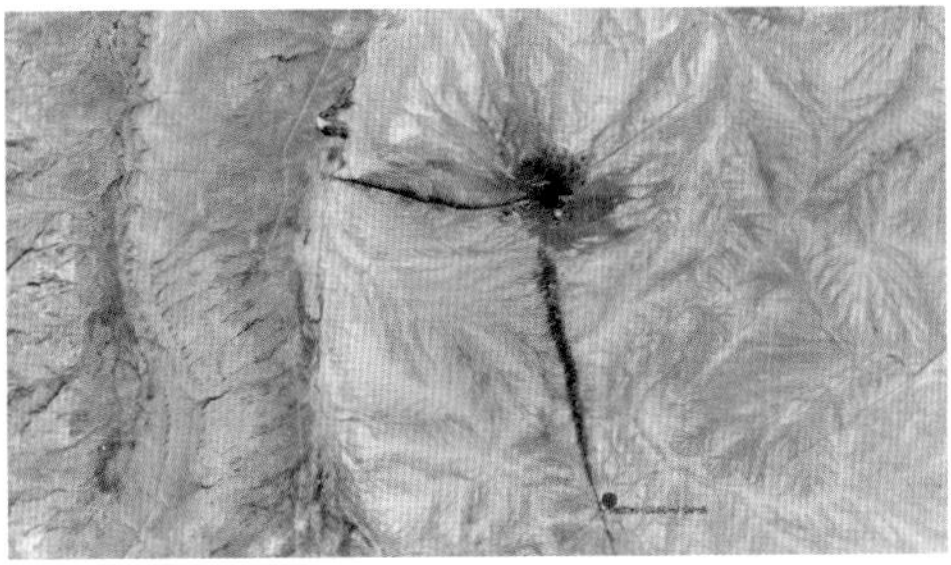

図3・11
シップロックの岩頸と放射状に伸びる岩脈。
（Google Earthに加筆）
（36° 41'20"N, 108° 50'10"W）

図3・12
シップロックの岩脈と画面右手奥の岩頸。

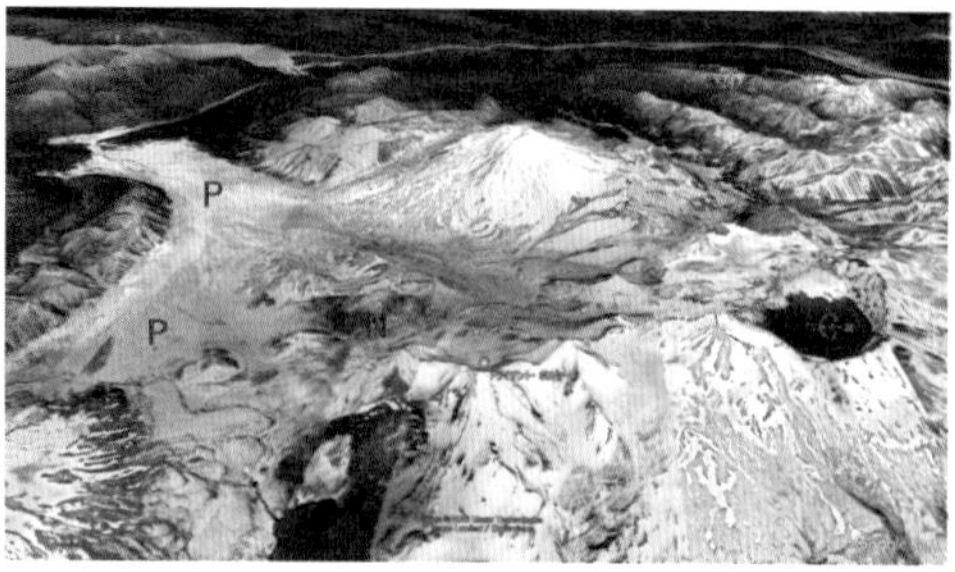

図3・13
米国アラスカ州カトマイ火山。C:1912年陥没火口、N:ノバラプタ火口、P:火砕流堆積物。（Google Earthに加筆）（58° 15'13"N, 155° 00'33"W）

グマの水平移動に伴う山頂部の陥没は２０００年に三宅島でその過程が詳細に観測されました。６月27日夕刻から火山性地震が群発し始め、震源は西方に移動、翌日未明に西岸沖で小規模な海底噴火が発生しました。その後８月末まで地震の発生源は北西方向にある神津島付近まで移動して行きました（図３・14）。太平洋プレートの沈み込みに伴って押されて割れやすい方向に向かってマグマが貫入したようです。この間７月８日から山頂部で水蒸気噴火に伴う陥没が始まり1か月かけて直径1・6km、深さ５００mの陥没カルデラが生じました（図３・15、３・16）。カルデラ底ではマグマ水蒸気噴火が始まり降灰と高濃度の二酸化硫黄ガスの放出が続きました。上部マントルから新たにマグマが上昇してきたのでしょう。

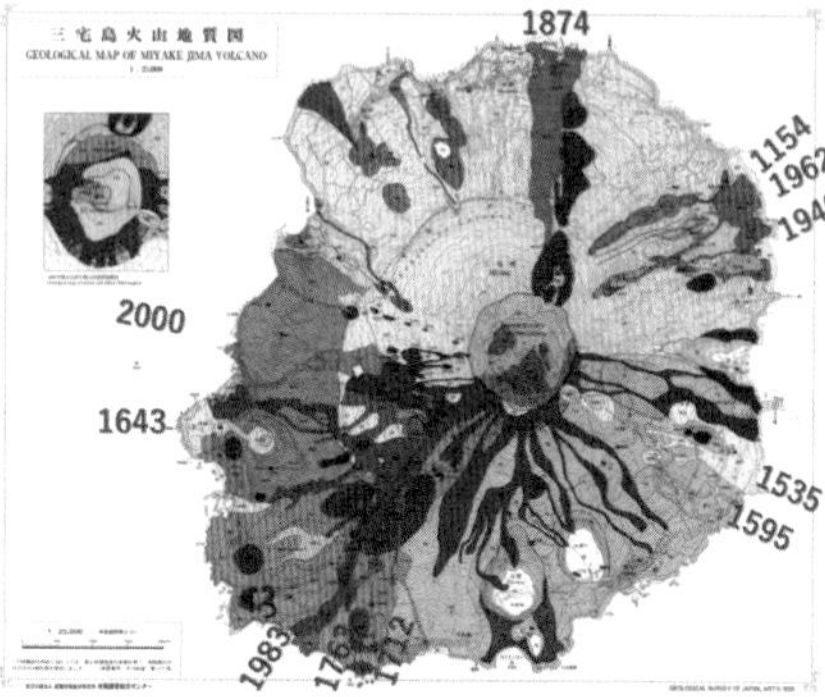

図3・14
三宅島火山地質図に噴火年代を加筆。（産総研による）

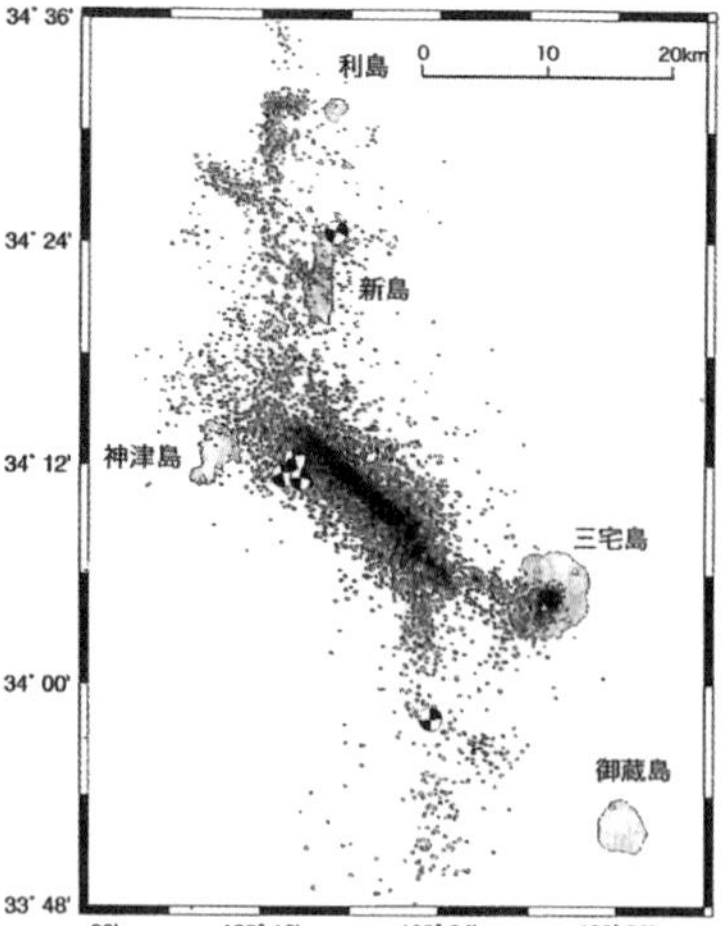

図3・15
2000年に三宅島で観測された群発地震の震源分布。（中田（2008）による）

なお、三宅島の12世紀以降１９８３年の噴火までは、桜島の事例と同様に山腹での割れ目噴火の方位はプレートの沈み込みによる影響に規制されていません。

マグマ溜まりから斜めに上昇してくるマグマの通り道

１９９１－95年に溶岩ドームの成長と共に火砕流を頻発した雲仙普賢岳はほぼ東西方向を向いた別府－島原地溝帯の中に成長を続けている火山です。地下の岩盤は南北方向に引き伸ばされる力が働いているのでマグマの通り道は東西方向に伸びた形の岩脈を作りやすいはずです。

１９８９年11月から雲仙普賢岳の西方約15㎞、橘湾の地下15㎞前後の深さで地震の群発が観測され始めました。地震の発生源は東に向かって移動しながら次第に浅くなっていき、１９９０年11月に最初の小さな水蒸気噴火が雲仙普賢岳の山頂部で発生しました。

この観測結果からマグマ溜まりは橘湾の地下にあり、そこから岩脈を作りながら斜めに上昇して雲仙普賢岳に達したという仮説が立てられました。噴火終息後に〝雲仙火山

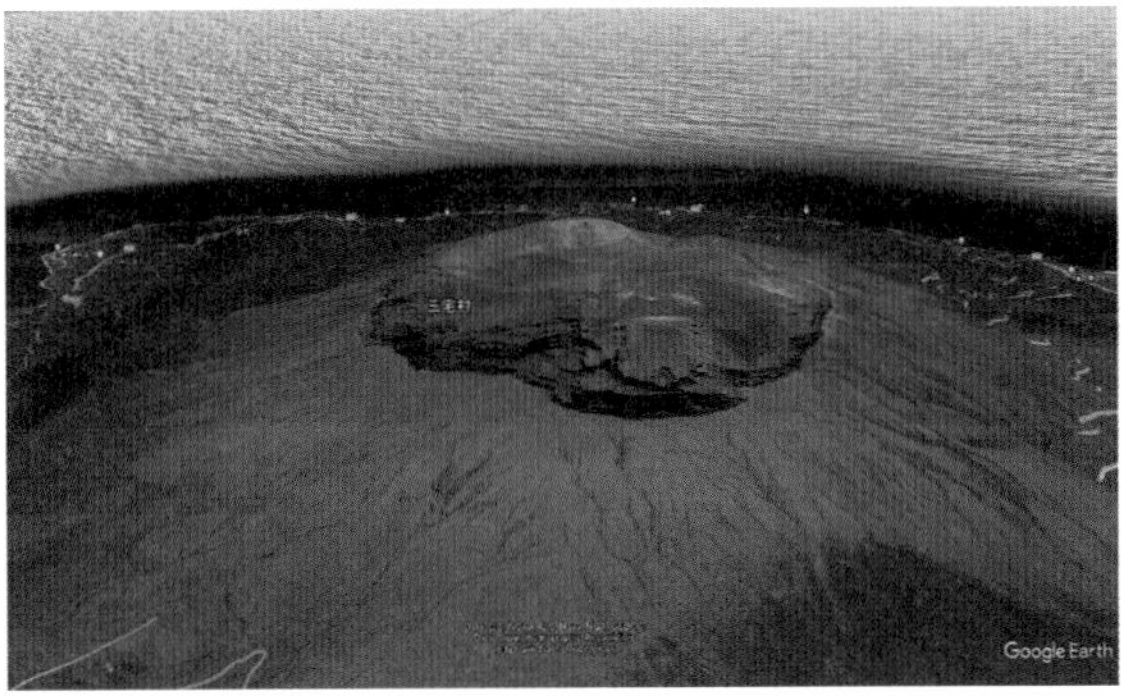

図3・16
三宅島山頂部に生じた陥没カルデラ。
（Google Earthによる）（34° 05'06"N, 139° 31'38"E）

科学掘削プロジェクト〟が実施されました。その結果幅400mの火山角礫岩層（9－3参照）の中を雲仙普賢岳のマグマと同じ組成を持った複数の岩脈が貫いており、その一つがまだ高温であることが確認できました（図3・17）。

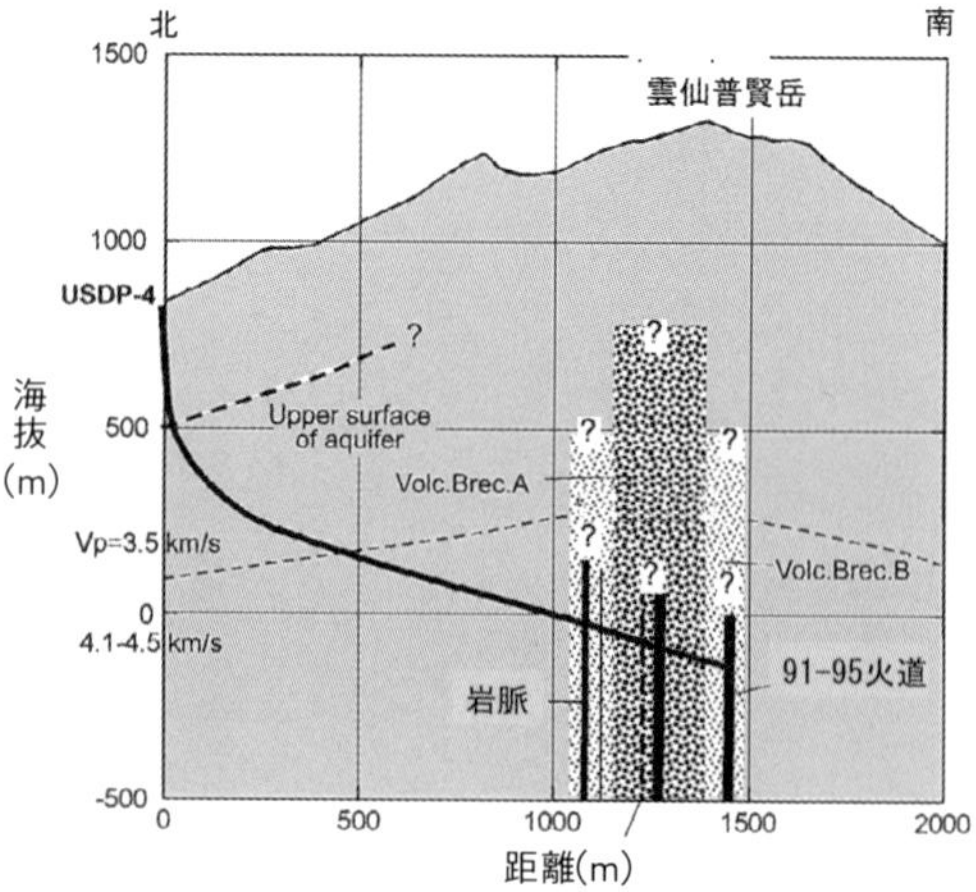

図3・17
マグマ供給路である岩脈が確認できた雲仙科学掘削。
(Nakada et al. (2005)を改変)

3-3
岩脈に見られる割れ目はなぜできるのか

図３・８のように成層火山が浸食されると内部にある岩脈が露出します。マグマの温度は８００－１２００℃余りまでの高温です。周囲の地層は低温なので、マグマは冷やされ始めて岩脈となります。岩脈は冷やされると収縮するので表面から内部に向かって割れ目が入ります。これを**冷却節理**といいます。

　岩脈ができるときにマグマは全体が一気に冷え固まるのではありません。図３・18は冷却節理がよく見えている岩脈の露頭です。岩脈に生じた割れ目の間隔が表面から内側に向かって変化しています。岩脈を作っている岩石の熱の伝わり方（熱伝導率）が低いため岩脈の表面近くは急速に縮んで幅の狭い割れ目が多数できます。内部に向かうと相対的にゆっくり縮むので少数の幅が広い割れ目になるのです。

　岩脈は板状の形態をしていますが太さも向きも一様とは限りません。図３・19では岩脈が地層を貫きながら厚さが変化し、曲がっています。地層の弱いところを狙って岩脈が伸びていくためでしょう。

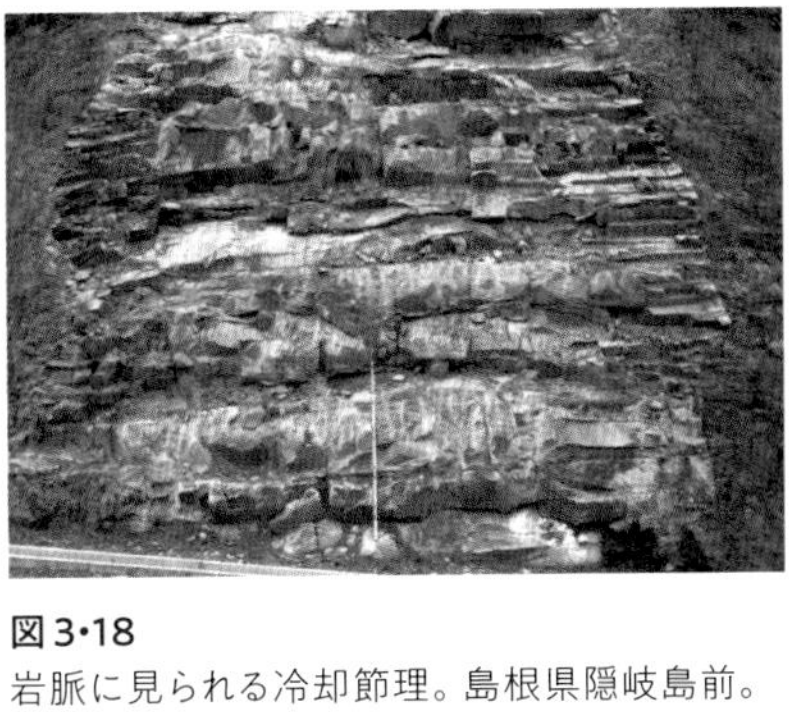

図3･18
岩脈に見られる冷却節理。島根県隠岐島前。

図3･19
太さが変わる岩脈。北海道積丹半島。

3-4
ハワイ島キラウエア火山の地下はどうなっているのか

図３・20はハワイ島にあるキラウエア火山で噴火を起こすマグマの供給路を描いた模式図です。山頂に向かって上昇してきたマグマが東西２方向に伸びたリフトゾーンの地下に沿って移動していくことが矢印で示されています。

このように判断した根拠はマグマの挙動を探るために感度の良い地震計・ＧＮＳＳ（ＧＰＳ）・傾斜計を用いた連続観測を長年行なってきた成果によります。地震が急増して山頂部のカルデラ付近で大地が隆起し広がりだすと噴火が活発になり始めます。そして噴火が静まると大地も沈み縮む傾向が観測されています。

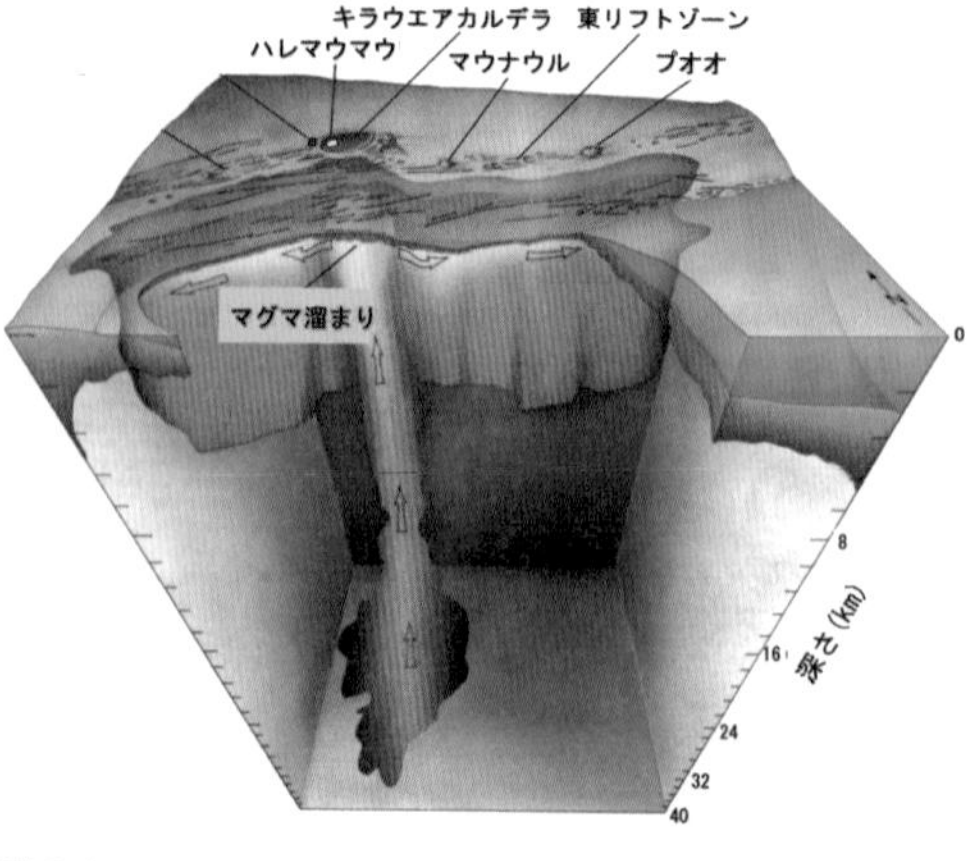

図3・20
ハワイ島キラウエア火山の地下構造。（USGSによる原図を改変）

地下に新たな岩脈を作った２０１８年山麓噴火

キラウエア火山で１９８３年に始まった山頂部での噴火は断続的に２０１８年まで続きました。２００８年からは山頂部のハレマウマウ火口と東リフトゾーン上のプオオ火口の両方で噴火が起こっていました（図３・21）。

2018年5月に入ると突然2つの火口湖の湖面が低下して消失し(図3・22)、同時に火山性地震の発生源が東リフトゾーンに沿った東山麓に向かって移動し始めました。そしてカルデラから40㎞離れた東山麓で割れ目噴火が始まりました(図3・23)。最初の1か月ほどは比較的低温で勢いが弱い噴火でした。後半の2か月間は噴火の勢いが増し(図1・18)、溶岩流の温度も高くなりました。

図3・21
ハレマウマウ火口内で見られた溶岩湖と溶岩噴泉。2017年3月20日撮影。

図3・22
溶岩湖が消失したハレマウマウ火口。2018年7月撮影。(USGSによる)

図3・23
東山麓で始まった割れ目噴火。2018年5月5日撮影。(USGSによる)

噴出物の化学組成分析なども踏まえて、2018年山麓噴火の際の地下でのマグマの挙動について次のようなモデルが提案されました。最初の1か月は山頂部のカルデラ直下のマグマが新しく割れ目を開いて東リフトゾーンに移動し始めました。そのため、前回1960年の山麓噴火の出残りであったマグマが押し出されたのです。その後山頂火口の直下から移動してきた新しいマグマが噴出したのです。

マグマの移動に伴って周辺に生じる亀裂や段差

図3・24は2018年5月にマグマがリフトゾーンに沿って山麓に移動したことに伴ってキラウエアカルデラを周回する道路に生じた亀裂です。国立公園のパークレインジャーはこうした亀裂や段差を多数確認し、来場者の安全を確保するための修復を行ないました。キラウエアカルデラの周辺を歩き回るとより規模の大きな亀裂や段差が見つかります。

カルデラの縁と平行に伸びた亀裂から絶えず水蒸気が出ている場所があります（図3・25）。図3・26はキラウエアイキ火口

図3・24
2018年ハレマウマウ火口陥没に伴ってカルデラ周回道路に生じた亀裂。

の北西側に伸びる断層崖です。これらは15世紀の末から始まったキラウエアカルデラの陥没（図1・33）に伴って生じたようです。

図3•25
カルデラ壁に平行な亀裂。

図3•26
キラウエアイキ火口の北西側に伸びている断層崖。1983年2月8日上空より撮影。

図3・27
オアフ島で見られるリフトゾーンの断面。

オアフ島で見られるリフトゾーンの断面

オアフ島にはホノルルの市街地の背後に約300万年前に生成したクーラウ火山があります。山体の北側が崩れてしまったため（6−6参照）、楯状火山の内部構造が見えています。図3・27は新設工事中に撮影した自動車専用道H3号線沿いの露頭です。多数の岩脈が集中して露出しています。その一部の近接画像（図3・28）からは赤矢印で示した範囲にある岩脈がより古い岩脈を貫いている様子が観察できます。自動車道が開通した今となってはこの露頭の観察は不可能です。

ホノルルの市街地から州道61号線を峠まで登るとヌアヌパリ展望台があります。図3・29は展望台から左手奥の崖を遠望したズーム画像です。赤矢印で示した切り立った尾根筋は周囲より硬い岩でできた岩脈です。同様の尾根筋が多数並んでいることから、マグマが地下で繰り返し移動したリフトゾーンの断面が見えていると推測しています。

地表に開いたリフトゾーンの開口割れ目

リフトゾーンの地下でマグマが繰り返し山麓に向かって移動して岩脈群を作る影響で、地表に開口割れ目ができます。図3・30はキラウエアカルデラの縁を南西リフトゾーンが通過する地点を上空から見た画像です。キラウエア火山の南西リフトゾーンでは1971年9月に52年ぶりに新たに生じた割れ目から溶岩噴泉が発生し、溶岩を流しました。図3・30には互いに平行な短い長さの開口割れ目群が写っています。そして一部

図3・28
岩脈がより古い岩脈を貫く。

図3・29
ヌアヌパリ展望台からクーラウ火山のリフトゾーンの断面を遠望する。

の割れ目から溶岩流が流れ出しています。図3・31は図3・30のうち溶岩を流出した割れ目の地上画像です。割れ目が伸びている方向がリフトゾーンの方向です。

なお、図3・30とその周辺はハレマウマウ火口で噴火が再開された2008年以降、火口から放出された二酸化硫黄ガスが米国の環境基準を超えることがあり、一般の来訪者は立ち入り禁止となっています。

図3・30
キラウエア火山南西リフトゾーンに生じた割れ目群。
1983年2月8日上空より撮影。

図3・31
南西リフトゾーンで地上に開いた割れ目。

3-5
大地が割れて広がる

アイスランドとニュージーランド北島にはプレートの動きに伴って大地に亀裂が入り割れた現場が見られる場所があります。

広がるアイスランドの大地

アイスランドは北大西洋の大西洋中央海嶺上にある火山島です。島の総面積は北海道と四国を足し合わせた広さです。アイスランドではプレートの拡大に伴って絶えず北西—南東方向に広がる力が働いています。それと直交する北東—南西方向のプレート拡大軸に沿って伸びた低地帯には、**ギャオ**と呼ばれる開口割れ目があります（図3・32）。この図の遠方には割れ目と同じ方向に伸びた火山列が見えています。

アイスランドの南岸から約10㎞沖合に位置するヘイマエイ島で１９７４年に噴火が始まりました。一直線に並んだ火口列（図

図3・32
アイスランドに見られるプレート境界の割れ目。

3・33）ができて溶岩のしぶきを吹き上げ、冷えてスコリアとなって住宅地に降り注ぎました。やがて火口は1か所に集中し、海岸に向かって溶岩を流し始めました。この火口列の方向はプレート拡大軸の延長線上を向いています。

ニュージーランド北島のタラウェラ噴火

ニュージーランドの北島は東側から太平洋プレートが沈み込んでおり、それに伴う火山帯があります。しかし、日本の火山帯とは異なり、一部では地殻が割れて広がり、間の部分が落ち込んだ**地溝帯**と呼ばれる場所で火山活動が見られます。

地溝帯の中にあるハロハロカルデラはカルデラ底の大部分が溶岩ドーム群で埋められています。その一つタラウェラ溶岩ドーム群は、1万8000年前以降800年前までに繰り返された噴火で生じた北東―南西方向に伸びた火山体になっています。1886年にその山頂部を縦断し南西山麓に達する割れ目噴火が発生しました（図3・34）。この画像で白く見えている地層は1886年火口の内壁に露出している溶岩ドームの岩石です。その上部を覆っているのが1886年噴火の際に降り注いだスコリア層です。

図3・33
ヘイマエイ島1974年噴火の火口列。
市街地を埋めた噴出物が除去された後の
1982年撮影。

図3・34
タラウェラ火山の割れ目火口。

3-6
割れ目から一斉噴火を起こした単成火山群中の火山列

1回限りの噴火で形成された火山体が多数存在する地域を**単成火山群**と呼びます。単成火山群を構成する個々の火山体として**火砕丘**（図3・35）、溶岩ドーム（図3・36）、**マール**（図7・19）、そして溶岩流などがあります。国内には伊豆東部、山陰の阿武、九州の姫島と福江などの単成火山群があります。

図3•35
東伊豆単成火山群の大室山スコリア丘。

図3•36
東伊豆単成火山群の矢筈山溶岩ドーム。

東伊豆単成火山群を構成する火山体の分布（図3・37）を見ると、火山体が一列に並んでいるケースがあります。隣り合う2つ以上の火山体の噴火時期が噴出物の分布では識別できず同時噴火であったと判断されることがあります。このことから一直線上の少し離れた位置から複数の火口で同時噴火したと判断できます。

米国ではプレート沈み込み帯の火山列よりは東側の大陸内部にカリフォルニア州東部のモノインヨクレーターズ（図3・38）、アリゾナ州のサンセットクレーターズ（図3・39、図3・40）、アイダホ州のクレーターズオブザムーン（図3・41）などがあります。

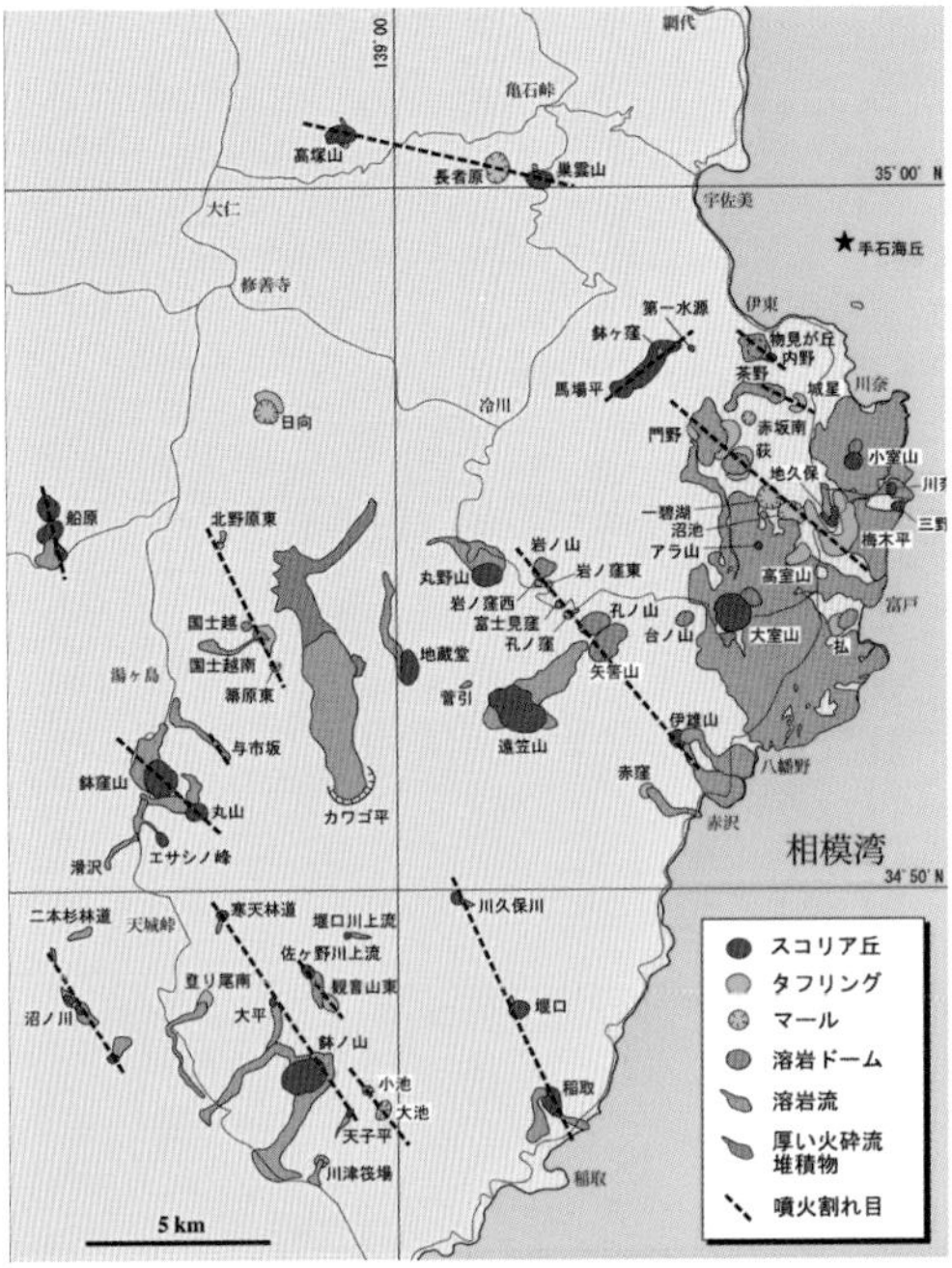

図3・37
東伊豆単成火山群の火山体分布図。（気象庁による）

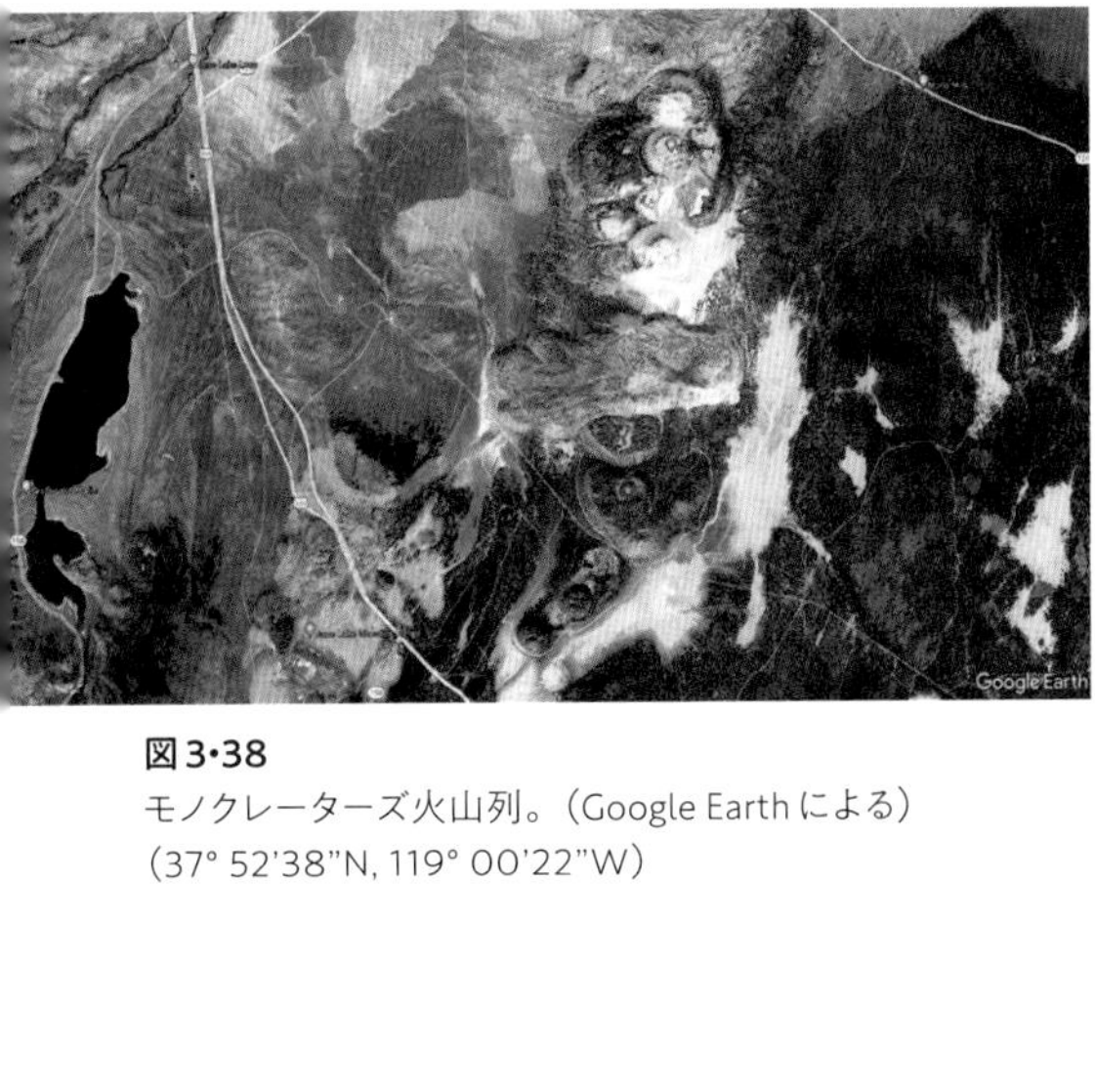

図3・38
モノクレーターズ火山列。（Google Earth による）
（37° 52'38"N, 119° 00'22"W）

カリフォルニア州東部にあるモノインヨクレーターズ単成火山群の一部であるモノクレーターズ（図3・38）は全長17㎞の範囲に一列に流紋岩の溶岩ドームや溶岩流などの火山体が並んでいます。各火山体から放出された火山灰層の重なり方、噴火年代測定結果、そしてボーリング調査から14世紀半ばの数か月以内に1本の岩脈から相次いで噴火してモノクレーターズを作ったことが立証されています。

米国アイダホ州ポカテッロの北西には1万5000年前から2000年前の間に繰り返された噴火で生じた火砕丘とそれに伴う広大な玄武岩の溶岩原があります。その中のクレーターズオブザムーン国立モニュメント区域内では、多数の火山体が北西―南東方向に伸びた地溝と呼ばれる断層帯に沿う場所に限って分布しています。（図3・41）。図2・27でラフトの事例として紹介した火砕丘もその一つです。これらの火砕丘は大地に開いた割れ目に沿って一斉に噴火してできたと考えられています。地下には北西―南東方向を向いて直立した岩脈があるはずです。モノクレーターズで行なわれたようなボーリング調査を実施すればそのことを確かめられるでしょう。

図 3・39
米国アリゾナ州サンセットクレーターズ。

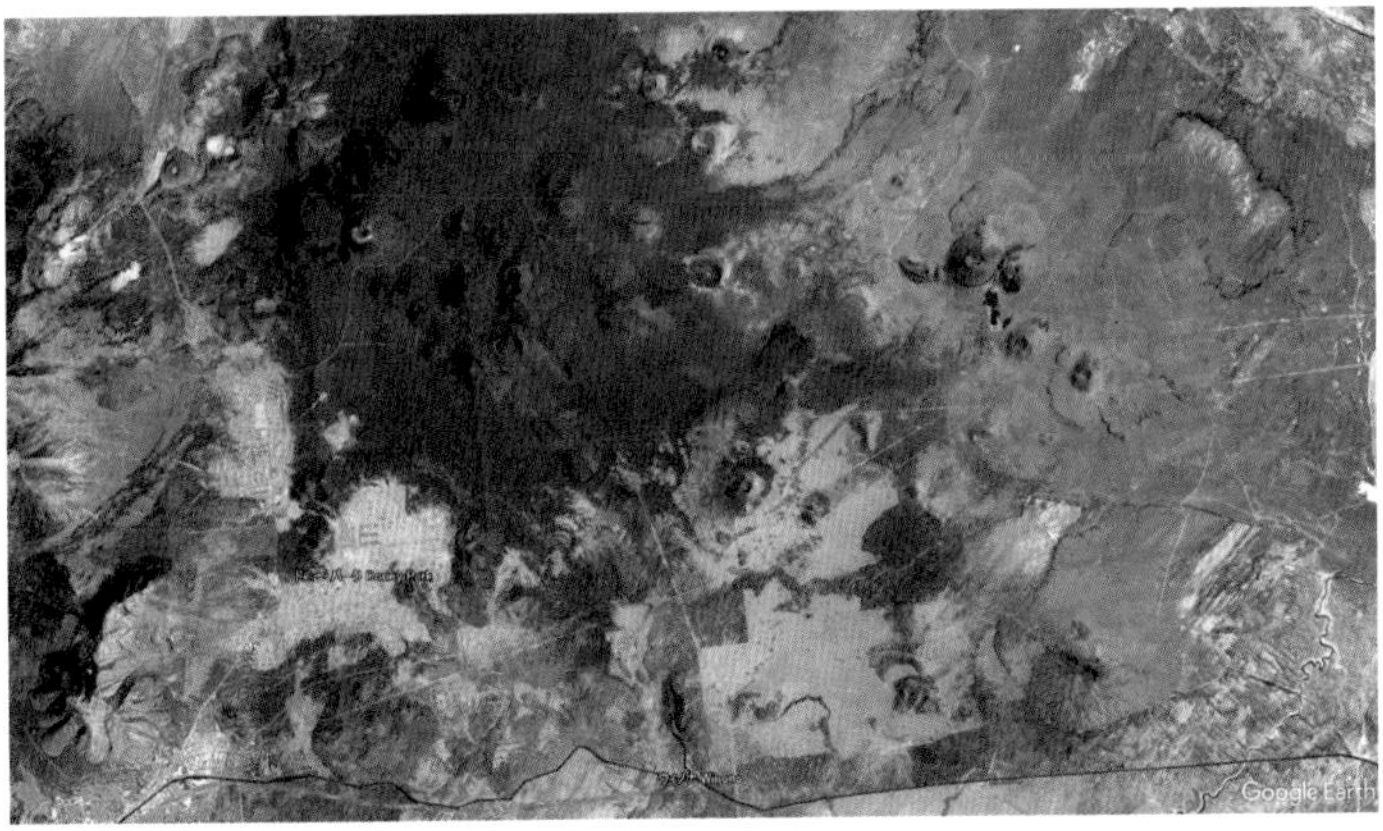

図 3・40
サンセットクレーターズ地域。多数の丸い模様が個々の火山体。
(Google Earth による)
(35° 21'05"N, 111° 26'19"W)

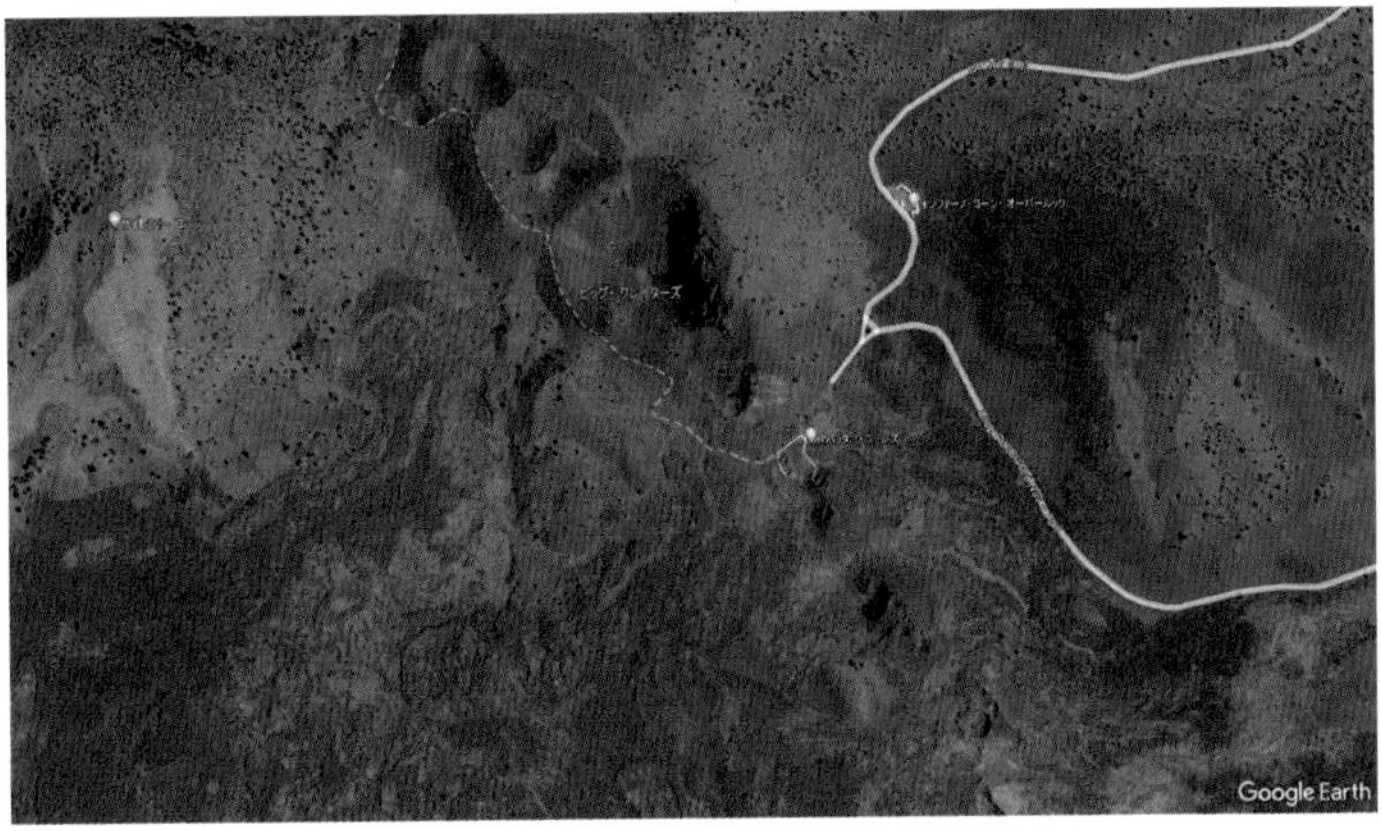

図 3・41
米国アイダホ州クレーターズオブザムーン国立モニュメントで見られる割れ目火口列。
(Google Earth による)
(43° 26'39"N, 113° 33'28"W)

3-7
カルデラ火山の地下はどうなっているのか

大規模火砕流を噴出させたマグマの通り道はどうなっているのか、それを探るには現在のカルデラの地形、そしてコールドロンと呼ばれる、浸食されて地下の状況が露出している過去のカルデラ火山を観察すると手掛かりが得られます。

再生ドーム

米国ニューメキシコ州にある直径22kmのバイアスカルデラは125万年前に大規模火砕流を発生してできた陥没カルデラです（図3・42）。カルデラの中心部にあるレドンドピーク（図3・43）は地下のマグマ溜まりに再びマグマが溜まり始めた結果、カルデラ床が約3万年かけて少なくとも1200m押し上げられた地形で、再生ドームと呼ばれています。現在地下5－15km程度の深さに地震波が伝わりにくい領域があり、ここにマグマ溜まりが存在すると考えられています。

米国ワイオミング州にあるイエローストンカルデラの内部には2つの再生ドームがあります。図3・44は南西側のマラードレイク再生ドームです。図の赤矢印に挟まれた部分は、隆起して持ち上げられたためにできた対の断層で相対的に凹んでしまった地形です。

図3・42
バイアスカルデラ内のR:再生ドーム、S:カルデラ形成後に生じた溶岩ドーム。（Google Earthに加筆）
（35°53'29"N, 106°32'33"W）

図3・43
バイアスカルデラの中心部にあるレドンドピーク再生ドーム。

図3・44
イエローストンカルデラ内のマラードレイク再生ドームに生じた断層変位。

コールドロン

カルデラの地形が完全に浸食されてカルデラの地下の地層が地表に露出しているものを**コールドロン**といいます。日本列島でも1500万年前に生じた事例など多数見つかっています。兵庫県西部の瀬戸内海に面した平野部にある赤穂コールドロンの事例を紹介しましょう。赤穂コールドロンは約8200万年前の大規模火砕流噴火に伴ってできました。図3・45は5万分の1地質図幅播州赤穂です。赤矢印で囲まれた範囲内が赤穂コールドロンです。薄い赤色で表示された地層がコールドロンを埋めた火砕流堆積物です。コールドロンの中央部に露出しているRの範囲は火砕流堆積物を貫いている流紋岩マグマが、地下で冷え固まった**深成岩体**です。大規模火砕流の噴火開始と共にカルデラの陥没が始まって火砕流もカルデラのくぼ地を埋めました。再生ドームを作った深成岩体も現在は地表に露出していると考えられています。

図3・46は図3・45の青矢印の先にある火砕流堆積物の露頭の接写画像です。一見斑晶鉱物が多い溶岩のように見えますが、割れて破片となった鉱物が多数あることで溶岩ではなく火砕流などの火山砕屑岩であることがわかります。黒い塊はマグマ溜まりの上にあった地層が噴火の際に火砕流に取り込まれてしまった外来岩片です。赤丸内につぶれた軽石があります。この付近には火砕流堆積物を貫いた安山岩の岩脈が露出しています（図3・47）。この安山岩の岩脈はカルデラ形成後の火山活動に伴うものです。

図3･46
赤穂コールドロンに露出している火砕流堆積物。

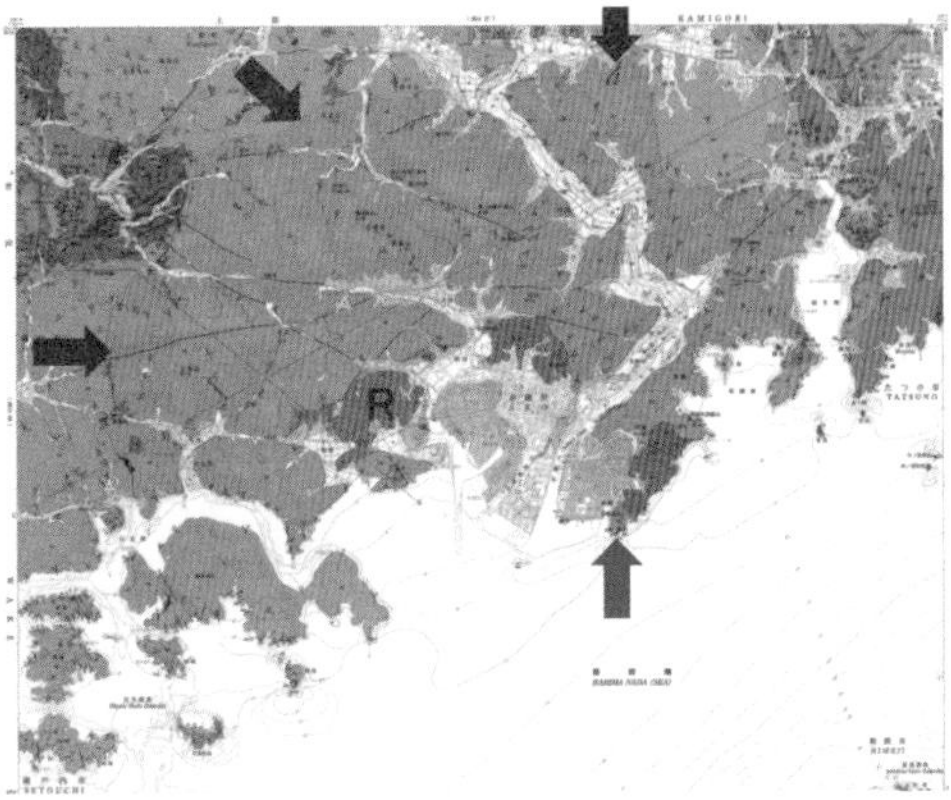

図3･45
赤矢印は赤穂コールドロンの縁、Rは再生ドーム。（佐藤ほか（2016）に加筆）

図3･47
3か所の茶色の部分が火砕流堆積物を貫く安山岩岩脈。

図3•48
コールドロンに伴う火砕岩脈。三重県櫛田川支流の蓮川。（和田穣隆撮影）

火砕岩脈

紀伊半島の中央部には弧状の断層とそれに沿った岩脈群が露出している大峯・大台コールドロンがあります。図３・48は櫛田川上流、奥ノ平谷の蓮《はちす》川沿いの崖に露出している**火砕岩岩脈**で、画面の横幅は５m位です。岩脈の中を埋めているのは溶岩ではなく比較的角張った流紋岩質の火砕岩片です。間に細かな軽石や結晶片そして発泡した火山ガラス片などが詰まっています。岩片には高温状態で変形した痕跡や急冷した形跡が認められます。噴火年代は約1500万年前で、火砕岩脈に貫かれた地層は約6000万−7000万年ないし1億6000万年前の堆積岩です。弧状の断層と岩脈群の外側と比較して内側の地層は数百m陥没していることがわかっています。こうした情報からこの火砕岩岩脈は大規模火砕流噴火とカルデラ陥没をもたらしたマグマの供給火道であると判断できるのです。

3-8 洪水玄武岩を噴出した岩脈

1－2で洪水玄武岩の事例として解説したコロンビア川玄武岩の噴出源と思われる場所には、延々と岩脈（図3・49）が追跡できており、スパターコーンも見つかっています（図3・50）。コロンビア川玄武岩のうちロザ溶岩流は地球磁場が反転する時期に噴火した唯一の溶岩流です。そのため溶岩の帯磁方位や帯磁強度が他の溶岩とは明らかに異なるユニークさがあります。その結果、浸食や大地の傾動が進んだ現在でもロザ溶岩流の分布範囲を特定することができました。割れ目火口から500km先まで流れたことがわかっています（図3・51）。

図3•49
コロンビア川玄武岩を噴出した岩脈。
赤丸内に岩石採取用のハンマー。

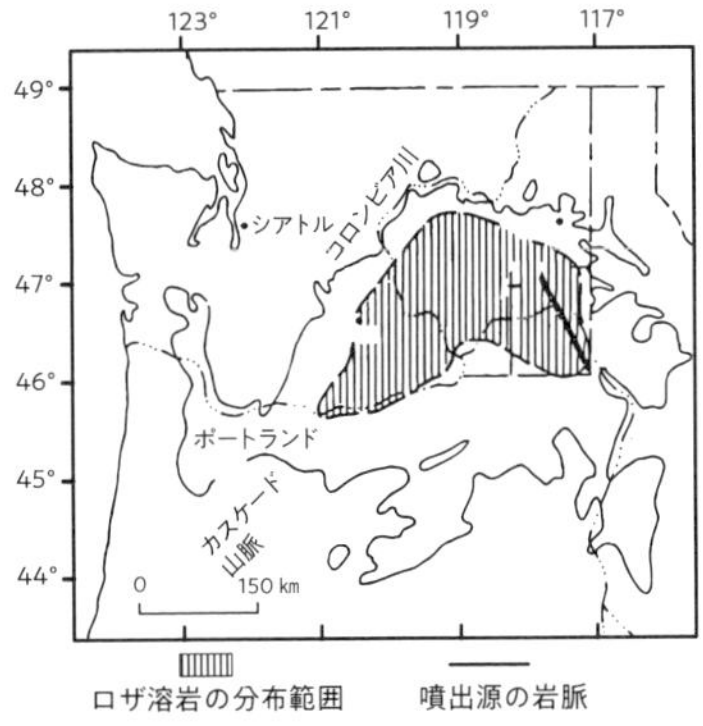

図3•51
ロザ溶岩流の分布。
(Swanson et al. (1975) を改変)

図3•50
コロンビア川玄武岩の噴出口の周囲に積もったスパター。
赤丸内に岩石採取用のハンマー。

コロンビア川玄武岩の噴火で始まったホットスポットのマグマ活動は北米プレートの移動に伴って現在は火山活動域がイエローストンカルデラまで移動しています。210万年前に最初の大規模火砕流を噴出して以降のイエローストンカルデラ（5－5参照）では流紋岩マグマの大規模火砕流噴火が主体となっています。

COLUMN 3

キッチン火山学

簡単な実験を行なって火山噴火の仕組みを人々に理解してもらう手法が火山の研究者によって開発されています。名付けてキッチン火山学、対象を火山以外にも広げてキッチン地球科学ともいいます。家庭内で身近にある材料を使って行なう実験だからです。実際に催された行事に筆者が参加した事例を紹介しましょう。

図3・52はマグマが発泡して火口から噴出し始める様子の実験です。実験材料はボトルに入った炭酸飲料です。小さな穴をあけた蓋を事前に準備しておいてからボトルの蓋を静かに開けて穴がある蓋と入れ替えます。穴を指で押さえながら激しく振動させると炭酸ガスの分離が始まります。指を離すと炭酸飲料が激しく発泡しながら噴き出します。

図3・53と図3・54はマグマが岩脈を作りながら地表に向かって上昇して行く様子の実験です。プラスチック容器の中に固めたゼラチンを準備しておきます（図3・54）。絵の具で色を付けた油を容器の底面から注射器で注入するとゼラチンに板状の割れ目を開きつつ油が上昇して行きます（図3・54）。

図3•52　炭酸飲料を使ったマグマの発泡実験。

図3•53　マグマが岩脈を作りながら地表に向かって上昇する様子の実験。

図3•54　板状の岩脈が上昇し始める。

図3・55と図3・56は虫歯の治療をする際に使う充填剤で成層火山を作る実験です。板に穴をあけておいて下から注射器で水に溶かした歯科用充填剤を注入します。充填剤に絵の具で色を付けることができるので色を変えては注入を繰り返します（図3・55）。充填剤と水の配合比を変えることで流れやすさを調節できます。完全に固まってからカッターナイフで切断すると火山の断面を観察することができます（図3・56）。ストローを差し込むとボーリングコアが採取できます。

図3・57はアア溶岩を作る実験です。お皿の上にコンデンスミルクをひとさじ載せます。茶こしでココアを山盛りになるまで振りかけます。最後にお皿を傾けるとココアを乗せたコンデンスミルクが流れ始めてアア溶岩が流れる様子が再現できます。

他にも多様な実験が考案されています。日本火山学会のホームページの資料集からキッチン火山実験など過去の公開講座の配布資料をダウンロードすることができます。

http://www.kazan-g.sakura.ne.jp/J/

単行本としては林信太郎著『世界一おいしい火山の本』（小峰書店）があります。

図3・55　歯科治療用の充填剤を使って成層火山を作る。

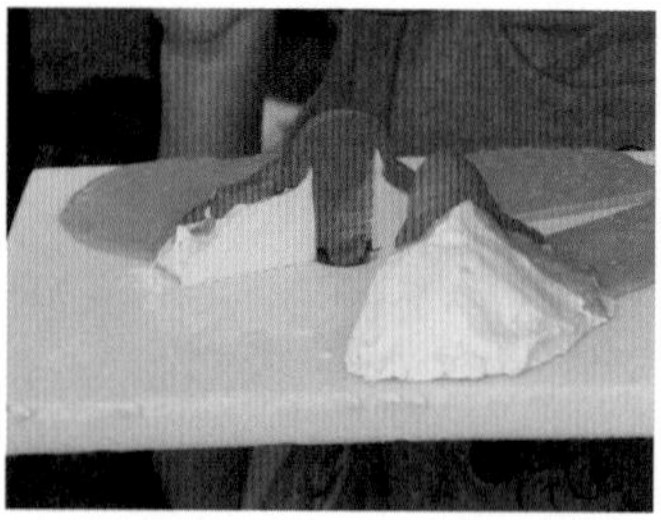

図3・56　カッターナイフで切断すると火山の断面が見える。

図3・57　コンデンスミルクとココアで作ったアア溶岩。

第４章
割れ目は語る

地層には様々な原因で割れ目ができます。割れ目のことを専門用語では節理といいます。溶岩などの火山噴出物は高温状態から冷える過程で縮む性質を持っています。縮むとひずみが生じ割れてしまいます。高温状態からの冷却に伴ってできる割れ目を冷却節理といいます。ぶつかるなど急に外力が加わることでできる割れ目もあります。数百万年もの間圧縮されることにより生じる割れ目、地下深くで生じた地層が地表近くまで次第に隆起したために生じる割れ目、隕石の衝突が原因の割れ目もあります。この章では多様な割れ目を観察すると何がわかるのかを解説します。

4-1 冷えると割れる

ハワイ島のキラウエア火山で新たに流れ広がりつつあるパホイホイ溶岩を観察していると、先端が割れて新たに赤熱状態のマグマが流れ出し始めました（図４・１）。先端に接近して観察した（図１・８）際には、流れながら表面に固体の皮ができること、その先端が破れて新たに赤熱溶岩が流れ出すことが読み取れました。このことは溶岩という物質が熱を伝えにくい性質、つまり表面が冷えて黒い岩となってもなかなか内部まで冷えないという物性を持っていることの現れです。

図４・２は完全に冷却した後の画像です。図１・８や図４・１と違って表面に細かなひび割れができています。噴出した溶岩が大気にさらされて冷えると縮んでひずみ生じ割れ目ができてしまうのです。ひび割れができるのは溶岩流の表面だけで、年月が経過すると剝がれてしまいます。

図 4•1
細かく枝分かれして前進しつつあるパホイホイ溶岩。1996年6月14日撮影。

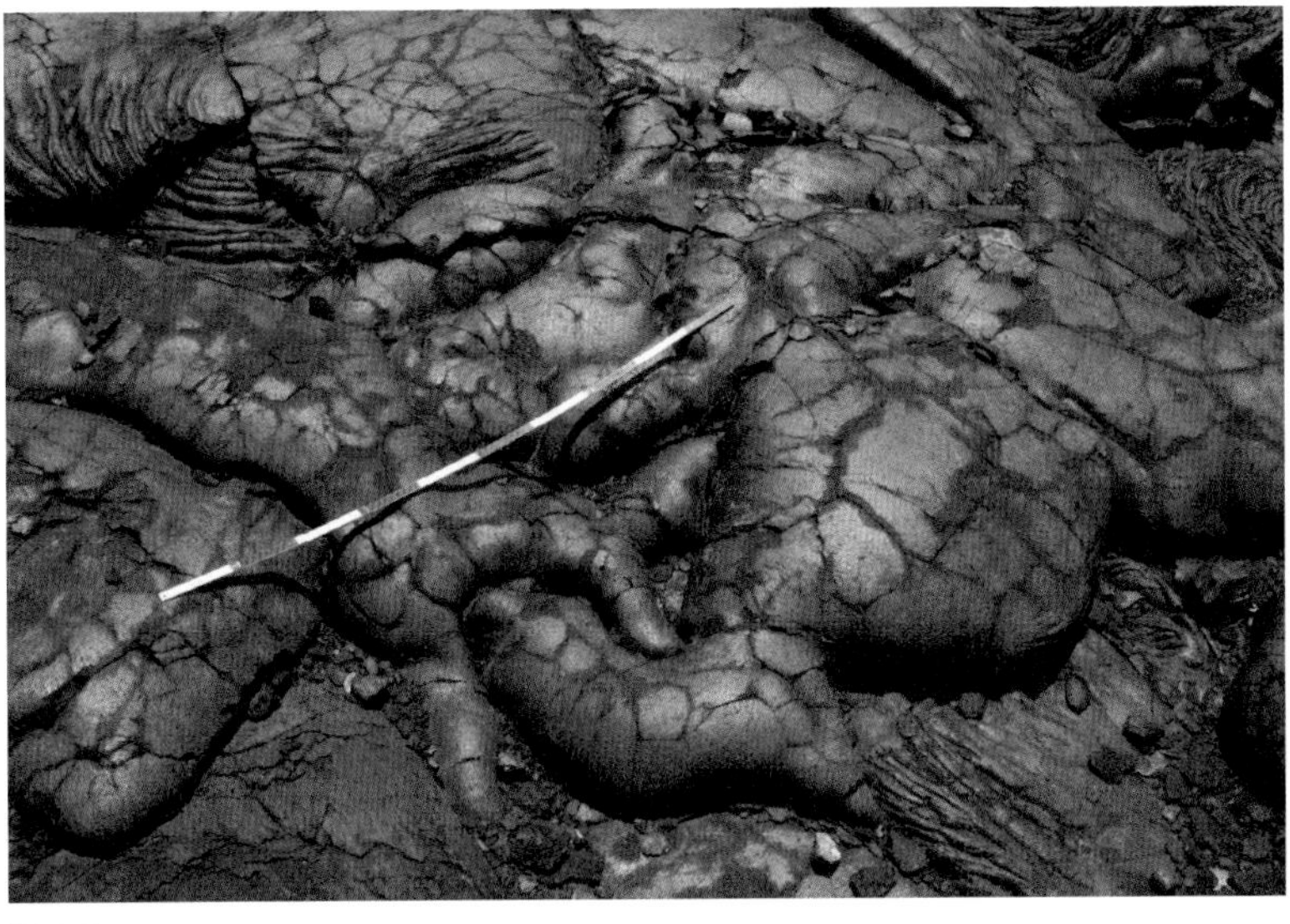

図 4•2
冷却に伴い細かなひび割れを生じたパホイホイ溶岩。

4-2
亀甲模様の割れ目、柱状節理ができる

分厚く溜まった溶岩流が冷却する過程で、収縮に伴って溶岩流の厚さの方向に伸びた柱のような形態の割れ目ができます。その表面は六角形の鉛筆を束ねた亀甲模様のような形をしています（図４・３）。整った六角形であれば２つの節理面が作る内角は１２０度になるはずです。自然にできた割れ目を河床などで観察してみると、形にばらつきがあり、不規則な五角形から七角形くらいの割れ目群になっています（図４・４）。

図 4・3
柱状節理が発達した溶岩流。山口県萩市龍鱗郷。

図 4・4
柱状節理の断面が見える河床の露岩。兵庫県神鍋山麓。

図 4・5　柱状節理は溶岩流の表面と底との両方から成長する。青森県黒石市唐竹。

溶岩流の断面が観察できる崖では柱が並んでいるように見えるので（図４・５）、これを柱状節理と呼びます。柱状節理の柱は上から下までひと続きにはなりません。なぜなら大気に接する溶岩流の表面と大地に接する底面の両方から、冷却が徐々に進んで節理が伸びていくからです。その結果、中央部で節理面の食い違いが生じます。こうした特徴から露頭で１枚の溶岩流の全てが見えているのか一部が浸食されて失われているのかが判断できます（図４・５）。

ハワイ島キラウエア火山の１９５９－60年噴火では深さ２６０ｍのキラウエアイキ火口の側壁で割れ目噴火が始まり、深さ１３０ｍ位の溶岩湖ができました（図４・６）。その後約30年かけて冷却が進んでいきました。図４・７に写っている二人の足元では、溶岩の表面付近に太さが30㎝前後の細い冷却節理が見えています。溶岩の表面は冷却速度が高いため、このような細かな節理ができるのです。画面の右上には長い節理が写っています。これは冷却速度が遅いため、節理が太くなった状況を反映していて、内部までこの太さの柱状節理が続いているようです。

図 4・7
溶岩湖の表面に見える柱状節理の表面。

図 4・6
キラウエアイキ火口を埋めた溶岩湖。

図4・8
神鍋山溶岩流の柱状節理面、全景（A）と10cm位の間隔で横方向に伸びる縞模様（B）。

この溶岩の冷却が進行中に溶岩の表面に多数の地震計を設置して、溶岩の冷却中に発生する微小な地震の観測が行なわれました。1976年には1日あたり8000回程度の微小地震の発生が観測されました。観測結果からそれぞれの微小地震は一つの節理面が更に数十cm程度破断が進行するごとにより起こったと解釈されました（チョウ、1979）。

キラウエアイキでの観測でわかった、柱状節理が徐々に割れていくという証拠を露頭で観察できる場所があります。図4・8のAは神鍋山の溶岩流に生じた節理面の画像で、Bは Aの赤枠内の接写です。Bでは10cm位の間隔で縞模様が繰り返されています。キラウエアイキでの観測結果から縞一つ分が1回の破断で節理が伸びた範囲を表わしていると推測しています。

4-3 曲がった柱状節理はどうしてできる

図4・9
谷地形の影響を受けて下部が曲がっている柱状節理。米国カリフォルニア州デビルズポストパイル。

図4・9では画面の左端で柱状節理がまっすぐではなく、左下に向かって曲がっています。溶岩流が平坦な地面ではなく谷間を次第に埋めるように流れ込むと、谷底の斜面から垂直方向に向かって冷却が進行し始めるので、冷却節理は冷えていく方向に向かって徐々に伸びていきます。その結果、谷地形を反映して曲がった柱状節理ができ上がるのです。

4-4
コロネードとエンタブラーチャー

古代ギリシャ文明を象徴する神殿の正面には、コロネードと呼ばれる柱が並んでいます。そしてコロネードの上端には八重咲の花びらのような曲面の装飾がついています。これはエンタブラーチャーと呼ばれています。

柱状節理の学術用語にもコロネードとエンタブラーチャーが使われています。柱が並んだような柱状節理が**コロネード**です。柱状節理の上部で急に曲がった細かな節理群に変わることがあり、これを**エンタブラーチャー**と呼んでいます（図4・10）。

コロネードから急にエンタブラーチャーに変わるのは、溶岩の冷却中に内部が急冷されたためです。例えば洪水が起こって冷却中の溶岩が水没してしまう事態となり、コロネードの成長が中断し、急冷によるひずみが生じて細かく破断したエンタブラーチャーができたと推測されます。溶結凝灰岩でもエンタブラーチャーができることがあります。**溶結凝灰岩**とは高温の火砕流堆積物が自重で塑性変形したために、隙間がつぶれて溶岩流に類似した岩体となったものです。溶結凝灰岩については第5章で解説します。

観光地の解説看板にはコロネードの上に重なるエンタブラーチャーを別の溶岩流であると書いているケースを見受けますがそれは誤りです。

図4・10
コロネードからエンタブラーチャーに急変している溶岩流。米国ワイオミング州イエローストン国立公園。

4-5
柱状節理ではなく広い曲面となる節理

岩体の浸食された表面に、六角形の柱状節理のパターンとは違う広い曲面を持つ節理が伸びていることがあります（図４・11の赤矢印の間）。この節理面に直行するように亀甲模様の柱状節理が始まっており、亀甲模様とは交差していません。このことから亀甲模様を作る柱状節理群に先行して、この広い曲面の節理が生じたと判断できます。先行してできた節理という意味を込めて**主節理**（**マスタージョイント**）と呼ばれています。斜面を埋める形で堆積し冷却し始めた溶岩が、谷底方向に引っ張られる力が働いて主節理ができたと解釈されています。

火砕流堆積物の一種である溶結凝灰岩（５－４参照）で元々は軽石であった柔らかいレンズ状の物体が節理面から絞り出され（図４・12）、その後に絞り出された軽石に細かな割れ目を生じている（図４・13）ことがあります。このことから冷却に伴う溶結現象（５－５参照）が進行中に主節理ができたことがわかります。

図 4・11
阿蘇溶結凝灰岩の主節理（赤矢印の間）。おおいた豊後大野ジオパーク原尻の滝。

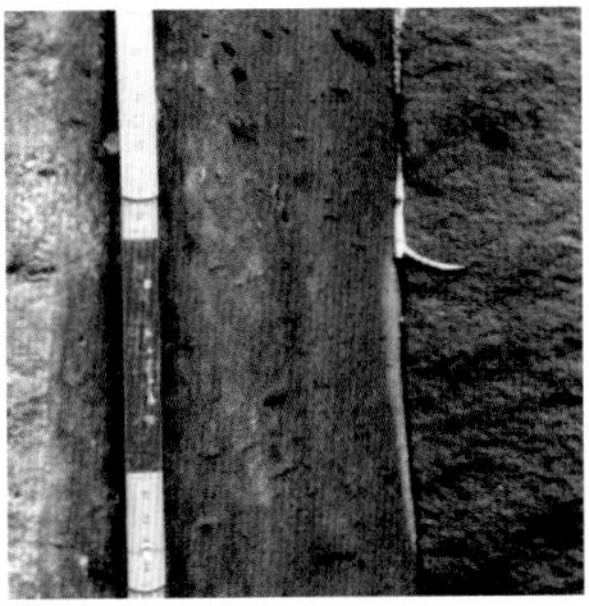

図 4・12
阿多溶結凝灰岩に生じた主節理。鹿児島県南大隅町。

図 4・13
図 4・12 の主節理による開口部に絞り出されひび割れを生じた溶結凝灰岩中の軽石レンズ。

4-6 板状節理

分厚い安山岩の溶岩流の最下部を観察してみると、板状に数十㎝程度の間隔で割れ目が多数重なった状態が見つかることがあります（図4・14赤カッコ内）。冷却中に溶岩が流れて生じたひずみのため底面に平行な割れ目群を生じたもので、**板状節理**と呼ばれています。こうした岩体を採掘し、加工して敷石や壁面用の石材として使用しています（図4・15）。例えば長野県諏訪・佐久産の鉄平石は約500万－700万年前の安山岩、神奈川県小田原市根府川産の根府川石は箱根山の安山岩です。

図 4･14
板状節理。富山県立山。

図 4･15
鉄平石を公園の敷石に用いた事例。東京都江東区青海北ふ頭公園。

4-7 火山弾の割れ目

液体のマグマが火口から放出され、弾道飛行しながら冷却しつつ大地に着地したものを**火山弾**といいます。曲面で囲まれているのが特徴です（図4・16）。液体状態で飛行中に表面張力が働くからです。表面張力とは液体の表面積を小さくするために働く力のことをいいます。飛行中に火山弾の表面が冷えて固体の皮となります。飛行中も着地後も内部では脱ガスに伴う発泡が進んで体積が増えるため、皮にひび割れを生じます。パンやお餅を焼いた際に膨らんで皮に生じる割れ目を連想して**パン皮状火山弾**といいます（図4・16）。火山弾は着地した際に割れてばらばらになってしまうこともあります（図2・25）。同様の割れ目形態は岩屑なだれに伴って生じた**ブラスト**（図6・9、図6・11）と呼ばれる砂嵐が原因で生じた堆積物の中（図6・46）でも見られます。**岩屑《がんせつ》なだれ**とは火山体の一部が崩れ落ちる現象です。第6章で解説します。

　火山泥流堆積物（7－6参照）の中にひび割れが入った火山岩塊が見つかることがあります。米国カリフォルニア州のラッセンピーク火山では成長中の溶岩ドームが1915年の爆発的な噴火で

図4･16
パン皮状火山弾。樽前山。

崩れ落ち融雪型火山泥流（7－6参照）を発生しました。高温だった岩塊が泥流に取り込まれて山麓まで運ばれました。岩塊の断面には表面付近に向きが違う細かい節理が見られ、内部に行くほど節理は大まかになっていく変化が見られます（図4・17）。表面から先に割れ目を生じた証拠です。図4・16とは違って割れ目は広がっていません。この形になってからは発泡していないのでしょう。

図 4•17
表面から内部に伸びた冷却節理。米国カリフォルニア州ラッセンピーク。

4-8
火山噴火に関わり合いがない節理

これまで高温のマグマが地表に噴き出して冷却していく過程でできた割れ目を紹介してきました。地層の中にはこうしたマグマの営みとは無関係な割れ目があります。本書の目的である火山現象の解説からは外れますが、古い年代の火山噴出物では火山現象に由来する割れ目とそうでない割れ目が共存することもあります。現場で見分ける助けになるように、その概略をここで紹介しておきましょう。

構造性節理

日本列島のようなプレートの沈み込み帯ではプレートの動きに伴う圧縮の力が働いています。数百万年もの間こうした環境が継続すると、地層に**構造性節理**と呼ばれる節理群が生じます。その特徴は図4・18に2つの赤矢印で示したように向きが違い平行に並んだ節理のセットがあることです。

図4•18
構造性節理。隠岐島前。

図 4・19
風化した砂岩に生じた玉ねぎ状構造。兵庫県養父市八鹿町。

図 4・20
シーティング節理。米国カリフォルニア州ヨセミテ国立公園。

玉ねぎ状構造

風化現象により生じる割れ目があります。**風化**とは地表付近にある地層が酸素と水がある環境下で次第に分解していく現象です。厚い砂岩などでは風化に伴って玉ねぎの皮が重なったような割れ目群ができます。これを**玉ねぎ状構造**と呼びます（図4・19）。

シーティング節理

花崗岩など、マグマが地下数kmの深さでゆっくりと冷却してできる岩体があります。大地の隆起に伴ってその上部にあった地層の浸食が進んで地表に露出すると、岩体にかかっていた荷重が減少するために地表に平行な割れ目群ができることがあります。これを**シーティング節理**と呼んでいます（図4・20）。日本列島のようなプレートの沈み込みに伴う構造性節理ができる条件下では見つけにくいでしょう。

図4・22
米国アリゾナ州メテオールクレーター隕石孔。

図4・23
隕石孔の周囲の地層に生じた割れ目群。米国アリゾナ州メテオールクレーター。

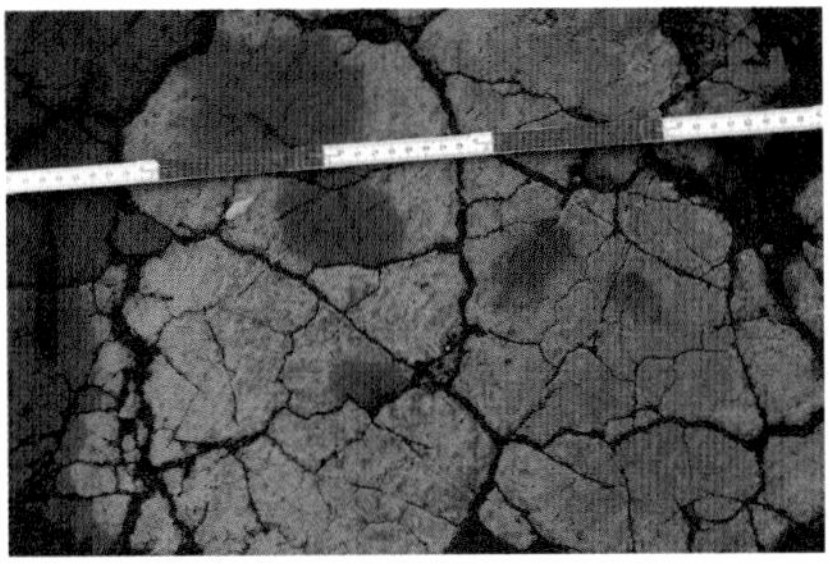

図4・21
マッドクラック。ハワイ島キラウエア火山1790年噴出物。

マッドクラック

湿った地層が乾燥すると水分を失うために縮んで亀裂が入ります。水田から水を抜いた後によく見られる**マッドクラック**です。図4・21は7－5で解説する**マグマ水蒸気噴火**に伴う**火砕サージ堆積物**にできたマッドクラックです。堆積時に湿っていたことがわかります。

隕石孔

米国アリゾナ州にある直径1200mの**メテオールクレーター**は、約5万年前に直径50m程度の隕石が衝突してできた隕石孔です（図4・22）。図4・23はこの隕石孔の内壁に露出している堆積岩層で、隕石の衝突による衝撃で多数の亀裂が入っています。

なお、この隕石孔はバリンジャー家の所有地にあるため、**バリンジャークレーター**とも呼ばれています。

COLUMN 4

ニュージーランドの火山を歩く

ニュージーランドの北島には太平洋プレートの沈み込みに関連した多くの火山があります。北島の中央部で南北に連なるタウポ火山帯と西に離れたオークランド単成火山群、そしてタラナキ火山です（図4・24）。南島には第四紀火山はありません。

オークランドは人口165万人の大都市ですが約50の小型火山からなる単成火山群の上に立地しています（図4・25）。その一部は緑地帯となっていて無料でトレイルを歩くことができます。

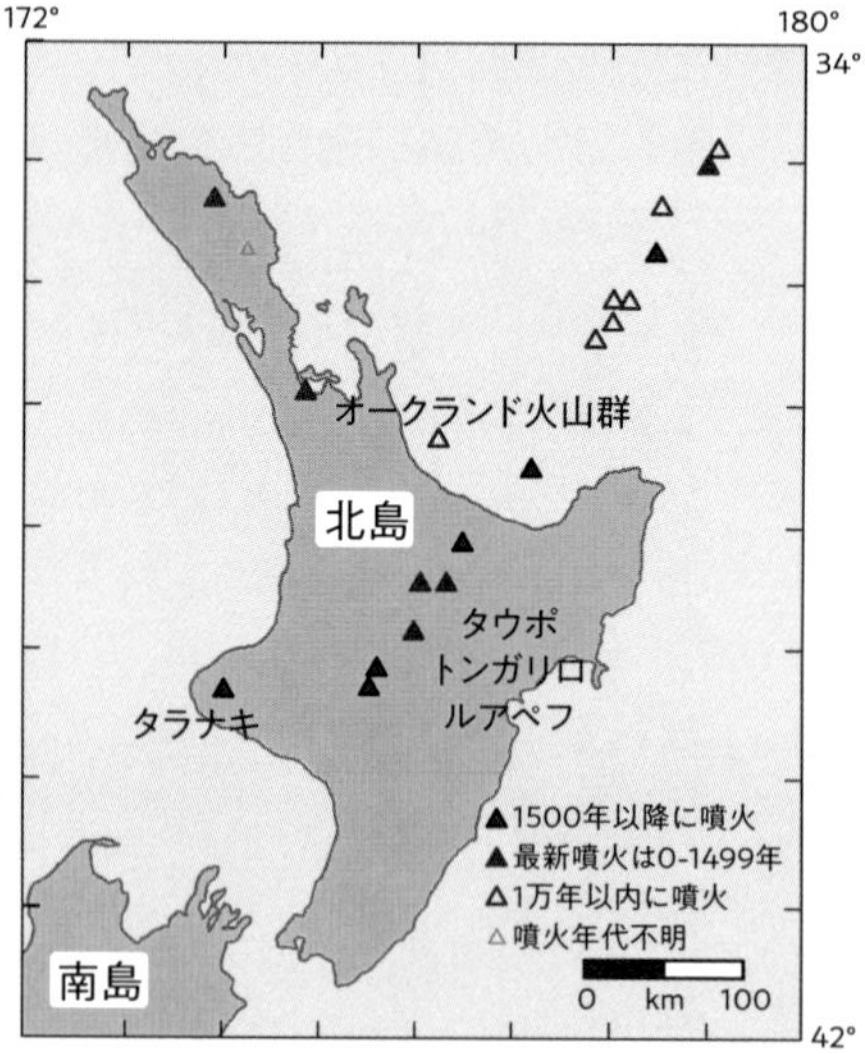

図 4・24　ニュージーランドの活火山。
（Siebert et al.（2010）を改変）

タウポ火山帯は正断層に囲まれた地溝帯となっていてその中に大規模火砕流を発生し、多くの溶岩ドームを作ったカルデラ火山が連なっています。この地域にはワイマング火山渓谷・ワイオタプ地熱渓谷・テワイロア埋没集落（図4・26）・クレーターズオブザムーントレイルなど民営で有料のトレイルがあります。

タウポ火山帯の南端に世界自然遺産に指定されたトンガリロ国立公園があります。トンガリロ国立公園を南から北に向かって縦断する延長17kmのトンガリロクロッシング（図4・27）はトレッキングコースとして国際的によく知られています。多様な火山地形が展開される起伏に富んだコースです。

タラナキ（英語の旧称はエグモント）火山（図6・17）は主要な火山帯からは西に離れたタ

図4・25　オークランド市街地。緑地の多くは単成火山。(Google Earthによる)(36° 53'08"S, 174° 45'09"E)

図4・26　火砕サージで被災した住居の復元展示。テワイロア埋没集落。

図4・27　トンガリロクロッシングで見られる溶岩流や火口湖などの火山景観。

スマン海に面した独立峰です。

ニュージーランドには火山関係の展示施設が3か所あります。オークランド博物館の1階（日本流に数えると2階）に火山展示室があります。タウポ湖の南に位置するツランギ市街地の中心部に国の火山調査観測機関から独立した火山活動センターという展示施設があります（図4・28）。ここではニュージーランドにおける火山や地震の調査研究と観測の現況を学ぶことができます。ルアペフ火山（図7・35）の麓にあるファカパパビジターセンター（図4・29）は環境省が設置したトンガリロ国立公園に関する解説拠点で、火山活動の現況も確認できるようになっています。

図 4・28　火山活動センター。

日本からニュージーランドに向かう直行便は成田国際空港と関西国際空港からオークランドまで運航されています。オークランドから国内線でタウポに向かうことも可能ですが接続がよくないようです。北島の火山地域へはオークランド空港でレンタカーを借りての移動をお勧めします。車は左側通行ですし、大都市以外は交通量も少なく幹線道路の舗装が行き届いているので、訪れやすい国です。

ニュージーランドは夏冬が逆とはいえ日本と気候条件が似通っています。宿にはキッチン設備が備わっており、単身用から5人用位まで多様な選択肢がありま す。多くの市街地には全国チェーンの大型スーパーマーケットがあるので、食材を買い込んで宿で自炊をすることも可能です。全国的にキャッシュレス決済が普及しています。

日本人が観光目的で渡航する場合はビザを取得する必要はありませんが、事前に2年間有効のNZeTAを電子申請で済ませておく必要があります。

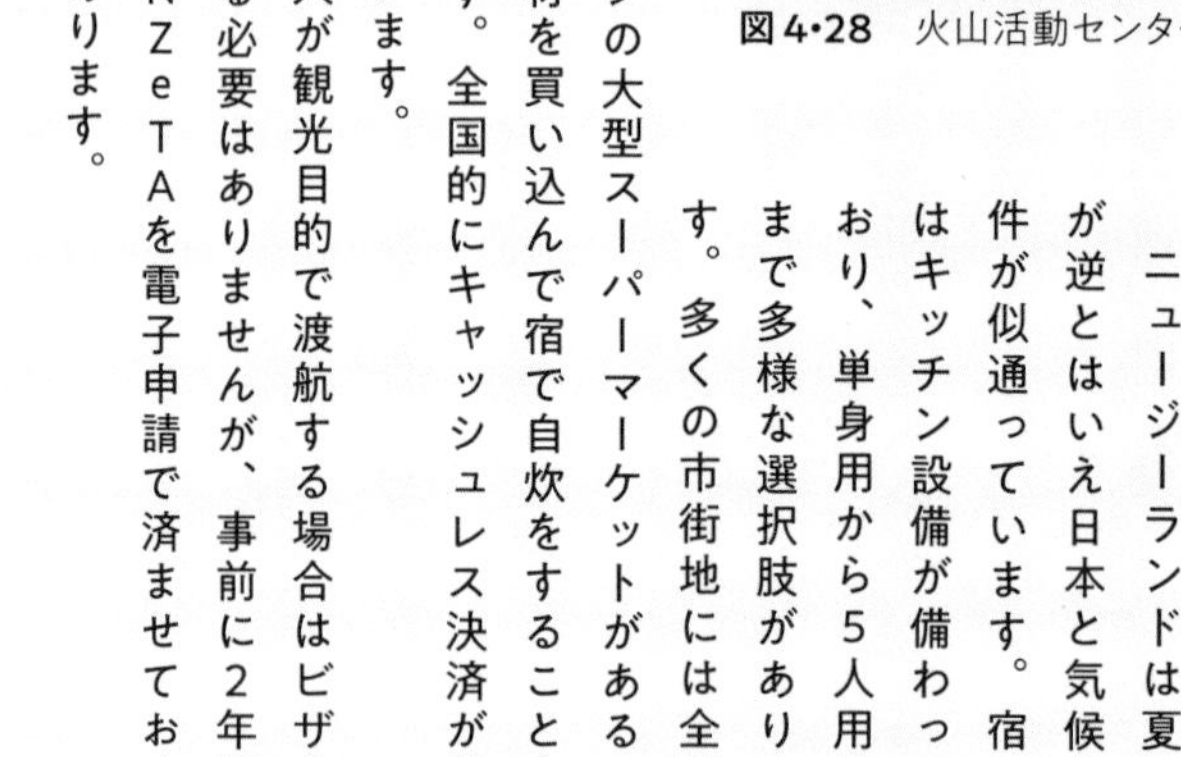
図 4・29　ファカパパビジターセンター。

第5章

火砕流とその仲間たち

図5・1　山腹斜面を流れ下る雲仙普賢岳の火砕流。1992年6月11日撮影。

1991年に発生した雲仙普賢岳の噴火災害で市民に広く知れ渡った火砕流（図5・1）は、発生の仕組みも規模も多様です。当時マスコミは大火砕流と表現しましたが、火砕流の規模は大小多様です。日本列島で発生する可能性がある最大級の火砕流は、雲仙普賢岳で5年間に9400回余り発生した火砕流の総量の約1000倍の規模です。研究者はこれを大規模火砕流と呼び、その噴火を破局噴火と呼んでいます。この章では火砕流が作った地形や堆積物を調べて、火砕流という噴火現象を研究者たちがどう解き明かしてきたか紹介します。

5-1
多様な火砕流

火砕流とは火山噴出物の破片と火山ガスとが一体となって高温・高速で流れる現象です（図5・2）。火山ガスの大部分はマグマ中に含まれていた二酸化硫黄、二酸化炭素、水蒸気などです。

火砕流について1950年代までは各国の研究者が、和訳では熱雲や軽石流などに当たる多様な用語を使っていました。統一した学術用語を提案したのは荒牧重雄（1956）でした。その直訳である〝火山砕屑物流〟が短縮されたのが火砕流です。残念ながら火砕流という噴火現象の存在と用語は、1991年の雲仙普賢岳噴火まで市民に普及しませんでした。

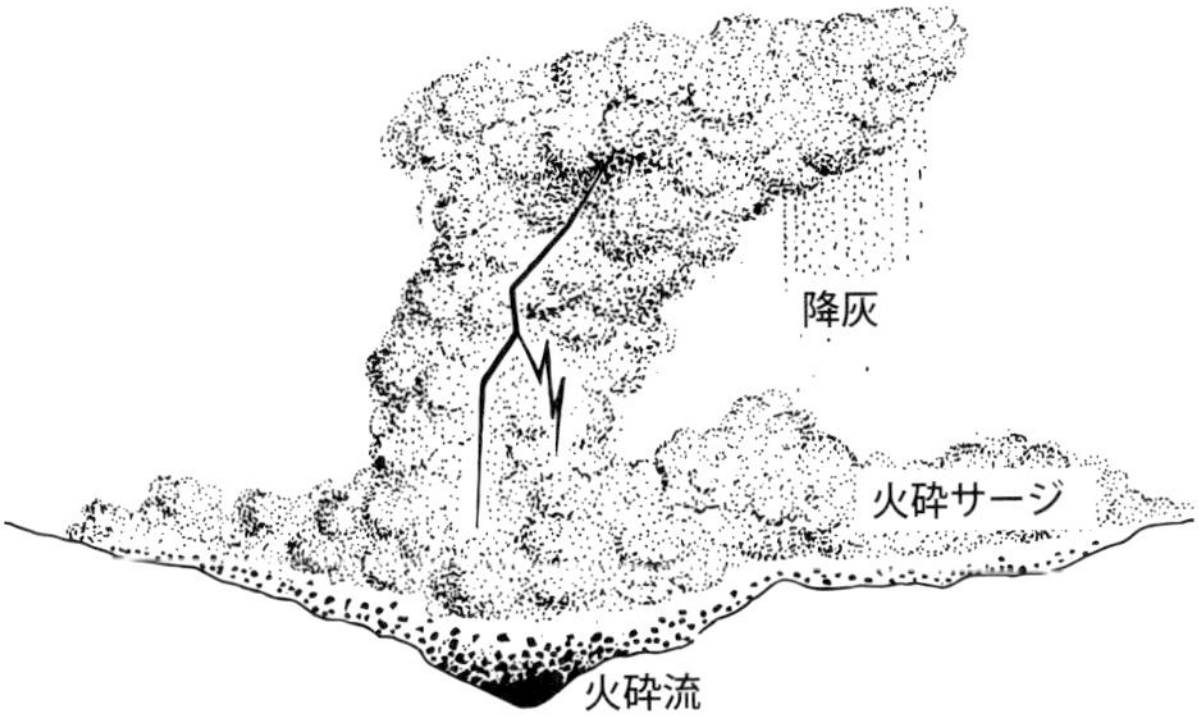

図5・2
火砕流の模式断面図。（Francis（1993）を改変）

火砕流は渦巻いた噴煙を上げながら地表沿いに流れ広がるのが特徴です。このような噴煙を目撃できれば、すぐに火砕流が発生したと判断できます。渦巻くのは大気が取り込まれて急膨張するために起こる現象です。渦巻いた噴煙が目立ちますが、質量の大きな溶岩片は地表沿いに集中して流れて行きます（図5・2）。その上には火山灰や小さな砂礫と気体が混ざって渦巻いている部分があり、密度が小さく流動性に富んでいます。火砕流の勢いが強いと、この部分は火砕流の本体が停止しても更に遠くまで流れ広がってしまいます。この部分を火砕流の本体と識別して**火砕サージ**と呼びます（図5・2）。

ひと続きの流れ現象である火砕流と火砕サージをどう分けるかは研究者の間で違いがあります。最近の研究者は無益な論争を避けて、両者を一括した**火砕物密度流**という名称を使うようになってきました。しかし、日本のハザードマップでは火砕流と火砕サージそれぞれの分布予測範囲を区別して表示しているケースが多いようです。

火砕流は成層火山で噴火の進行中に発生することがあります。また、カルデラ火山で爆発的な噴火が発生すると軽石や火山灰が降る噴火が始まり、ついで全方位に大規模火砕流が流れ広がります。

5-2 成層火山で発生する火砕流

成層火山で見つかる火砕流堆積物は2通りに識別できます。雲仙普賢岳の噴火で発生したような緻密な岩片を含む火砕流と、北海道駒ヶ岳の1929年噴火で発生したような発泡した軽石を含む火砕流です。

緻密な岩片を含む火砕流

このタイプの火砕流は堆積物中に発泡していない緻密なデイサイトの岩塊を多数含み、岩塊を取り囲んで同じデイサイトの火山礫や火山灰があることが特徴です。そのことから**ブロックアンドアッシュフロー**とも呼ばれています。ブロックアンドアッシュフローの日本語訳としてシュミンケ（２０１０）は**岩塊火砕流**という用語を用いています。

火山体の山頂部で溶岩ドームが成長中にその先端部が崩れたために発生する火砕流を**メラピ型火砕流**といいます。インドネシアにあるメラピ火山で最初に確認されたことにちなんで付けた名称です。

カリブ海にあるフランス海外県のマルチニーク島北部にプレー火山があります。１９０２年4月から始まっていた噴火は5月8日にクライマックスを迎えました。山頂部で激しく爆発が起こり、火砕流は海岸部まで到達しました。更に火山灰と火山ガスが混ざった高温の火砕サージが、当時この島の中心都市であったサンピエールの市街地を襲いました（図5・3、図5・4、図5・5）。

市街地にあった石を積み漆喰で固めた建造物が、画面の左側から襲った火砕サージにより破壊されました（図5・6）。人口約2万８０００名のうち火傷しながらも生き延

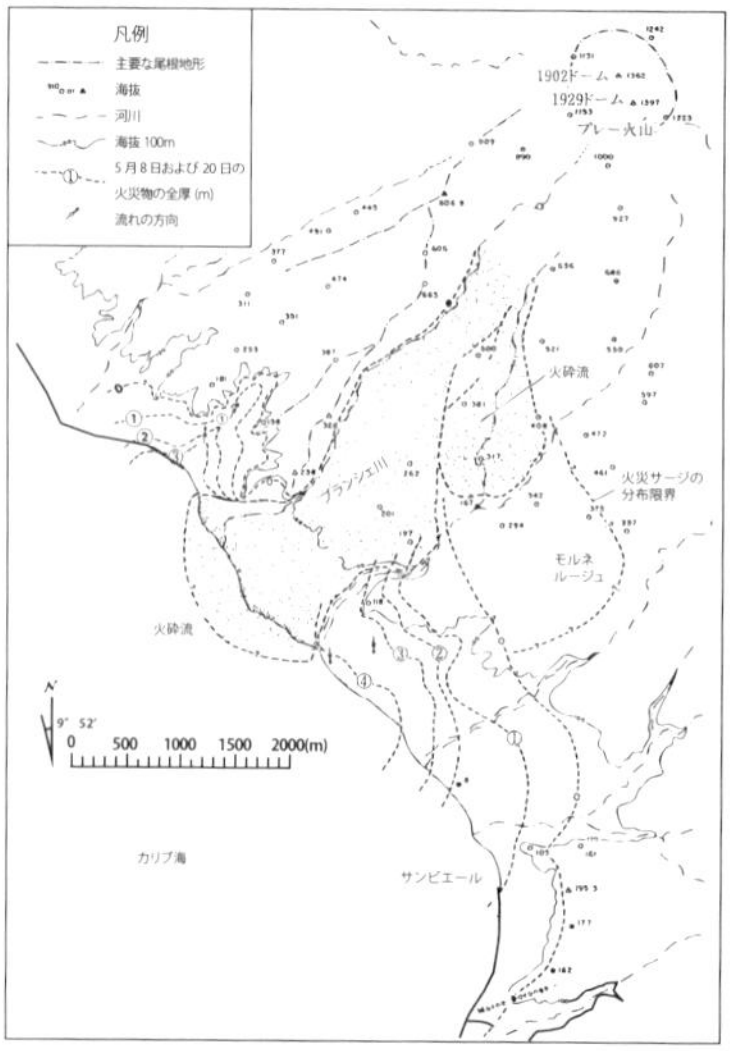

図5•3
プレー火山1902年噴火で発生した火砕流と火砕サージの分布。(Fisher and Heiken (1982) を改変)

図5•4
プレー火山1902年噴火の火砕流堆積物。

図5•5
サンピエールの市街地を襲った火砕サージ堆積物。

びたのはわずか二人、地下牢に居た囚人と市街地の末端部で住居内に居た人だけでした。湾内に停泊していた船舶には転覆する被害が発生しました。5月20日と8月30日にも火砕流の発生が繰り返され、更に犠牲者が出ました。その後火口からはスパインが成長し、それが崩れ落ちるという経過をたどりました。

この時火砕流発生の様子が史上始めて目撃され、当時のフランス人研究者はこの現象を熱い雲という意味のフランス語で**ヌエアルダン**と呼びました。**熱雲**はその日本語訳です。火砕流が火口から噴き出す現象をプレー火山にちなんで**プレー型火砕流**と呼んでいます。

図5･6
火砕サージで被災した建物。

発泡した軽石を含む火砕流

火道の中でマグマの発泡が始まり、破砕されたマグマが噴煙として成層火山の火口から上空に吹き上げて噴火が始まることがあります。噴煙の中に含まれている高温の岩片は上昇しきれずに崩れ落ちて山腹を流れ下ります。その結果生じた堆積物には、発泡した軽石あるいはスコリアと破砕して生じた火山灰が混ざっており、火砕流堆積物と判断できます。

1902年にはカリブ海のセントビンセント島にあるスフリエール火山で、噴火により火口から吹き上げた噴煙の一部が崩落して火砕流として山腹を流れ下りました。この火山名にちなんで**スフリエール型火砕流**と呼ばれました。

西暦79年イタリアのベスビオ火山の噴火ではポンペイやヘラクラネウムなどの山麓の都市（図5・7）が被災し、噴出物に埋め尽くされてしまいました。ポンペイを埋めたのは殆どが降り注いだ軽石と火山灰ですが、ヘラクラネウムには火砕流も到達しました（図5・8）。19世紀以降に発掘され、ローマ時代に栄えた市街地の様子と被災状況を知ることができます（図5・9）。

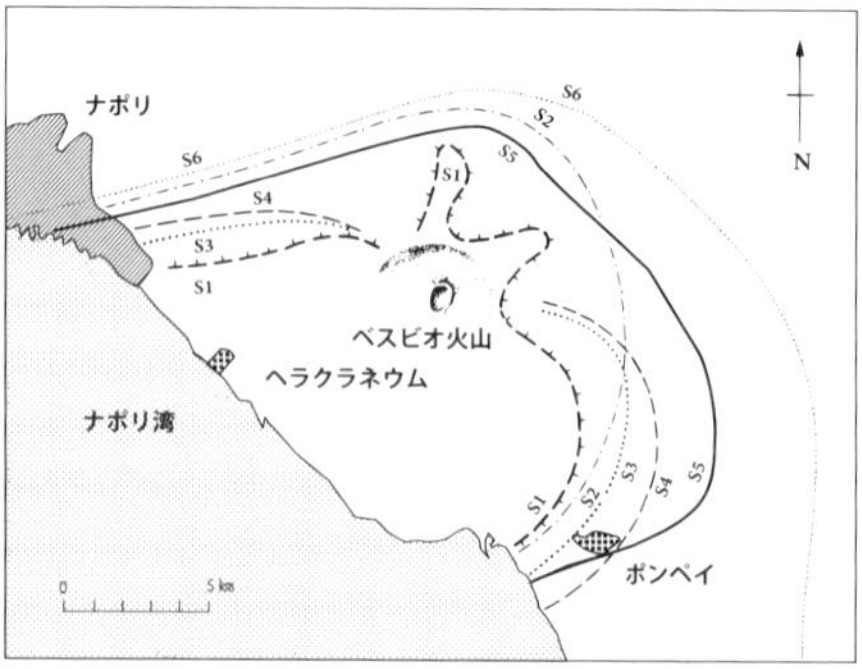

図5•7
ベスビオ火山西暦79年の火砕流堆積物の分布範囲。（Francis（1993）を改変）

図5•8
ヘラクラネウムの市街地を埋めた火砕流堆積物。

図5•9
発掘されたヘラクラネウムの市街地、背後に火砕流堆積物の上に並ぶ現在の市街地。

図5・10
北海道駒ヶ岳1929年噴火の火砕流堆積物。

この噴火被害の救援に向かって犠牲となってしまった地中海艦隊司令官プリニウスと、噴火の記録を残した甥のプリニウスを偲んで**プリニー式噴火**と呼ばれています。ベスビオ火山周辺の火砕流到達予想区域内にあるイタリア第3の大都市ナポリの人口は約300万人です。

国内の活火山では北海道駒ヶ岳で1640、1694、1856、1929年（図5・10）に、有珠山で1769、1822、1853年に、樽前山では1667、1739年にこのタイプの火砕流が発生しています。

5-3
カルデラ火山

火砕流を放出することに伴って直径1マイル（1・6km）を超えるくぼ地を作る火山をカルデラ火山といいます。

小型のカルデラ火山

北海道の摩周、濁川（図5・11）、東北地方の肘折、沼沢、南九州の池田などは、くぼ地の直径が2－3km程度しかない小型のカルデラ火山です。その周囲には小規模ながらも火砕流堆積物があります。火砕流堆積物中には発泡した軽石と火山ガラスが主体の火山灰、そして火道から取り込まれた岩片が含まれています（図5・12）。

図5•11
濁川盆地を囲むカルデラ壁、遠方の畑地は火砕流が作った平坦な台地。

図5•12
濁川カルデラの中心より5km北東の火砕流堆積物。

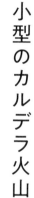

濁川カルデラは地熱資源探査のためにボーリング調査が行なわれ、地下構造が判明しています。マグマの上昇路である火道は地下1㎞余りから地表に向かってロート状に開いた形をしており、その中には火砕物と破砕した地下の岩盤の破片が詰まっています（図5・13）。このことから爆発的な噴火に伴って、地下の岩盤を破砕しながら火砕流を放出して、カルデラのくぼ地を作ったと解釈されています。噴火の最後に上昇してきた溶岩ドームはその後の堆積物の中に埋まっています。

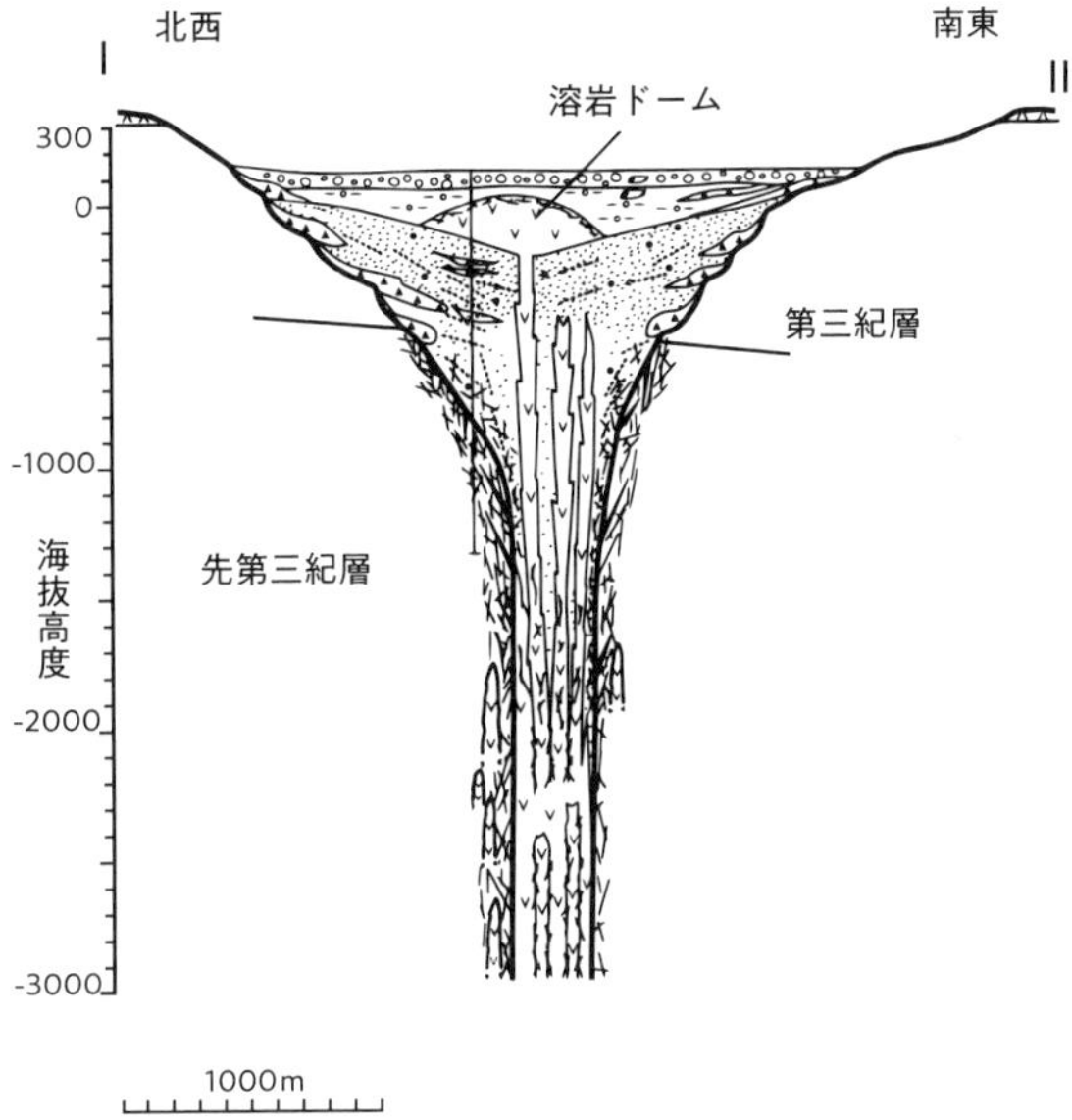

図5・13
ボーリング調査で判明した濁川カルデラの地下構造。（黒墨・土井(2003)を改変）

図5・14
倶多楽カルデラ。

榛名山や猫魔ヶ岳、倶多楽（図5・14）など、海外ではフィリピンのピナツボ（図5・15）などでは成層火山の山頂部に小型カルデラがあり、山麓に火砕流堆積物が分布しています。

図5・15
堆積後6か月で浸食が進んだピナツボ火山の火砕流堆積物。1991年12月7日上空より撮影。

大型のカルデラ火山

第四紀に活動した直径10㎞を超える大型のカルデラ火山は北海道から東北北部、そして中南部九州に集中しています。屈斜路湖、阿寒湖、支笏湖、洞爺湖（図5・16）、十和田湖などはカルデラ内のくぼ地に水をたたえた湖水です。九州の阿蘇カルデラでは西方でカルデラ壁を浸食して湖水が排出されてしまっています。鹿児島湾内の桜島よりも北側の低地は海水が侵入してしまった姶良カルデラです。その南の鹿児島湾中部には完全に水没した阿多北カルデラがあります。九州本土と屋久島の間にある鬼界カルデラはカルデラの縁を構成する2つの島のみが海面上にあります。

大型カルデラで発生する巨大な火砕流噴火は破局噴火とも呼ばれ、日本列島で発生する最大級の噴火です。カルデラの縁や中心部に成層火山や溶岩ドーム群ができていることがあります（図5・16）。

図5•16
南東上空から見た洞爺カルデラ。中心に中島溶岩ドーム群。

5-4
露頭観察からわかる大規模火砕流の挙動

図５・17はカルデラ縁から末端部までの火砕流堆積物の変化を示した模式図です。広大な大規模火砕流堆積物の露頭を観察すると、全体が一気に堆積するのではないことや給源近くから遠方までの間に堆積物の様子が変わることがわかります。

淘汰が悪い

火砕流堆積物の露頭の一般的な特徴は分厚くて淘汰が悪く無層理であることです（図５・18）。発泡したマグマの破片である軽石は柔らかいので、流れている間に角が取れて丸みを帯びています。スケールの左に写っている黒い石は外来岩片といいます。噴火の際に火道周辺の地層を破砕したり、火砕流として流れている間に地表に出ていた地層を剥ぎ取ったりして火砕流に取り込まれたものです。軽石や外来岩片の間には細かな岩片や軽石に入っていた結晶とより細かなガラス質の火山灰が詰まっています。

フローユニット

火砕流堆積物の露頭では軽石や外来岩片が集まり水平方向に続いている地層の境目が見られることがあります（図５・17、図

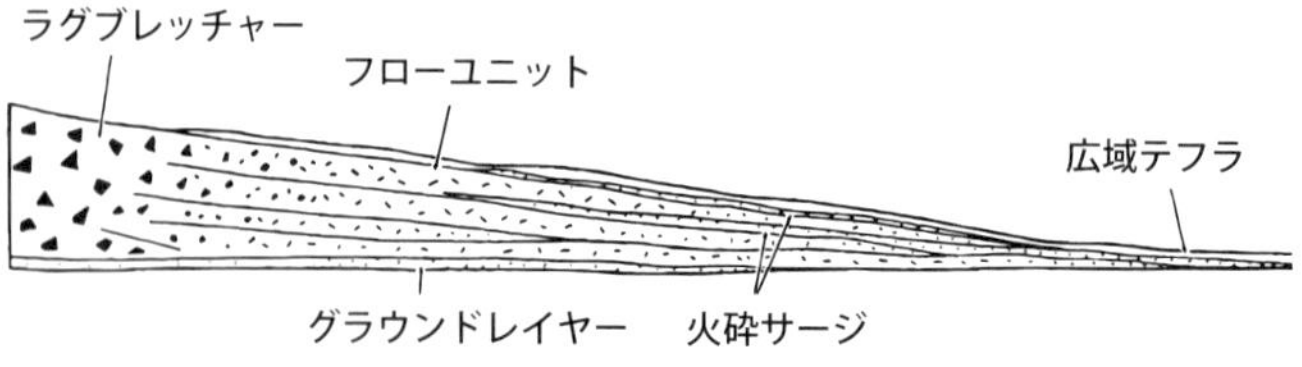

図 5•17
大規模火砕流堆積物の給源近傍から末端部までの岩相変化模式図。（Wright et al.（1980）を改変）

図 5•19
フローユニット境界が確認できる洞爺火砕流堆積物の露頭。

図 5•18
火山灰の中に軽石（白）や外来岩片（黒）が点在する入戸火砕流堆積物の露頭。

5・19)。境目の上と下では軽石や外来岩片の含有量が異なっているのです。火砕流堆積物の断面にこうした境目が認められることは堆積物全体が一気に積もったのではなく、短時間の間に流れてきては積もることを繰り返したのだと解釈できます。個々の流れを**フローユニット**と呼びます。

溶結凝灰岩

溶結とは溶けるという文字を使っていますが、岩が溶けたのではありません。高温の火砕流堆積物が自重に耐えられずに軽石が塑性変形してつぶれる現象です(図5・20)。顕微鏡で観察すると軽石の間に含まれる発泡した火山ガラスもつぶれています。溶結した火砕流堆積物を**溶結凝灰岩**といいます。

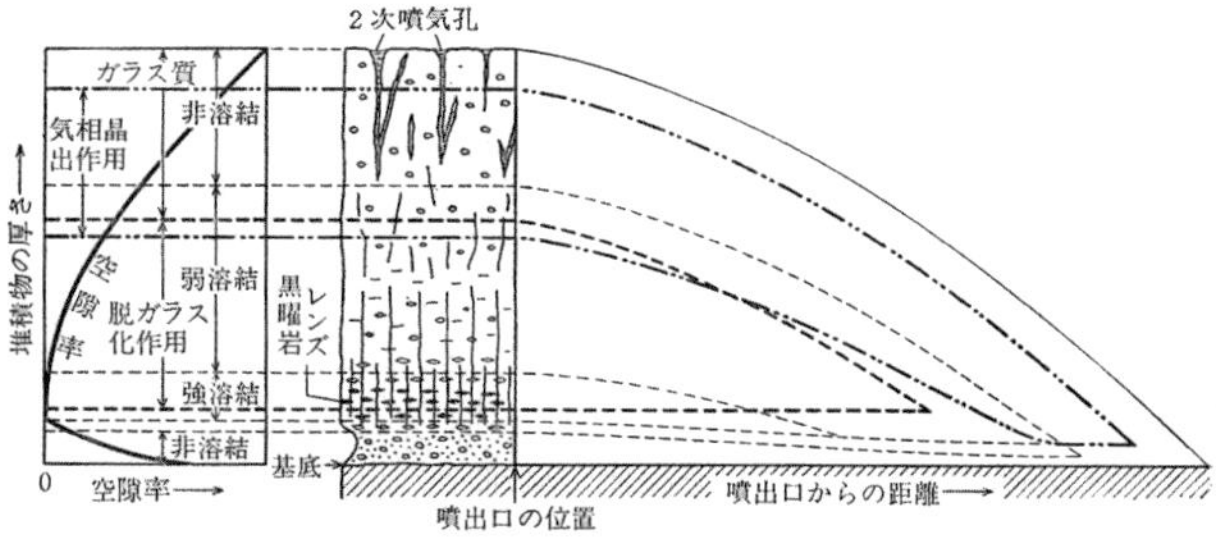

図 5•20
溶結した火砕流堆積物の模式図。（荒牧（1979）による）

谷を埋めてしまった火砕流堆積物は堆積直後には表面が平坦です。溶結が進むと厚さが厚いほど変形量が大きいので起伏のある地形となります。その後河川が低い場所を選んで流れ、谷が刻まれていきます。

フローユニットの間には水流などにより削り込まれた様子はありません。溶結した火砕流堆積物の断面でもフローユニットの境界が確認できます。こうした証拠から火砕流が流れてきて積もる現象は冷却前の短時間の間に繰り返されたと解釈できます。

グラウンドレイヤー

火砕流堆積物を構成しているフローユニットの底に岩片が集積していることがあり、グラウンドレイヤーと呼びます（図5・21）。火砕流として流れている過程で、密度が大きな岩片が流れの底の方に集まってしまった状態で堆積したと解釈されています。

火砕流は流動中に地表の地層を剝ぎ取って取り組んでしまうことがあります。そのため、グラウンドレイヤーの礫種を調べることにより、火砕流がどこを通ってきたか、噴出源がどこなのかを判断できます。

南九州に分布する阿多火砕流堆積物のグラウンドレイヤーを調べたところ、含まれている礫の種類には場所により異なる2通りがあると判明しました。給源のカルデラに面した斜面に置き去りにされた礫と、火砕流が尾根を越えて斜面を下る際に取り込んだ礫の違いです（図5・21、図5・22）。従来、阿多カルデラとされていたカルデラ壁には花崗岩が広く分布していますが、前者には花崗岩は見つかりません。鹿児島湾の中部の海底には低重力異常の領域があることから、湾内の海底にカルデラがある可能性が指摘されていました。この周辺の湾岸には花崗岩はなく、安山岩と古第三紀の堆積岩が分布しています。これらは図5・22で示した峠越え前のグラウンドレイヤー中の礫種と一致しています。

現在では鹿児島湾中部の海底カルデラが阿多火砕流の給源として阿多北カルデラと呼ばれています。従来の阿多カルデラは阿多南カルデラと改称され、より古い時代の花崗

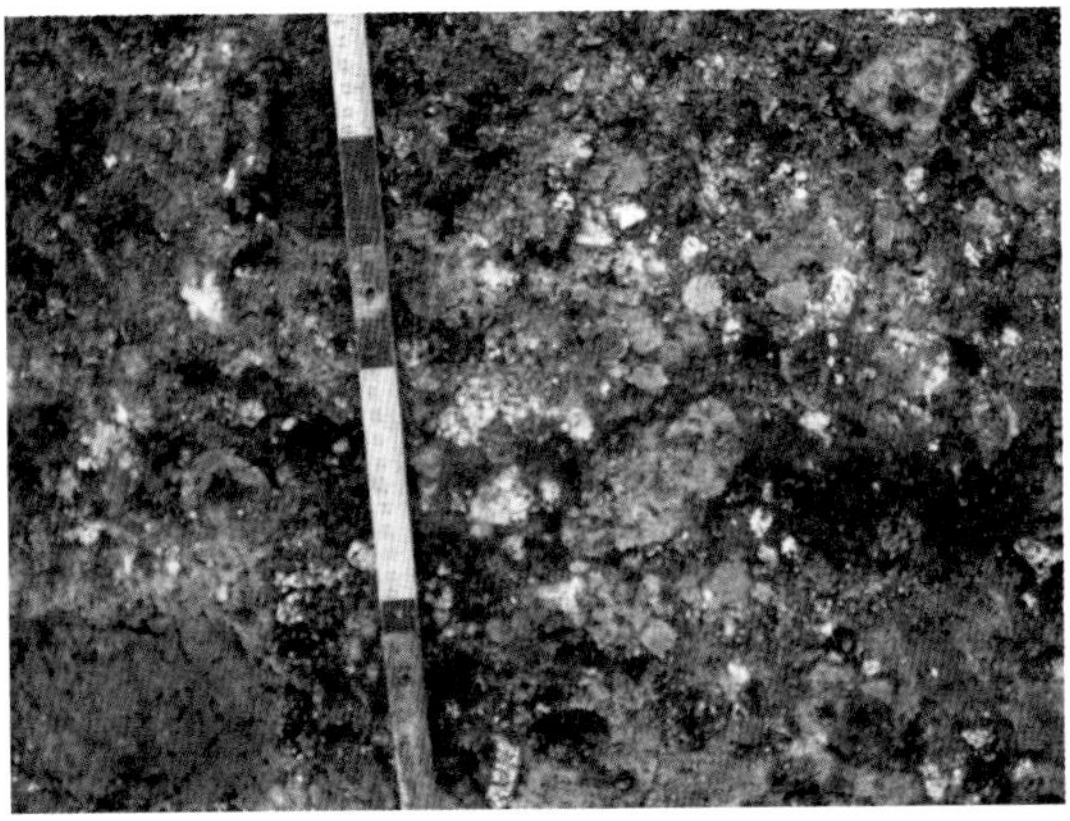

図 5・21
阿多火砕流のグラウンドレイヤー。鹿児島県南九州市。

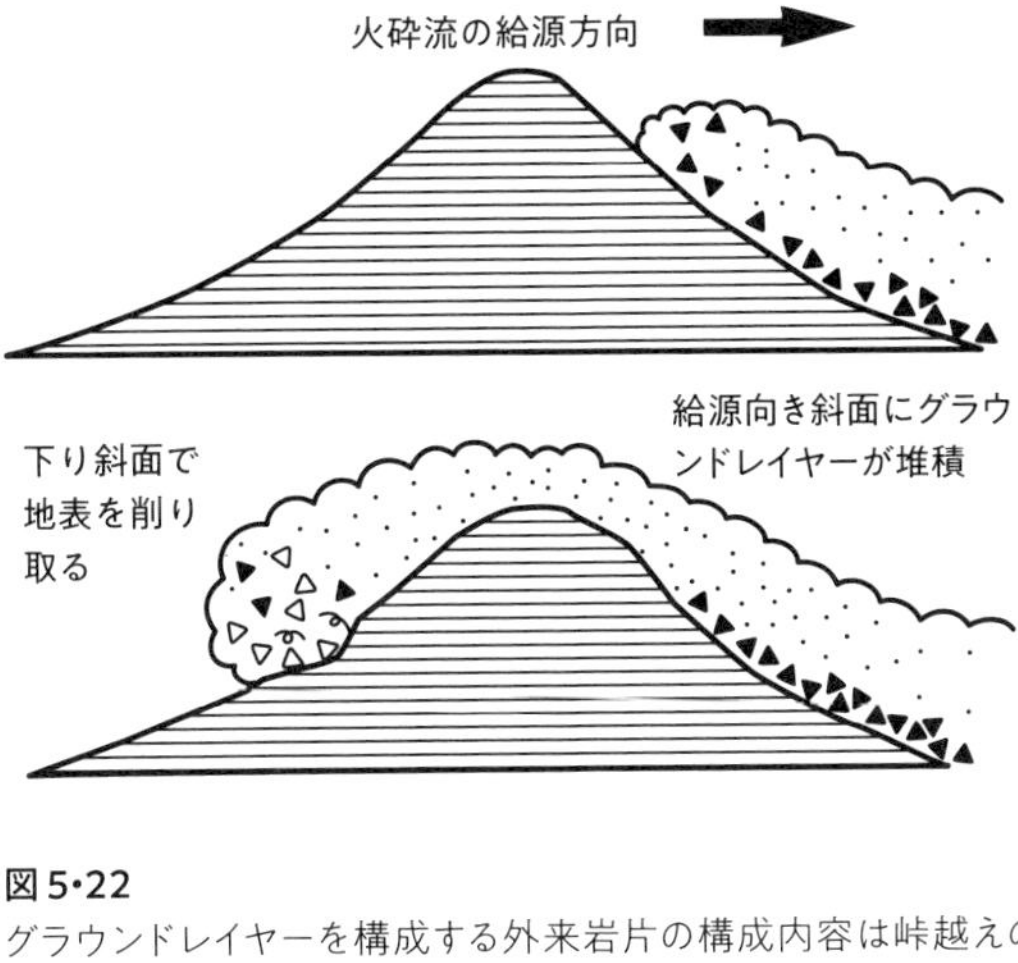

図 5・22
グラウンドレイヤーを構成する外来岩片の構成内容は峠越えの前後で入れ替わる。（Suzuki-Kamata (1988) を改変）

岩の礫を含む鳥浜火砕流の給源ではないかと推測されています。

ラグブレッチャー

火砕流に伴ってカルデラの縁に殆どが礫からなる堆積物が見られることがあります（図5・23）。礫は火砕流として遠方に運ばれることなく置き去りにされたと解釈されており、そのことを意味する**ラグブレッチャー**と呼ばれています。

ラグブレッチャーを構成する礫の種類を詳しく調べることで、火砕流を放出した火道の状況を推測することが試みられました。図5・24は米国でオレゴン州にあるクレーターレイクカルデラ（図5・25）のカルデラ壁最上部の16地点に露出している降下火砕物、初期の小型火砕流堆積物、そして最盛期の火砕流に伴うラグブレッチャーの外来岩片の構成を調べた結果です。噴火初期の噴出物と比較すると最盛期の噴出物は方位により岩の

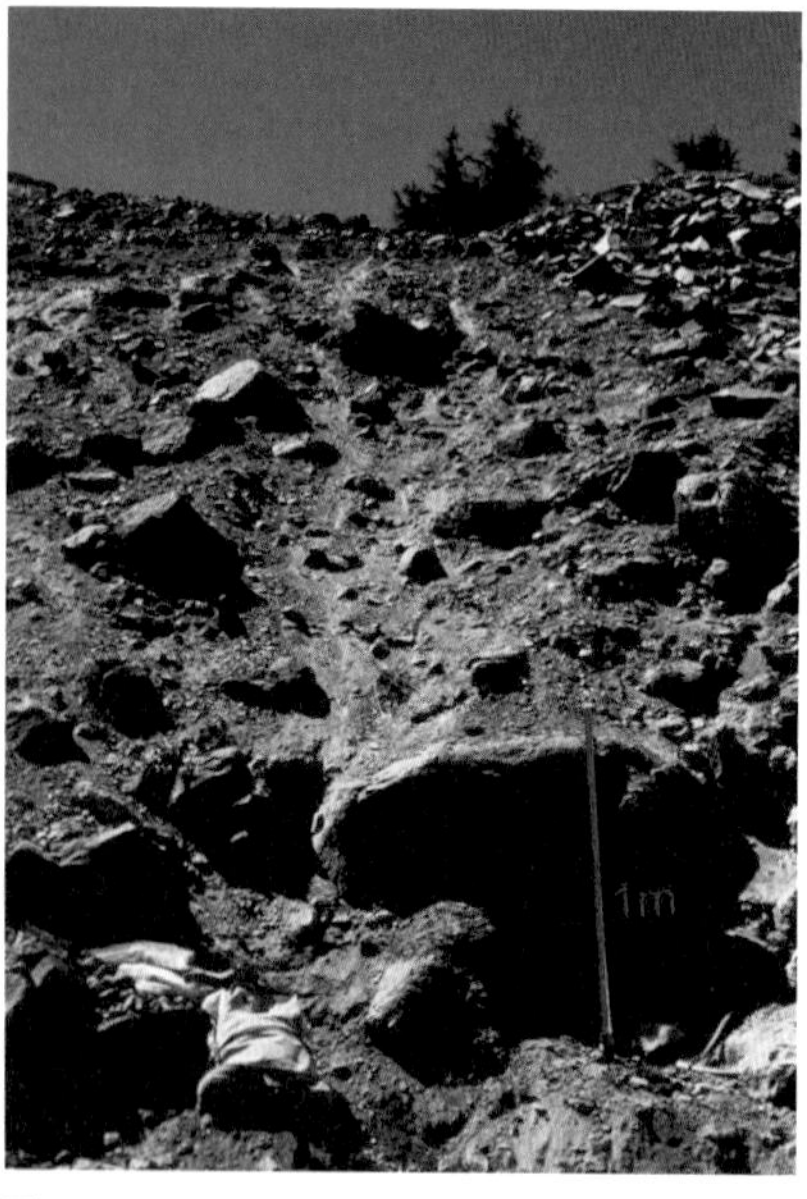

図5・23
クレーターレイクカルデラのカルデラ壁に見られるラグブレッチャー。（鈴木桂子撮影）

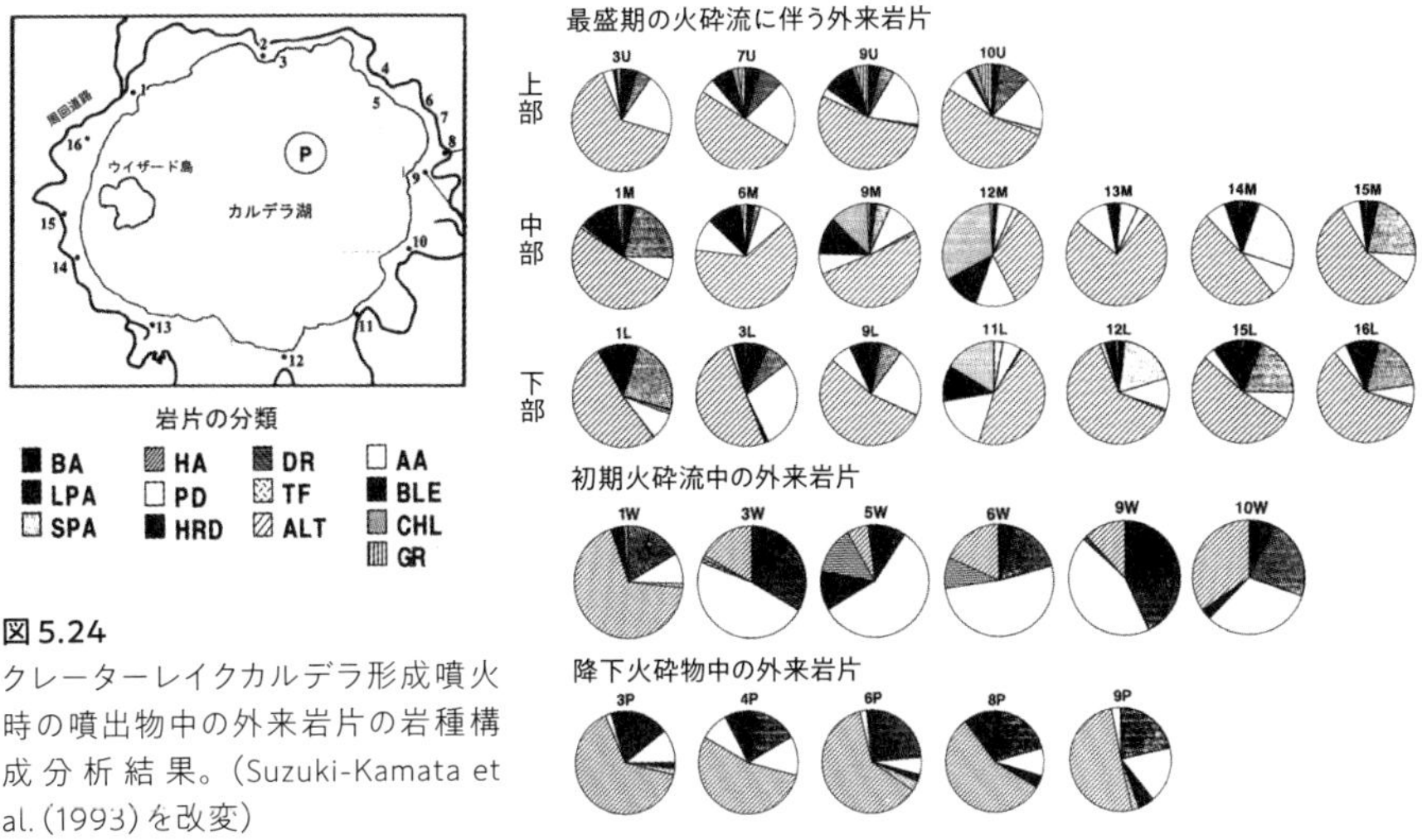

図5.24
クレーターレイクカルデラ形成噴火時の噴出物中の外来岩片の岩種構成分析結果。（Suzuki-Kamata et al.（1993）を改変）

種類に差異がありました。このことから狭い火道（地図中のP）で始まった噴火は最盛期に向けて火道が拡大したとの結論を得ています。

二次噴気孔

火砕流の流れが止まって堆積したときには火山ガスがまだ堆積物の内部に閉じ込められており、軽石からの脱ガスも続いています。高温の火山ガスが集中して地表に向かって吹き抜け続けると、ガスの通り道の周囲は火山ガラスと反応して変質が進みます。このような構造を**二次噴気孔**あるいは**化石噴気孔**と呼んでいます。図5・26

図5•25
旅客機から見下ろしたクレーターレイクカルデラ。

は変質が進んでいない事例で、細粒の火山灰が吹き飛ばされてなくなっています。図５・27と図５・28は変質が進んだ二次噴気孔の事例です。二次噴気孔の部分が周りより硬いために浸食されず尖った柱が林立しています。トルコ中部の観光地カッパドキア石柱群（図５・27）やクレーターレイクのザピナクルズ（図５・28）はその事例です。

図 5•26
細粒の火山灰が欠落した二次噴気孔の断面。洞爺火砕流堆積物。

図 5•27
二次噴気孔の部分が浸食されずに取り残されている火砕流堆積物。トルコ中部カッパドキア。

図 5•28
二次噴気孔が林立しているクレーターレイクカルデラのザピナクルズ。

広域テフラ

カルデラ火山で大規模火砕流が発生する際には、火山灰と火山ガスは周囲の大気を取り込んで高温の上昇気流となり成層圏に達します。そして成層圏の気流に乗って広範囲に火山灰を降らせます。こうした火山灰層を**広域テフラ**と呼びます。代表的な例として約9万年前に中部九州の阿蘇カルデラで発生した火砕流起源の阿蘇4火山灰や約3万年前に発生した南九州起源の**姶良Tn火山灰**（図5・29、図5・30）は北海道にまで達しています。

図5･29
黒い古富士火山の火山灰層に挟まれたオレンジ色の姶良Tn火山灰。静岡県御殿場市上柴怒田。

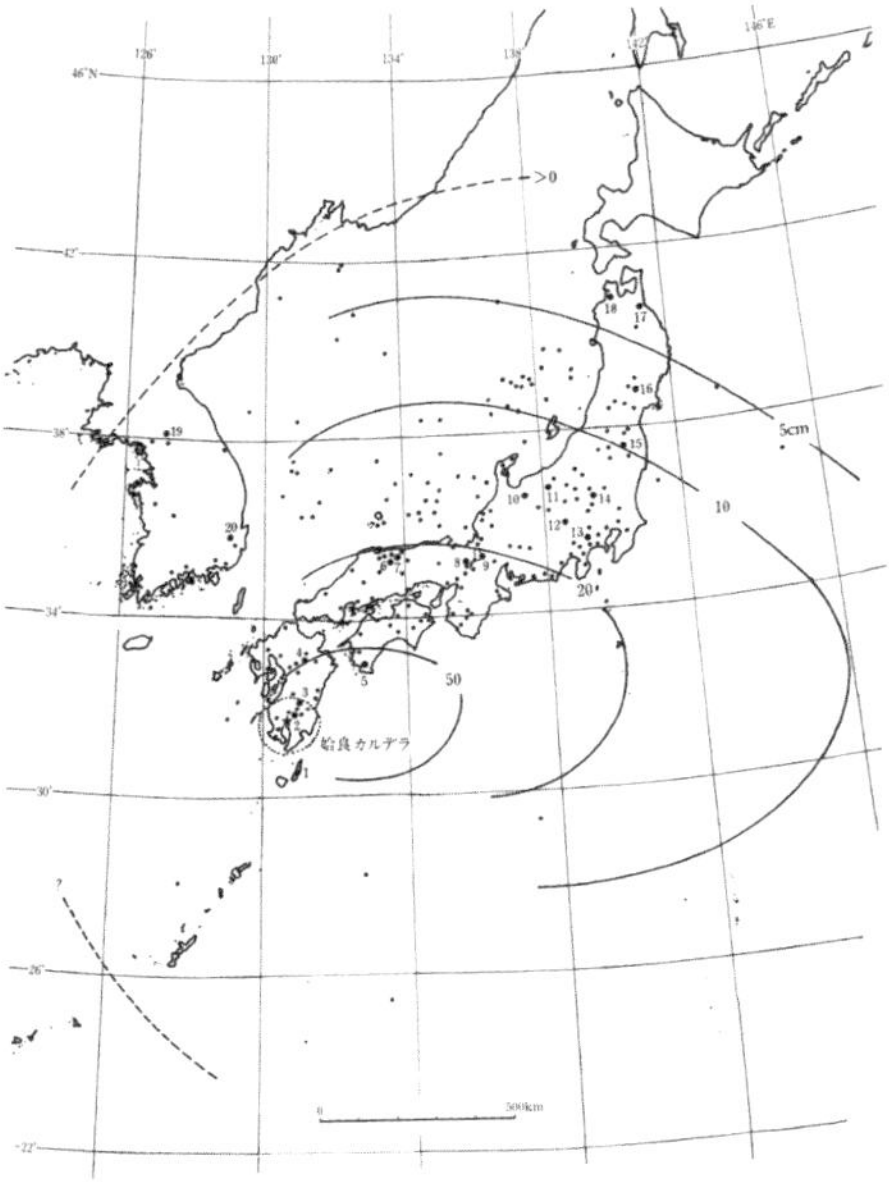

図5･30
入戸火砕流に伴う姶良Tn火山灰の分布。（町田・新井(2003)による）

5-5 大規模火砕流堆積物が作る地形

平坦な火砕流台地はなぜできる

鹿児島空港に到着する飛行機は風向に支障がない限り南東側から滑走路に向けて進入して行きます。北側に見えるはずの霧島連山を期待して窓の外を見ていると、眼下に深い谷が刻まれた森林が過ぎて行きます。そして突然平坦な台地が現れ着陸します。丘陵地を平らに造成したのではなく十三塚原と呼ばれる平坦な台地地形（図5・31）を活用して鹿児島空港が作られたのです。

　鹿児島県や宮崎県の一部など南九州本土にはこうした平坦な台地が点在しており、**シラス台地**と呼ばれています。シラスとは白い砂を意味する南九州の農業用語です。堆積物の厚さは数十mに達することがあります。地形図で台地の表面を調べても殆ど等高線が見当たりません。表面の勾配は殆ど1度以下であり、非常に流動性がよい流れであったことがわかります。

　この火砕流堆積物は最初に記載された国分市（現在は霧島市）入戸《いと》集落の地名を用いて**入戸火砕流**と呼ばれています。入戸火

図 5·31
平坦な火砕流台地を利用して作られた鹿児島空港。

図 5•32
溶結した美瑛火砕流堆積物が作った起伏ある地形。

砕流の発生源は現在の桜島を南限とする鹿児島湾の北部で、**姶良カルデラ**と呼ばれています。

鹿児島空港着陸前に見えたように、平坦な表面地形を持つ火砕流台地に谷が刻まれて寸断されてしまうまでどれほどの年月がかかるのでしょうか？　１９９１年6月15日にフィリピンのルソン島にあるピナツボ火山の噴火で発生した火砕流堆積物がヒントとなりました。図５・15は火砕流が堆積してから１７５日後の空撮画像です。火砕流の堆積後に繰り返された大型台風の襲来で火砕流堆積物はどんどん削られて深く谷が刻まれてしまいました。

溶結現象が作った起伏に富んだ火砕流台地

北海道中央部の美瑛から富良野にかけての起伏に富んだ丘陵地形が観光名所となっています（図５・32）。ここは70万－80万年前に十勝カルデラで発生した美瑛火砕流の堆積後に溶結現象（図５・20）が進み谷が刻まれた地形です。

このように火砕流堆積物の表面が平坦にならないのは、溶結が進んで火砕流堆積物の厚さが縮んだためです。図５・33は南九州の阿多火砕流堆積物が作った起伏に富んだ地形です。

図５・34は阿多火砕流堆積物の断面が見えている露頭の画像です。画面の中部から上は、次第に柱状節理（赤矢印）が鮮明な状態に移行しています。遠目には溶岩流の柱状節理に似ていますが露頭に接近して観察してみると違いが見つかり

図 5・33
緩やかな起伏がある阿多火砕流堆積物の地形。鹿児島県南大隅町。

ます。断面の露頭ではつぶれてレンズの断面状の形をした軽石が入っています（図5・35A）。そしてフローユニットの境目が見えています。水流に削られた河床で見られる堆積物の平坦面を観察すると軽石は平たいままであることがわかります（図5・35B）。

溶結凝灰岩は適度に柔らかく加工しやすいので、札幌軟石や白河石など石材として建物の壁面（図5・36）や石垣、そして歩道の敷石や墓石などに使われています。

図 5・34
溶結して柱状節理が見える阿多火砕流堆積物の崖。鹿児島県南大隅町。

図 5・35
溶結した阿多火砕流堆積物の断面(A)と平坦面(B)での軽石の形の違い。
鹿児島県南大隅町。

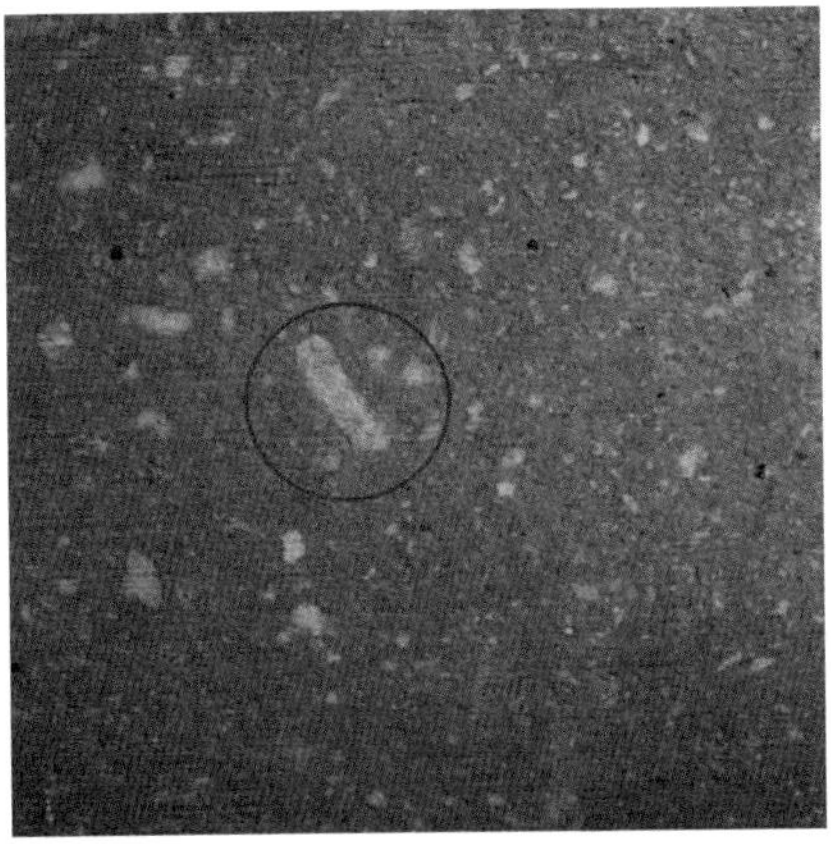

図 5・36
建築石材として使われている支笏溶結凝灰岩（札幌軟石）。国の重要文化財に指定された札幌市資料館。

図 5・37
阿多火砕流堆積物ののりあげ構造。鹿児島県南九州市。

のりあげ構造

阿多火砕流堆積物が分布する鹿児島県南部では浸食が進んだ基盤の古第三紀層の尾根筋が並んでいる場所があります。ここに流れ込んだ阿多火砕流は尾根に向かって乗り上げて堆積しています。更にそこを乗り越えてしまった火砕流は斜面を流れ下ってから次の尾根筋に乗り上げて堆積した地形が見つかりました（図5・37、図5・38）。同様の地形は小規模ながら洞爺カルデラの南東側、壮瞥町内の長流川左岸沿いで見ることができます。

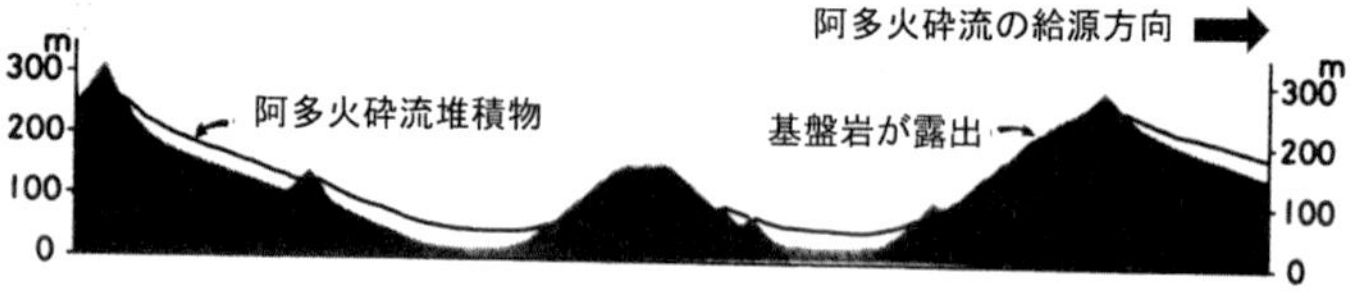

図 5・38
のりあげ構造の模式断面図。（Suzuki and Ui (1982)を改変）

2002年に出版された石黒耀の火山小説『死都日本』は霧島山がある加久藤カルデラで33万年ぶりの大規模火砕流発生を想定しています。多くの火山現象がこの小説の中で登場します。その一つが英語の学術用語を直訳せずにのりあげ構造として語られています。

縄文人部族が滅亡した大規模火砕流噴火

鬼界カルデラで7300年前に発生した幸屋火砕流は大隅海峡を渡って大隅半島と薩摩半島中南部まで到達しました。大隅海峡を渡ってからは殆どの場所で幸屋火砕流堆積物の厚さが1m未満しかありません（図5・39）。その直上は**アカホヤ火山灰**と呼ばれている広域テフラで覆われています。

鹿児島県霧島市上野原の入戸火砕流台地上で工業団地造成前に縄文遺跡の発掘調査が行なわれました。出土した土器は考古学者の常

図 5・39
大隅半島中部に見られる幸屋火砕流堆積物（露頭中部のクリーム色の地層）と広域テフラのアカホヤ火山灰層（画面中部の黒土の直下のオレンジ色の層）。

識に当てはまらないものでした。２つの土器層の出土品を比べてみると、上位の方が文明度が低かったのです。下位の出土層は直接アカホヤ火山灰層に覆われていました。鬼界カルデラで発生した大規模火砕流噴火で降灰に続いて火砕サージが襲来して、食料として採取していた動植物が全て失われてしまい、ここに暮らしていた縄文人の部族は絶滅したと考えられています。動植物が復活するのには数百年かかり、そこに噴火の影響を受けていなかったより文明度が低い縄文人の部族が九州北部から進出してきたと推測されています。

大型カルデラのでき方

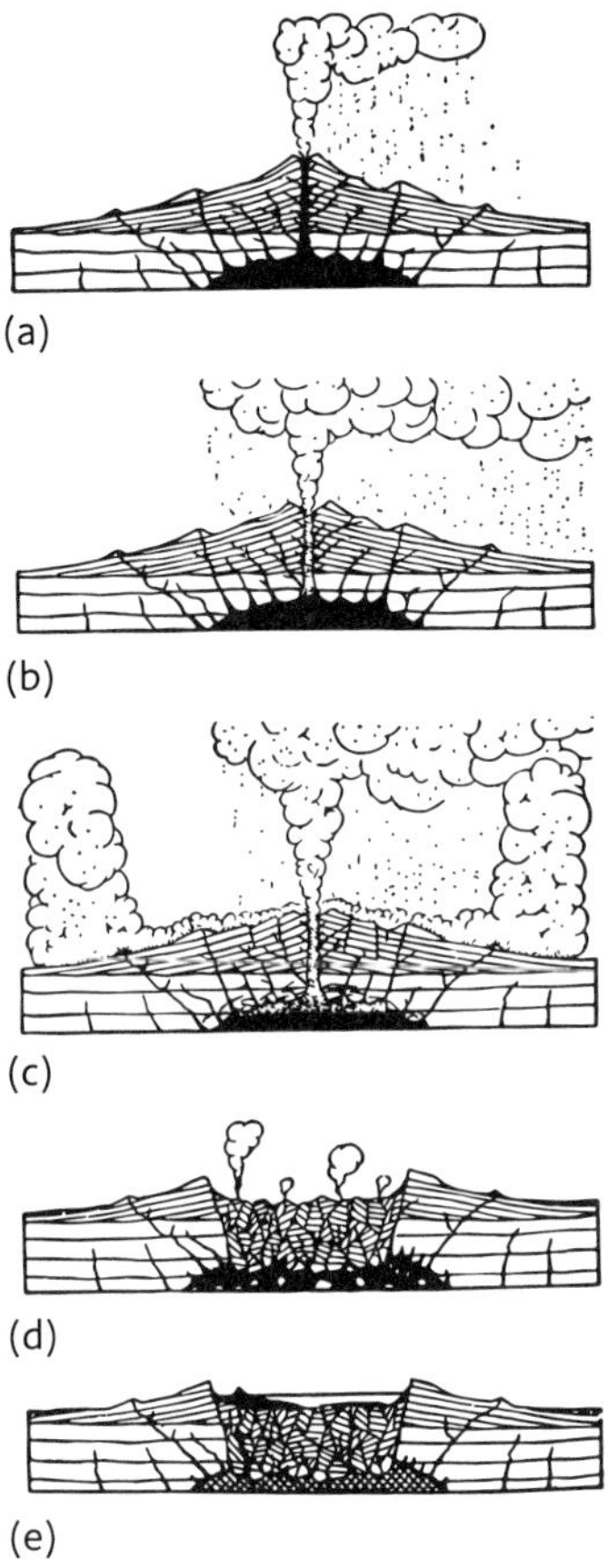

図 5・40
Williams（1942）によるクレーターレイク型カルデラの形成モデル。

　大規模火砕流の発生に伴って生じるカルデラの形成モデルが最初に提案されたのは１９４２年のことでした。クレーターレイクカルデラ（図5・25）の研究を進めていたカリフォルニア大学のウィリアムス教授は成層火山が巨大に成長し、大量の火砕流を放出すると空になったマグマ溜まりを支えきれずに陥没してしまい、カルデラのくぼ地ができるという陥没モデルを提唱しました（図5・40）。

しかし、1960年代に入った頃から各地のカルデラの内壁に露出している地層は一つの巨大な成層火山ではないことが指摘され始めました。

クレーターレイクカルデラは単一の巨大な安山岩質の成層火山が火砕流発生後に陥没してできたのではありません。普通のサイズの成層火山群や溶岩ドーム群があった場所の地下深くに、新たに流紋岩のマグマ溜まりが生まれました。1地点でプリニー式噴火が発生して軽石と火山灰が降下した後に小型の火砕流が発生、最後に噴火地点がカルデラ全周に拡大し、カルデラ床が陥没しながら大規模火砕流を発生したことが噴出物の調査で立証されています（図5・24、図5・41）。

従来からの巨大成層火山の陥没モデルは、研究者の間で新しいカルデラ形成モデルが認知された後の21世紀に入っても、観光地のチラシや理科教員向けの解説書に掲載されているのを見かけています。

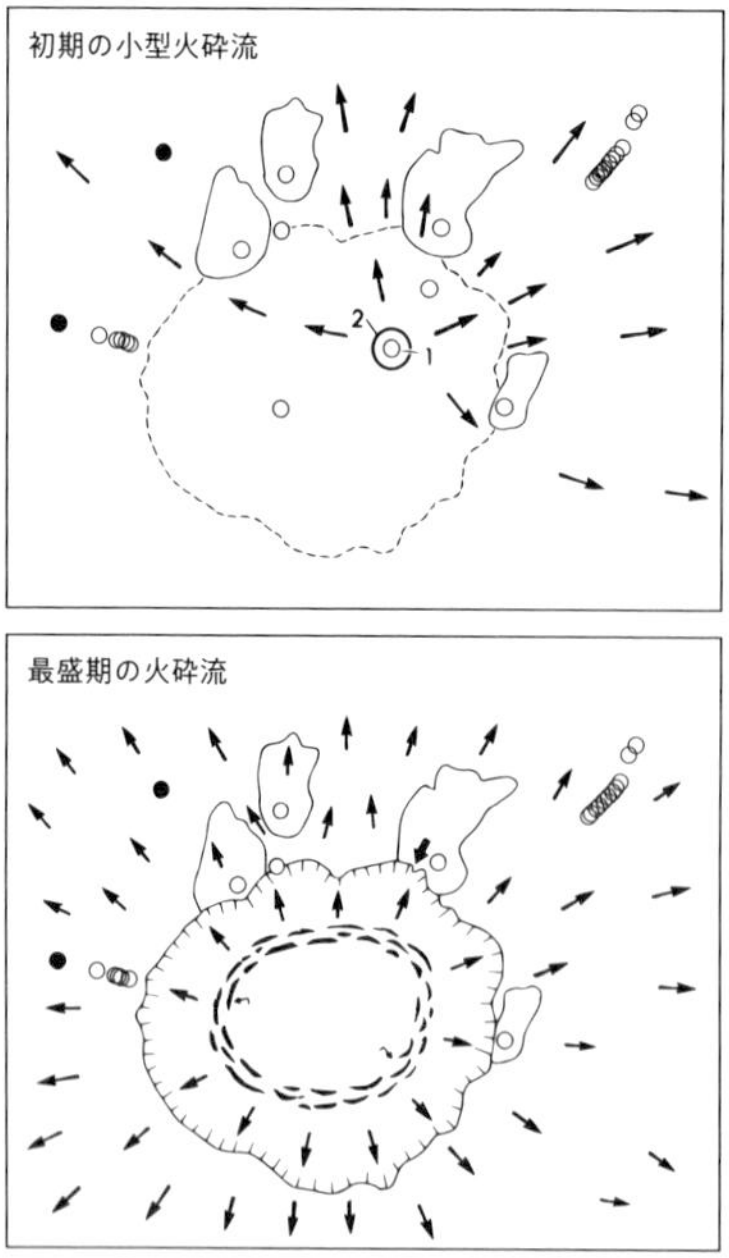

図5・41
クレーターレイクカルデラの形成過程。
（Bacon（1983）を改変）

カルデラ火山での火砕流発生の仕組み

カルデラ火山で火砕流が発生してカルデラが陥没する現象は、低頻度であるため火山研究者が目撃した、あるいは観測した事例はありません。しかし、火砕流堆積物の地形や露頭調査情報からカルデラ火山での火砕流発生の仕組みは次のように考えられています。

火道でのマグマの発泡が急速に進んで噴火が始まったとき火口から立ち上がる噴煙柱が勢いよく成層圏にまで突入してしまいます。噴煙柱は吹き上る高温のマグマの破片と火山ガスに触れた周囲の大気も巻き込んで膨張して浮力が働くために成層圏まで達するのです。バランスが取れたところで上昇が止まり周囲に傘のように広がり始め、気流に流されて風下に火山灰や軽石が降り注いで降

図5・42
降下火砕物とその直上に積もった火砕流堆積物。米国ワイオミング州イエローストンカルデラ。

下火砕物として堆積します。

火道でのマグマの発泡の勢いが低下し始めると噴煙柱は上昇しきれずに崩壊して噴出物が地表沿いに火砕流として四方に流れ広がります。図5・42で白い降下火砕物（赤矢印）の上に積もっているのが柱状節理が認められる火砕流堆積物です。

火砕流は時速100㎞を超え、温度は700℃を超えるため広い範囲が一気に被災してしまいます。高温のために火砕流堆積物の表面から火山灰を含む上昇気流が発生して成層圏に達し、気流に乗って遠方にまで運ばれて降灰して広域テフラとなります（図5・30）。

火砕流は遠方になるほど厚さが薄いので地層としての痕跡は残りにくいのです。そのため現存する火砕流堆積物の分布範囲からその広がりを判断すると過小評価になりかねません。

5-6 火砕流を観測する

噴火に伴って火砕流が発生すると、火山の研究者は噴出物を調べるために現場に向かいます。それまでの経験と知識に基づいて当面安全と判断したとき、警備当局の了解を得た上での行動です。研究者は現場に出かけて何をしているのか、私が体験した2つの事例を紹介しましょう。

セントヘレンズ火山1980年噴火

米国ワシントン州にあるセントヘレンズ火山の1980年噴火の際に山体崩壊が発生しました（第6章参照）。その後半年の間に火口から火砕流の発生が繰り返されました（図5・43）。火砕流が堆積してから9日後に堆積物の調査に同行する機会がありました。

火砕流堆積物（図5・44）に向かっ

図5•43
1980年8月7日に発生し山麓に流れ下る火砕流。（USGSによる）

て大きな岩片を投入すると表面に波紋が広がり、火山灰を吹き上げました。堆積物の内部温度を計測するためには表面の上を歩いて行く必要があります。堆積物の縁に立って片足で表面をたたいてガス抜きを行ない、充分に踏み固めたら一歩前進。これを繰り返して堆積物の中に立ち、長さ１ｍほどの熱電対を差し込んで堆積物の温度を計測すると７００℃を超えることがわかりました。堆積物の表面は大気温より高いものの素手で触ることができました。しかし温度計測中に靴底が焦げ始める異臭を感じ始めたので堆積物から脱出しました。火砕流堆積物は熱伝導率が低くて常温までの冷却には日時を要すること、火山ガスが閉じ込められていることがわかる観測体験でした。

図 5•44
円摩された軽石が集まっているセントヘレンズ火山1980年火砕流堆積物。ハンマーの長さは33cm。1980年6月21日撮影。

図５・45では画面の左下など数か所に色が周囲より濃いくぼみがあり、その中に軽石が見えています。軽石は黄色く変化しているものもあります。軽石の周囲には火山灰が積もっています。これは火砕流堆積物の内部に含まれていた高温の火山ガスが火山灰とともに噴き出した跡で、二次噴気孔（図５・26）の噴き出し口を見ていることになります。

図5•45
セントヘレンズ火山1980年火砕流堆積物の表面に見える二次噴気孔。1980年6月21日撮影。

図5•46
セントヘレンズ火山1980年火砕流堆積物の断面。上部に軽石が濃集している。2010年9月撮影。

図５・46は火砕流堆積物の断面露頭の画像です。図５・44と違って堆積物の内部では火山灰の間に点々と軽石が見えています。軽石はよく発泡しているため流れる過程で堆積物の表面に浮き上がったものと思われます。

雲仙普賢岳1991－95年噴火

雲仙普賢岳では５年近く続いた噴火で成長中の溶岩ドームが壊れることにより９４００回余り火砕流の発生を繰り返しました（図５・47）。その全体積は０・２立方キロメートルと見積もられています。多数発生を繰り返した中で小規模なケースは体積1万立方メートル未満の火砕流でした。最も大きかったものは発生源から1方向に4km余り流れました。

1年ほどの間、火山性地震が観測されていた雲仙岳で1990年11月に198年ぶりに小規模な水蒸気噴火が発生しました。同様な噴火を繰り返した後1991年5月21日から火口の中に新しい溶岩ドームが出現し始めました。溶岩ドームが次第に成長して普賢岳の縁に達したとき、

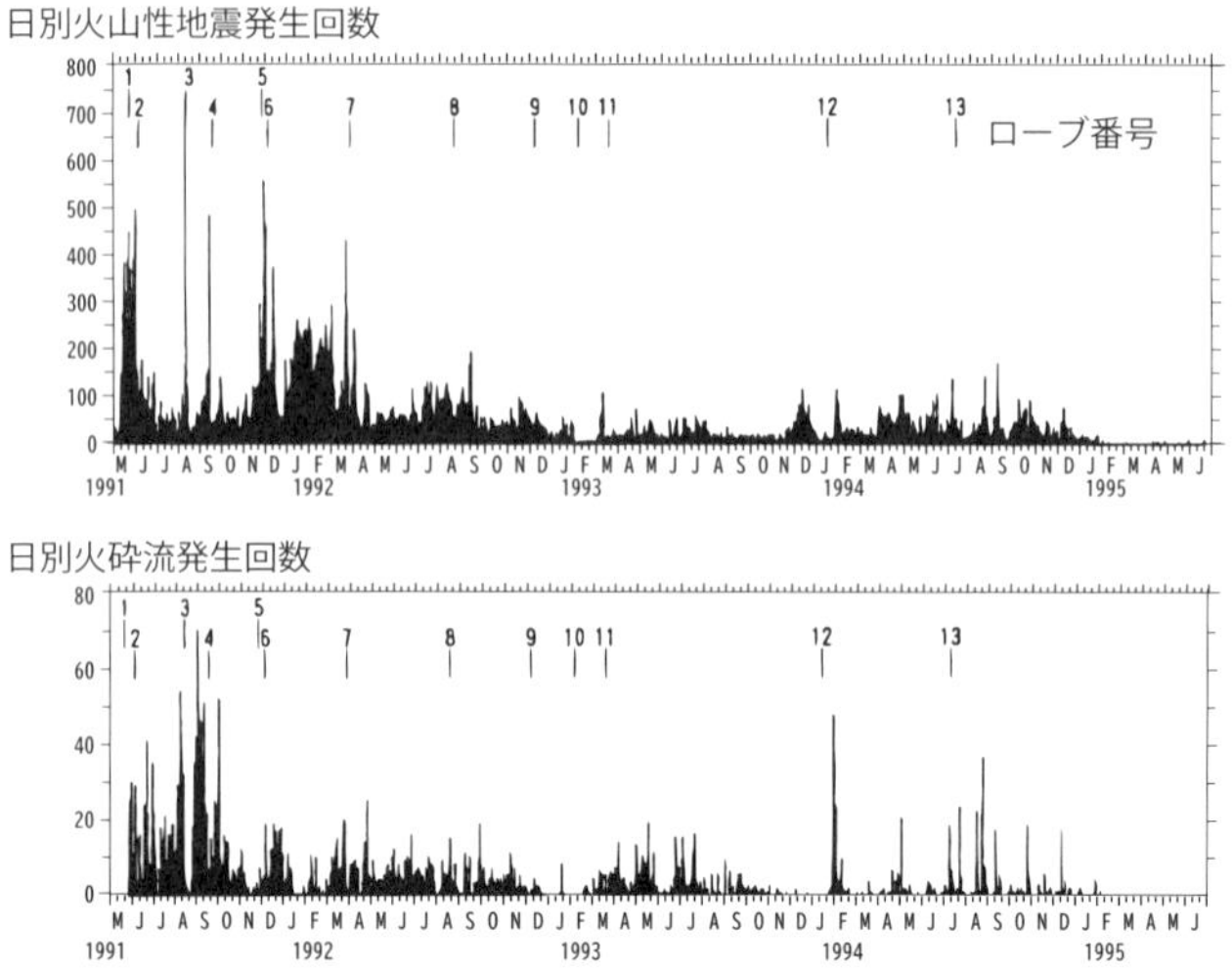

図5･47
雲仙普賢岳1991-95年噴火の際の地震と火砕流の日別発生回数。（Nakada et al. (1999) を改変）

図5･48
膨らんで亀裂が入り始めた溶岩ドームの先端から火山ガスを放出。その数分後に図5･50の火砕流がここから発生した。1991年11月8日上空より撮影。

図5・49
山麓に流れ下る火砕流と側方に流れ広がる火砕サージ。1991年11月8日上空より撮影。

溶岩ドームの一部が崩れ落ち、溶岩が粉々に破砕されて火砕流となりました。

6月3日に発生したような悲劇を繰り返さないために、陸上自衛隊の支援を受けて、研究者が上空からヘリコプターで溶岩ドームの成長の様子を連日観察していました。その結果は報道陣を通じて地元の市民に伝わっていました。その役割を担ったのは九州大学の中田節也が率いた大学総合観測班の地質グループで私もその一員でした。溶岩ドームの先端が普賢岳の斜面を舌状に流れ、先端が膨らみ亀裂が入っている状態（図5・48）になると突然割れて崩れて破砕し火砕流となる（図5・49）ことがわかりました。

上空からの観測を繰り返し火砕流の発生の仕組みやタイミングがわかったので、私は火砕流の発生源に近い地上からの定点観測を企画しました。選んだ場所は溶岩ドームの先端から1・7㎞、火砕流の直撃を受けない断層崖の上の見通しの良い林道の終点でした。

撮影したビデオ映像からは溶岩ドームの先端部分が外れてバランスを失うと同時に、外れた溶岩ブロックに亀裂が入って火山ガスを噴き出し、ばらばらに砕けながら山腹斜面を火砕流となって流れ下る様子（図5・50）が捉えられました。ビデオ映像に写しこんだ秒単位の撮影時刻表示と、火砕流の先端の位置を地形図上に落とし込むことで、火砕流は秒速20m余りで流れたこともわかりました。

噴火終息後に火砕流堆積物の断面が見える崖の観察を行ないました。堆積物中の大きな岩塊には外側に急冷したことを示唆する節理が確認できることがあります（図5・51赤矢印）。礫が割れたことにより生じた角張った状態を残しています。礫の間は砂粒や小麦粉のように細粒の火山灰で埋まっています（図5・52）。採取した砂粒を実体鏡で観察すると割れて生じた鋭利な形を保っているものが見られました（図5・53）。

細粒の火山灰が欠落した上下方向に伸びる砂礫だけが詰まったパイプ状の構造を確認できる場所がありました（図5・52赤矢印）。これは高温の火砕流堆積物に覆われたために下敷きとなった地層に含まれていた水が沸騰して水蒸気となって立ち上った痕跡で、スパイラクルといいます。図1・39で示した溶岩中の**スパイラクル**と同じく火砕流がここに堆積したとき高温であった証拠となります。

図5·50
溶岩ドームの先端から20×50×10m程度の大きさの岩塊が外れて破砕し火砕流となった。1992年2月25日撮影のビデオ映像からキャプチャー。

図 5•51
雲仙普賢岳の火砕流堆積物。

図 5•53
火砕流堆積物の細粒部から採取した砂粒は角張った形をしているものが目立つ。

図 5•52
礫とスケールの間に見られるパイプ状のガスの抜け跡。

COLUMN 5

研究者が火山を歩くときの装備

火山の現場に出かけて歩き回りながら地形を観察し、地層が露出している崖を調べる研究者はどんな機材を持ち歩くのか紹介しましょう。

急峻な山に登ったり、沢に入ったりしない限り服装は普通のハイキングと殆ど変わりません。野外行動用のリュックサックやポーチの中には特有な機材が入っています。図5・54の右上にあるのは岩石試料採取用のハンマーと草刈り用のねじり鎌です。ねじり鎌は柔らかい露頭面が風化しているときに削って新鮮な面を出すために使います。ハンマーの左にあるのはたがねと細粒物を観察するためのルーペです。その下にあるのは地層の方向を計測するために使うクリノメーターです。

画面の中央右側には一眼レフカメラとズームレンズがあります。近づくことが不可能な遠方を撮影することがあるのでズームレンズは欠かせません。

カメラの左に現場で観察した記録を

図5·54　数々の地質調査機材。

文章や略図で記すための野帳があります。野帳は方眼目が薄い色で印刷されており、ポケットに入るサイズの製品です。

野帳の左と上に本書の画像で時々登場するスケール表示用のカードと折尺があります。折尺の赤色の部分は油性マーカーを使って自分で10㎝ずつ塗るという加工をしてあります。このようなスケールを露頭において撮影しないと対象物の大きさがわからないからです。折尺ではなくカメラのレンズキャップ、筆記用具、コインなどを使う人もいます。

スケールの左側に採取した試料を入れる袋と袋に観察地点番号をつけて記録を書き込むための油性マーカーがあります。画面左上で下敷きにしている地形図にも採取地点を記入します。

カメラの下には大型の三脚が写っています。噴火中の火山を調査する際にはビデオ撮影をすることがあります。そこで重いズームレンズをつけたカメラでも安定して撮影するために必須の機材です。

画面の左下に落石などから身を守るためのヘルメットがあります。

最近は地形図に記入せずＧＰＳを使って緯度経度を調べてそれを野帳に記入する研究者がいます。地上を歩き回るだけでは確認しがたい画像情報を得るために私はヘリコプター、軽飛行機そして定期便の旅客機まで利用可能な機材は活用してきました。現在はドローンが普及し始めたので、それを導入する研究者も出現しています。

初めて現地調査に出かける際の下調べには、グーグルアースが使えるようになりました。特に海外に出かける際には重宝しています。現地の地形をズームアップしながら観察できますし、海抜高度情報が入っているので色々なアングルから立体的に見ることができます。図7・35はその一例です。ストリートビューの機能を活用すると、道路沿いに見える街並みや道路状況を事前に探ることができます。図8・25はその一例です。

グーグルアースでは過去に遡った画像を見つけることができます。図5・55はその一例で、

図5・55　クンブレビエハ火山山麓のララグナ市街地。2021年噴火の溶岩流による被災前、画面右手には火山山麓にあるララグナスコリア丘。Google Earth Street View による。(28° 38'00"N, 17° 55'02"W)

本書の本扉に使われているクンブレビエハ火山の溶岩流被災地の噴火前の画像です。

なお、国境を超えると解像度が突然変わることがあります。国により空中写真の撮影精度が違ったり、公開していなかったりするためです。

日本のように植生が豊かな国では微細な地形は樹木に隠れてしまって確認が困難です。この難点を克服した赤色立体地図という手法が開発されています。航空機から地表に向けてレーザービームを照射して樹木の間をすり抜けて地表で反射してきた信号だけを使って地形表示をするのです。詳しい解説は千葉（2016）をご覧ください。

第6章

火山が崩れる

火山は成長するばかりでなく、崩れ落ちて形が変わってしまうことがあります。崩れ落ちる現象を山体崩壊、崩れていく物体を岩屑なだれといいます。

岩屑なだれはわずか40年ほど前に認知された噴火現象です。岩屑なだれが研究者たちに広く認知されるきっかけとなった1980年の米国セントヘレンズ噴火以前に、日本で先行していた研究史を最初に紹介します。その後にセントヘレンズ噴火の際の観測調査体制を紹介します。最後に山体崩壊に伴って生じる地形や岩屑なだれ堆積物と判定できる地層の特徴、そして地形や露頭の観察から読み取れる岩屑なだれの挙動を紹介します。

6-1
岩屑なだれが認知されるまでの研究史

北に吹き抜けた1888年の磐梯山噴火

磐梯山で1888年の7月10日から地震を感じるようになりました。15日の午前7時頃から地震が激しく繰り返すようになり、7時45分頃に最初の噴火が山頂で発生しました。十数回噴火を繰り返して最後の一発は北に吹き抜けたという目撃者の証言があります。

噴出物は北山麓の長瀬川を埋め尽くして五色沼の湖沼群を含む起伏に富んだ地形を作り、3つの堰止湖、桧原湖・小野川湖・秋元湖が生まれました（図6・1）。更に下流には泥流が流れ出して集落を襲い477名の犠牲者が出ました。

図6・1
磐梯山と五色沼。

図6・2
1888年噴火直後の磐梯山。（Sekiya & Kikuchi (1889)による）

東京から現地調査に赴いた菊池安と関谷清景により英文の調査報告書が

図6•3
井上探景による磐梯山噴火の図。

1890年に出版されました。その中には山頂部にあった小磐梯の峰を失って生じたくぼ地から立ち上る噴煙と山麓に多数の丘が生じている様子が書かれています（図6・2）。この研究報告は海外にも伝わり特異な噴火事例として認識されました。

南西麓の会津若松では絵師が噴火の様子を想像して描いた錦絵を制作して売りさばきました。錦絵には磐梯山が噴火して岩が飛び散ったかのように描かれていました（図6・3）。現在でも磐梯山麓で売られている観光土産品のパッケージにはこの錦絵を取り入れたものがあります。

1950年代までの日本人の研究

小川琢治は第四紀火山における氷河作用の影響を論じた1932年の論文で、八ヶ岳山麓にある丘の群れが氷河作用により生じたと推測しました。

辻村太郎と木内信蔵は1936年に発表した論文の中で、有珠山・北海道駒ヶ岳・鳥海山・磐梯山・雲仙岳などの噴火に伴って発生した泥流堆積物には多様な形状の丸みを帯びた丘の地形があるとして、それを**流れ山**と呼びました（図6・4）。

図6・4
鳥海山北麓象潟付近の流れ山地形。
（辻村・木内（1936）による）

久野久は1954年に出版した当時唯一の日本語で書かれた火山学の教科書の中で、磐梯山の1888年の噴火について「この山の北半分が失われたのは爆発そのものによるのではなく、爆発によって引き起こされた山崩れによるものである。」と記しています。

カムチャッカ半島ベズイミアニ火山の噴火

カムチャッカ半島の奥地にあるベズイミアニ火山で1956年に磐梯山の噴火と似た一層規模の大きな噴火が発生し、山麓の森林が大規模に破壊されました。この噴火の目撃者はわずか一人の森林労務者だけでした。

当時のソ連で火山研究の第一人者であったゴルシュコフが現地調査を行ない、その後に発生した溶岩ドームの成長の様子と共に報告書を1959年に出版しています（図6・5）。この火山はその後も噴火を繰り返し崩壊源の急崖は溶岩ドームで殆ど埋められていました。

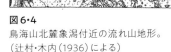

図6・5
岩屑なだれ発生後に溶岩ドームが成長し始めたベズイミアニ火山。
（Gorshkov（1959）による）

マクドナルド（１９７２）は火山学の英文教科書の中で、稀に発生する規模の大きな爆発的噴火であるウルトラブルカノ式噴火の事例として、磐梯山１８８８年噴火やベズイミアニ１９５６年噴火を紹介しました。

熱残留磁気を測ってみた人々

溶岩や火砕流堆積物は噴出したときには高温なので冷えていく間にその時の地球の磁場の方位を岩石中に含まれる微細な結晶に記録します。この現象を**熱残留磁気**といいます。

甲府盆地の北西部を流れる釜無川に沿って流れ山の見事な断面の露頭が続いています（図６・６）。小川琢治が氷河作用説を主張した場所です。

三村弘二と河内晋平が率いる研究グループはこの露頭で試料の熱残留磁気を測定する手法を用いて、流れ山群の成因解明にチャレンジしました。その結果１９７１年と１９８２年の論文で巨大な岩塊が流れに浮かぶコーヒーカップのように回転しながら運

図 6•6
釜無川沿いに見られる韮崎岩屑なだれ堆積物の露頭。

搬され、堆積して流れ山を作ったと結論づけました。

山体崩壊を立証した中村洋一の研究

中村洋一は磐梯山の地質調査を行ない、錦絵に描かれた通りであれば崩壊壁の外側に存在するはずの噴石が見当たらないことを明らかにしました。また、山腹の溝状の地形（図6・7赤矢印）は成層火山を構成する溶岩流が剝ぎ取られてできたことも示しました。これらを根拠として爆発的な噴火に伴って小磐梯が崩れ落ちたと結論づけ、この現象を**火山性ドライアバランシュ**と呼びました。

中村の英文論文が公表された1978年には深田久弥が名著『日本百名山』の中で、磐梯山について、「爆発の個所は、主峰の北にあった小磐梯山で、その山形は吹っ飛び、溶岩は北に向かって流れた。」と記しました。

図6・7
磐梯山北山腹斜面。

名著の影響は大きく、これを鵜呑みにしたと思われるブログの記述やテレビの紀行番組でのコメントが現在でも見受けられ、噴火の仕組みについての誤解を拡散させています。

6-2 セントヘレンズ火山1980年噴火

米国西岸ワシントン州にあるセントヘレンズ火山で1980年3月から噴火が始まりました。アラスカとハワイを除いた米国本土では1915年のラッセンピークの噴火以来のできごとでした。

米国地質調査所の観測体制

米国地質調査所はサンフランシスコ近郊のメンローパークに米国西部の研究所があります。噴火の前兆地震が始まったのは1980年3月20日、1週間後には最初の小噴火が発生しました。米国地質調査所はセントヘレンズ火山があるワシントン州政府や州立大学と連携して、オレゴン州北端の大都市ポートランドからコロンビア川を挟んで対岸にあるワシントン州の小都市バンクーバー（カナダにある同名の大都市とは別）に臨時の観測拠点を構えました。バンクーバーはセントヘレンズ火山からは70km余り離れています。

セントヘレンズ噴火の推移とその後

セントヘレンズ火山近傍の道路網は噴出物の影響で寸断されてしまい、研究者の現場へのアクセス手段として4台のヘリコプターをチャーターしての観測でした（図6・8）。山腹斜面の変形が徐々に進んだため、地すべりが発生すると予測して観測している中で、5月18日（現地時間）に山体崩壊が発生しました。発生時には快晴の下で地上に加

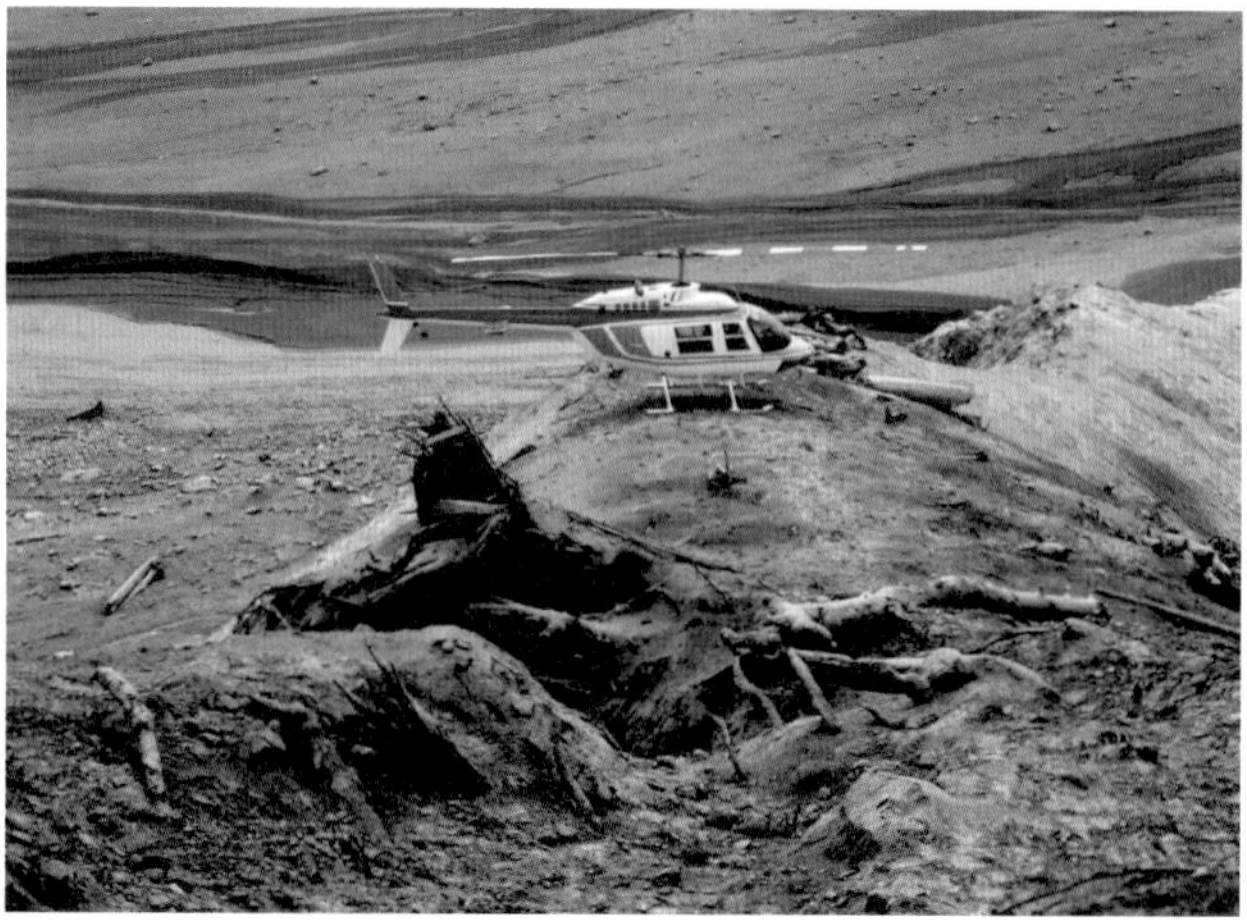

図6•8
調査現場にヘリで研究者を運ぶ。

えて上空を飛行する軽飛行機からも発生時のコマ撮り連続画像が撮影されました。

岩屑なだれは北山麓のトートル川に突入後23km下流まで約10分で到達しました（図6・9）。最初の崩壊に続いて背後の崖が崩れて馬蹄形カルデラ（6－3参照）が拡大したことは連続画像から読み取れます（図6・10）。岩屑なだれの発生直後からマグマ噴火に移行し、火山泥流も発生しました（図6・11）。**火山泥流**とは火山噴出物が水に混ざって流される現象（7－6参照）です。山麓住民の事前避難が行なわれていた（8－2参照）にもかかわらず岩屑なだれの発生により57名の犠牲者が出てしまいました。

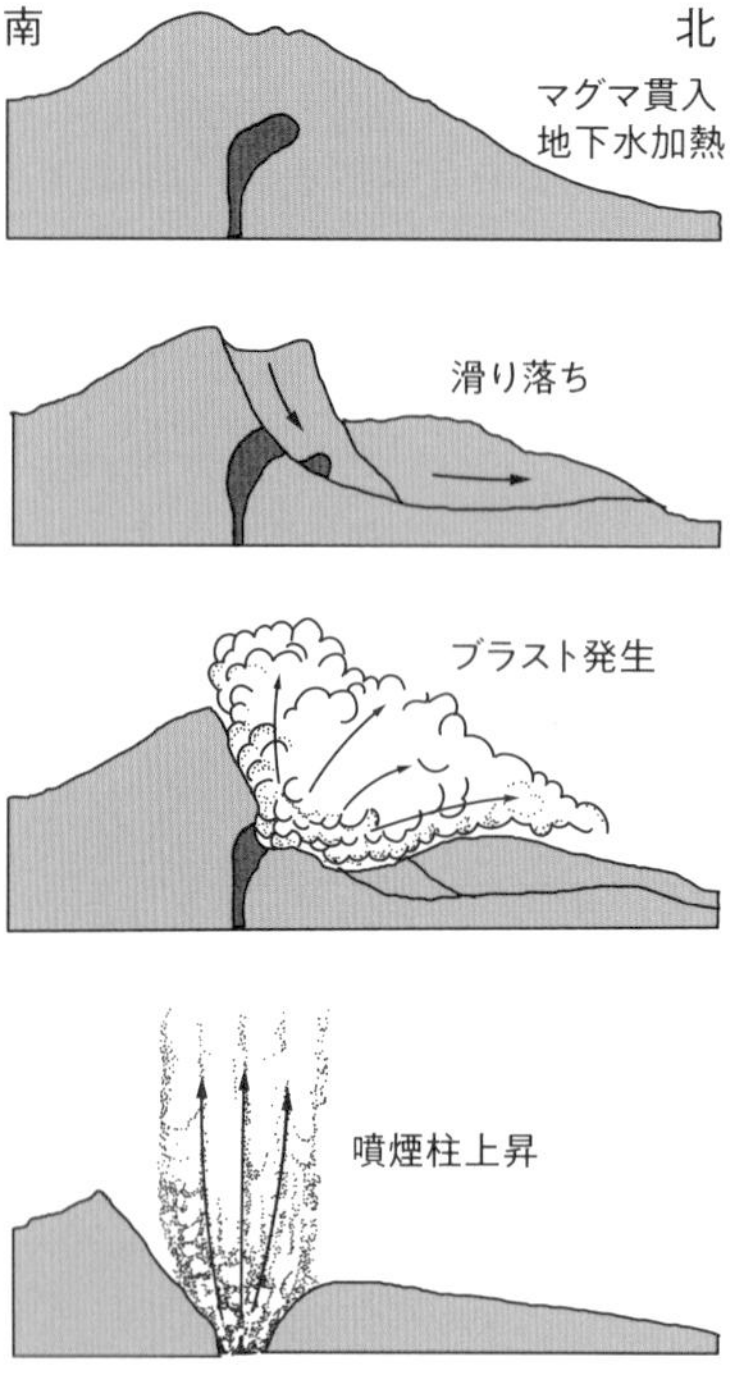

図6•9
セントヘレンズ火山1980年5月18日噴火の推移。（Decker and Decker（1989）を改変）

米国地質調査所の観測にボランティアとして参加していたカリフォルニア大学の院生であったグリッケン（図6・12）は磐梯山の事例を参考にしつつ、岩屑なだれ堆積物の詳細な地質調査を行ないました。堆積物に含まれている岩石と発生源の火山体の岩石、そして直後に発生した火砕流の軽石の化学組成や顕微鏡観察による岩石組織なども綿密

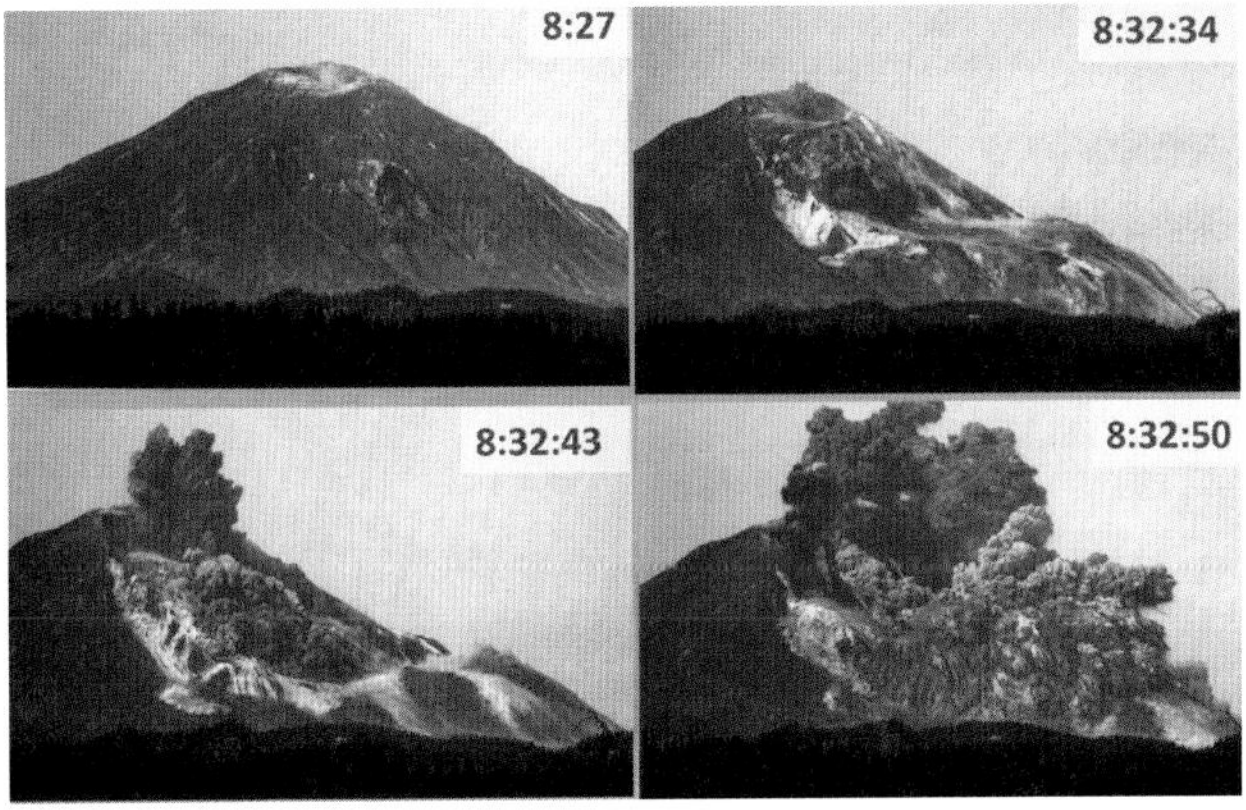

図6•10
崩壊前から崩壊中の画像。（Voight（1981）を改変）

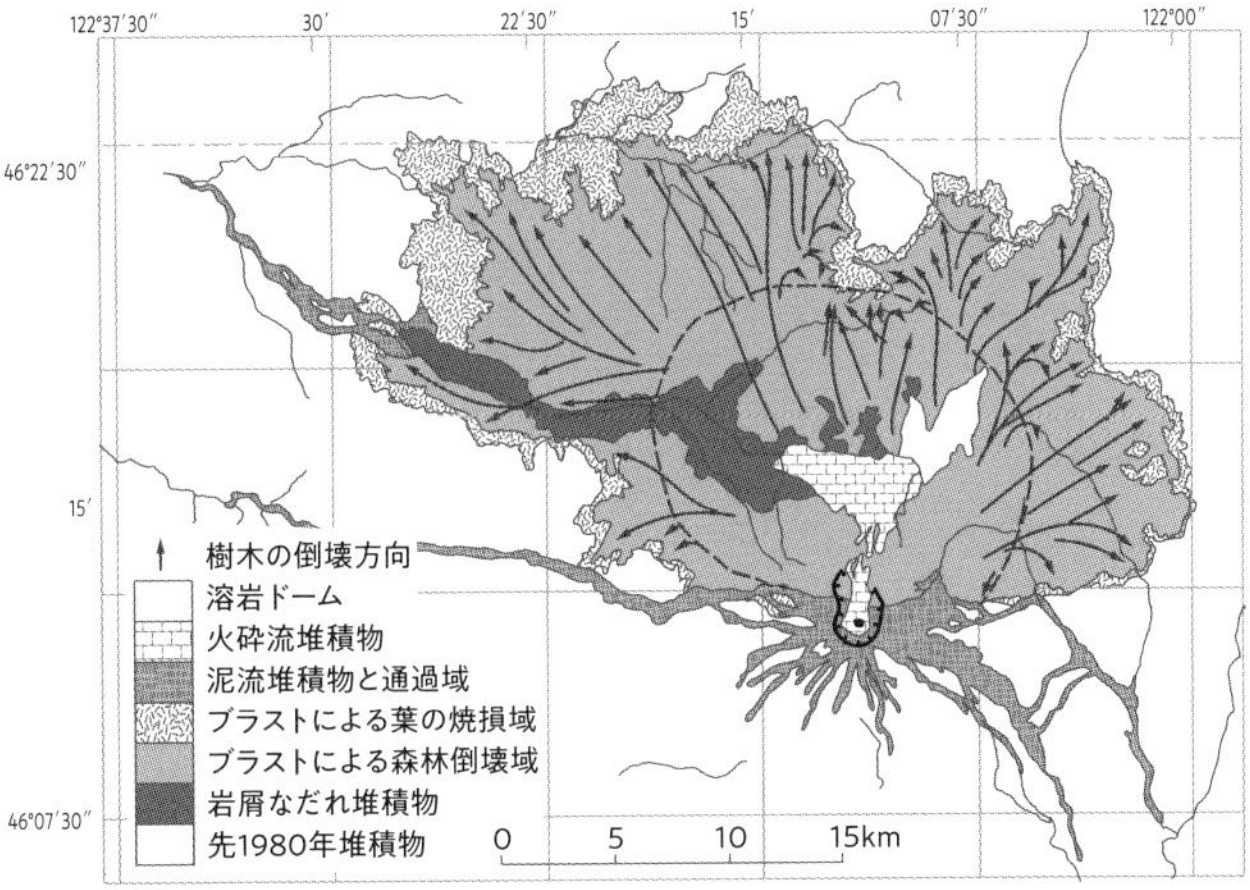

図6•11
セントヘレンズ火山1980年噴火による噴出物の分布。（Kieffer（1981）を改変）

図6・12
岩屑なだれ堆積物を調査中のハリー・グリッケン。

に比較検討しました。その結果、崩壊が1分以内に繰り返され、第2波以降には上昇してきていた新しいマグマの一部を剝ぎ取ったと判断できる新しいマグマ物質が堆積物中に含まれていること、より高速で流れて第1波の岩屑なだれを追い越し、ブラストも発生したことを明らかにしました。

セントヘレンズ火山はその後1989年から91年にかけて火山灰を放出する小噴火を繰り返しました。2004－08年には馬蹄形カルデラと1986年までの溶岩ドームとの間に新たに溶岩ドームが成長しました（図6・13）。現在1980年噴火の被災域では植生の回復が進みつつあります。尖っていた流れ山は丸みを帯びた、各地で見慣れた形になりました。

図6•13
2004-08年噴火終息後の馬蹄形カルデラ内部。2008年8月3日上空より撮影。

岩屑なだれという用語が定着するまで

中村洋一が火山性ドライアバランシュと呼んだ現象が科学的な観測中のセントヘレンズ火山で発生した後、岩屑なだれとして研究者の間で広く定着されるまでの間、この現象の呼び名には変遷がありました。日本語の場合土石なだれ、岩屑流などが使われました。岩屑なだれでは難解なので岩なだれにするという見解もあります。

6-3
地形と露頭観察で岩屑なだれと特定する

岩屑なだれの発生源を特徴づける馬蹄形カルデラ地形

セントヘレンズでは噴火前に地形図を作るための空中写真測量が行なわれていました。その情報をデジタルデータ化して噴火前後の地形の変化を比較しました（図6・14）。

岩屑なだれの発生に伴って火山体の山頂までも崩壊してしまった場合には、見事なU字形の急崖に囲まれ、崖が開いた方向には山麓まで達する緩斜面の地形が生じます。この形はアンフィシアターと呼ばれる古代ローマの円形劇場の形に似ています。そこで英語圏の火山研究者はこの火山地形も**アンフィシアター**と呼ぶことにしました（図6・15）。

円形劇場をイメージしがたい日本人の火山研究者は馬の蹄に取り付けるU字形の金具を連想してこの地形を**馬蹄形カルデラ**と呼ぶことにしました。なお、火口とカルデラの識別（5－3参照）に準じて、直径が1マイル（1・6㎞）より小さいときは**馬蹄形火口**と呼ぶことになっています。

岩屑なだれを発生した火山の多くはその後繰り返した噴火によって馬蹄形カルデラ内に新しい火山体が成長し、馬蹄形カルデラは埋め残された部分しか見えません。例えば有珠山の山頂部で北外輪山と呼ばれている部分がわずかに残っている馬蹄形カルデラの埋め残し地形です（図6・16）。

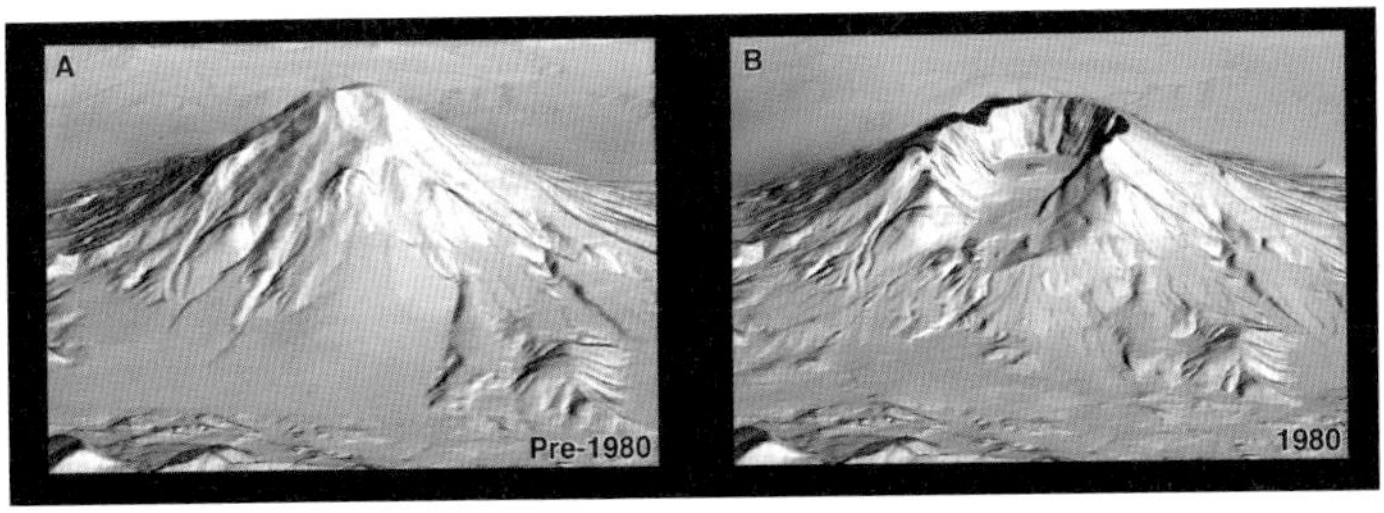

図 6・14
噴火前の成層火山の地形(A)が岩屑なだれの発生により馬蹄形カルデラができて大きく変わった(B)。
(USGSによる)

図 6・15
セントヘレンズ火山の馬蹄形カルデラ。1981年6月29日上空より撮影。

図 6・16
上空から見た有珠山と山麓の流れ山地形。馬蹄形カルデラはほぼ埋没。

図6・17
馬蹄形カルデラが完全に埋没しているニュージーランド
タラナキ火山。

図6・18
シャスタ火山と山麓に広がる流れ山地形。

山麓には岩屑なだれ堆積物があるのに給源と思われる火山体には崩壊源の馬蹄形カルデラが見当たらないケースがあります。例えばニュージーランド北島のタラナキ火山（図6・17）や米国カリフォルニア州のシャスタ火山（図6・18）がそうです。これらは岩屑なだれの発生後に活発な火山活動を繰り返して馬蹄形カルデラを埋め尽くしてしまったのです。富士山も2900年前に東山麓の御殿場方向に向かって岩屑なだれを発生しましたが、その後の火山活動で馬蹄形カルデラの地形は隠されてしまっています。

一方、フィリピンルソン島のイリガ火山のように岩屑なだれの発生後に何も火山活動を起こした形跡がなく馬蹄形カルデラが原型のまま残っている火山もあります（図6・19、図6・20）。磐梯山も1888年以降に噴火が起こっていないので馬蹄形カルデラは原型のまま残っています。

岩屑なだれ堆積物を特徴づける流れ山地形

図6・4で紹介した流れ山は岩屑なだれ堆積物を特徴づける地形です。周囲の平地から突出した丘の表面は凹凸に富む曲面に囲まれています。樹木が伐採されていると形が不揃いで、表面には岩屑なだれの発生源にあった大きな岩が露出していることがわかります（図6・21）。

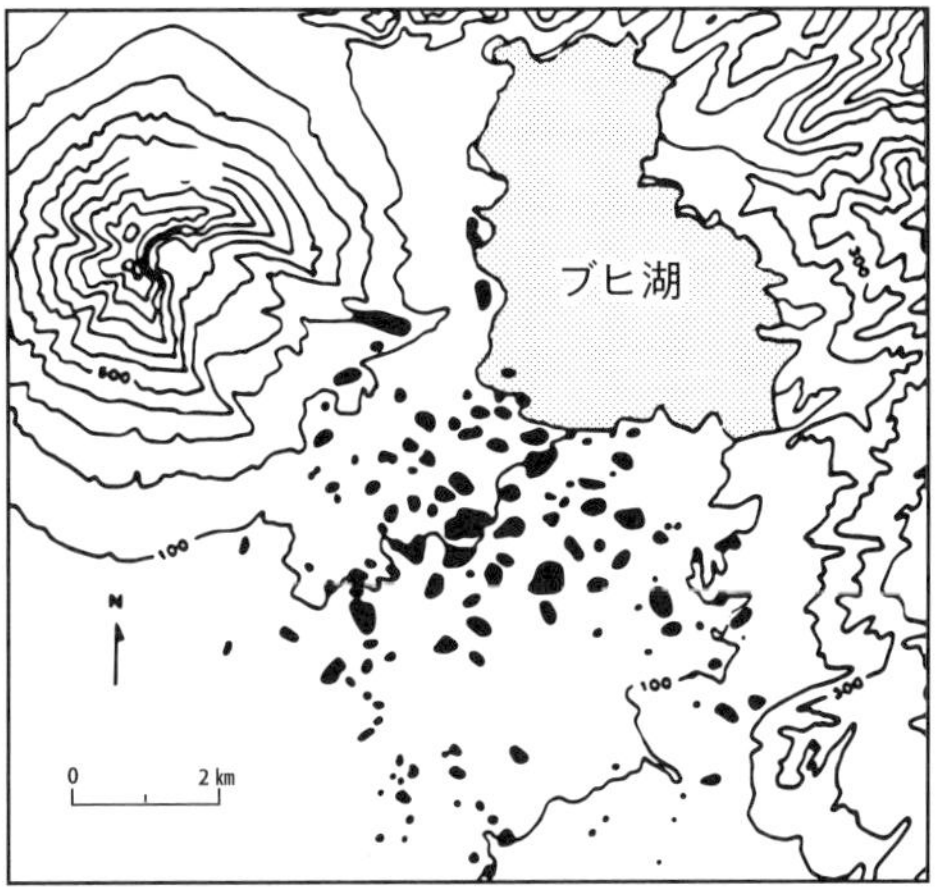

図6・19
フィリピンのイリガ火山と岩屑なだれ堆積物の地形。（Siebert et al.（1987）による）

図6・20
原型のまま残っているイリガ火山の馬蹄形カルデラ。

図 6・21
典型的な流れ山地形。鳥海山象潟岩屑なだれ堆積物。

図 6・22
ニュージーランド南島プカキ湖畔に見られる流れ山と類似した形のモレイン。

氷河作用によるモレインは流れ山地形とよく似ている場合があります（図6・22）。モレインは氷河が岩盤を削り取り運んできた岩片が氷河の先端部に集積したものです。岩片の表面には擦り傷が付いているという特徴があり、火山の流れ山とは違います。

図6・23
小型の岩塊相が集積した事例。シャスタ火山。

岩屑なだれ堆積物を特徴づける岩塊相

火山の山麓に運ばれて積もった噴出物はその後に別の噴出物に覆われて次第に埋もれていき、流れ山の地形が隠されてしまうはずです。特有の地形が確認できなくなっても露頭の観察だけで岩屑なだれと判定できる必要があります。

図6・23はシャスタ火山の流れ山を削った道路沿いの露頭写真です。赤い破線でマークした部分には周囲と異なる火山噴出物層の破片があります。図6・24は鳥海山象潟岩屑なだれ堆積物の流れ山を断ち切って国道バイパスを作っていた現場の画像です。画面の左側の赤い破線で囲まれたAの範囲と画面右側のBの範囲に周囲とは異なる地層の塊が見えています。岩屑なだれ堆積物に見つかるこうした地層の塊を**岩塊相**と呼びます。英語名を直訳してブロック相と呼んでいることもあります。流れ山の断面は岩塊相が集積していることが多いようです。なお、AとBは色が異なっていて山体崩壊の発生前には鳥海山の別の場所にあった火山噴出物です。

図6・25は巨大な流れ山を削った採石場の跡地です。赤の破線で示したように岩塊相の内部に断層ができてずれ動

図 6•24
複数の岩塊相が接している流れ山の断面。鳥海山象潟岩屑なだれ堆積物。

いていることがわかります。図6・26はセントヘレンズ火山の岩屑なだれ堆積物の露頭ですが、成層火山の内部に溶岩ドームが入り込んでいる状況が確認できます。図6・25や図6・26のように巨大な露頭全体に一つの岩塊相しか見当たらないことがあります。

図 6•25
単一の成層した火山噴出物の巨大な岩塊相からなるシャスタ火山の流れ山。赤丸内に人物。

図 6•26
成層した火山体の中に貫入した溶岩ドームの構造が見える巨大な岩塊相。赤丸内に人物。

岩塊相を特徴づけるジグソークラック

岩屑なだれ堆積物中の岩塊相には冷却節理とは明らかに異なる複雑に折れ曲がったり枝分かれしたりする割れ目パターンが見つかります（図6・27、図6・28）。長く伸びた割れ目の間に細かな破片が挟まれているという特徴も見つかります。

図6・27
ジグソークラックが多数認められる事例。シャスタ火山の岩屑なだれ堆積物。

図6・28
鳥海山象潟岩屑なだれ堆積物の巨礫に認められるジグソークラック。

物体に急激に力を加えると亀裂が入ってしまう現象を**脆性破壊**といいます。１９９５年に発生した兵庫県南部地震の際には、下から突き上げる地震動を受けた高速道路の荷重を鉄筋コンクリート製の橋脚が支えきれずに脆性破壊を起こしました。その結果生じた亀裂のパターンは岩屑なだれ堆積物に見られるジグソークラックとそっくりです（図６・29赤丸内）。岩屑なだれが滑り落ちて運ばれて行く過程で岩塊相同士が衝突したり、地表に突出していた岩盤に衝突したりした衝撃で、岩塊相の内部が割れる脆性破壊が起こってジグソークラックができたのです。

岩屑なだれ堆積物で見られる基質相

岩屑なだれ堆積物の露頭には岩塊相とは異なる種類もサイズも多様な砂礫が混在する岩相があります。これを**基質相**と呼んでいます。英語名を直訳してマトリックス相と呼んでいることもあります。流れ山の露頭では岩塊相に挟まれて基質相が見られることが多いようです（図６・23、図６・24）。特に流れ山の間の比較的平坦な岩屑なだれ堆積物には図６・30のように基質相が主体で小さな岩塊相が点在するケースがあります。この画像の露頭では少なくともAとB、２種類の小さな岩塊相が確認できます。

図6・29
兵庫県南部地震の際に亀裂を生じた高速道路の橋脚。阪神高速震災資料保管庫展示物を撮影。

図6・30
多様な岩片が混在した基質相。鳥海山麓の水路工事現場で撮影。
（赤丸内に人物）

6-4
岩屑なだれの挙動を探る

岩屑なだれが滑り落ちた痕跡

１９８４年にセントヘレンズ火山の馬蹄形カルデラの中に入ってみる機会がありました。岩屑なだれが通過した後のカルデラ底には19世紀の噴火で生じた溶岩ドームの根元の部分が露出していました。その表面を観察すると滑り落ちた方向を向いた擦り傷（図６・31）が付いていました。岩屑なだれの滑り落ちに伴って付いたと思われます。ここでは深さ数十㎝まで細かく破砕している箇所（図６・32）があり、滑り落ちる岩塊相同士あるいは岩塊相と基盤岩の衝突により破砕されたと推測しています。

図 6・31
馬蹄形カルデラの底の岩盤表面に見られる擦り傷。1984年8月20日撮影。

図 6・32
馬蹄形カルデラの底に露出している岩盤には複雑に破砕している部分がある。

岩屑なだれは周辺部が先に固まる

まっすぐに勢いよく流れている川の水を岸や橋の上から観察してみましょう。流れの中央部は勢いよく流れて行きますが岸の近くは流れが遅いのがわかると思います。そこには流されてきた土砂などが置き去りになります。長い年月をかけて川沿いにこうした地形が残されることがあり、このような地形を**自然堤防**といいます。

岩屑なだれが谷間を流れ下るときも、滑り落ちた端の方が先に積もり、中央部が落ちた方向に流れ去るので、自然堤防の地形を残すことがあります。セントヘレンズではこうした地形がはっきりと残された場所があります（図6・33）。

1792年に発生した雲仙眉山岩屑なだれでも自然堤防の地形が残された場所があります。但し、市街地の住宅が立ち並んでしまい、現地を歩いてもわかりにくいのが残念です。

図6・33
セントヘレンズの岩屑なだれ堆積物に見られる自然堤防。
画面の左上が下流方向。

岩屑なだれ堆積物の下流部では側方や先端に崖の地形を作ることがあります。移動

図6・34
有珠山善光寺岩屑なだれ堆積物に見られる側端崖地形。

速度が遅くなると岩屑なだれは急に固まって動かなくなる性質を持つためです。こうした崖を**側端崖**や**末端崖**といいます。セントへレンズでは先端部から泥流が流れ出したため末端崖の地形は確認できません。

日本では側端崖の地形を洞爺湖町入江地区の有珠山の善光寺岩屑なだれ堆積物（図6・34）や、島原市梅園町島原市立第三中学校南側の雲仙眉山岩屑なだれ堆積物で確認できます。

岩屑なだれは尾根を乗り越える

岩屑なだれが尾根地形を乗り越えてしまった事例があります。セントへレンズでは崩壊方向の正面には比高300mを超える尾根筋があります。岩屑なだれの一部は尾根に向かって沢筋を埋め（赤矢印）、乗り越えて背後の谷間にも流れ下りました（図6・35）。その先に白く写っているのは火砕流堆積物中の火山灰が風に吹かれて舞い上がり岩屑なだれ堆積物の上に積もった風成層です。

鳥海山の象潟岩屑なだれは山麓で白雪川の谷筋を埋めて北西方向の象潟に向かいました。現在の白雪川の上流部は岩屑なだれ発生後に繰り返された火山活動に伴う泥流や降雨による土石流で埋められています。白雪川右岸の高さ約100mの崖の上の中島台にも小ぶりな流れ山群を伴う岩屑なだれ堆積物があります。岩屑なだれは埋められる前のもっと高かった白雪川の崖を登って直進したものと思われます（図6・36）。

1984年の長野県西部地震に誘発された伝上川岩屑なだれも河川の急カーブを曲が

図6・35
沢を駆け上り埋めた岩屑なだれ堆積物。馬蹄型カルデラ内から1984年8月20日撮影。

り切れず、尾根筋を乗り越えました。

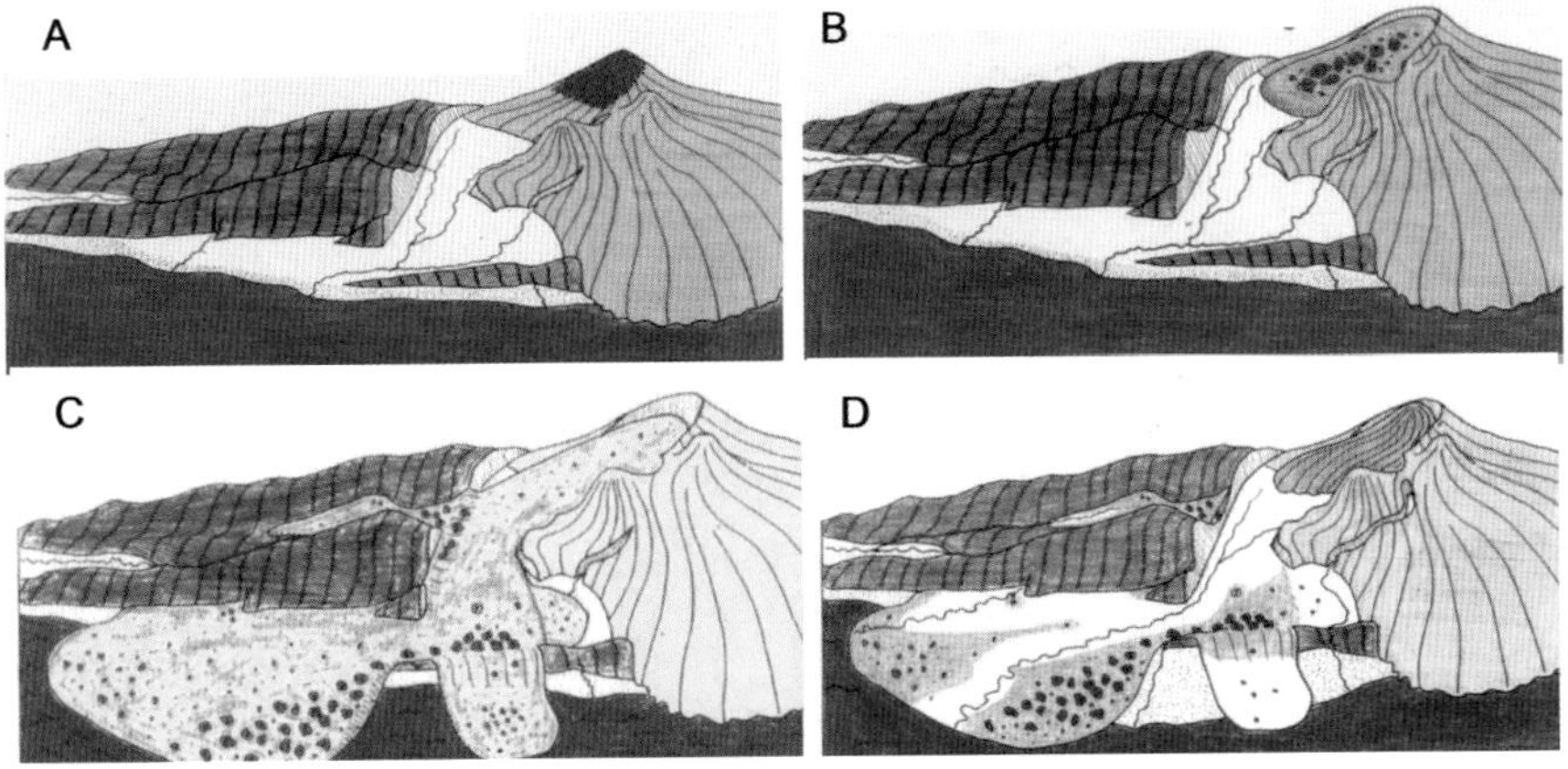

図6・36
鳥海山象潟岩屑なだれの形成過程を示す模式図。 A:崩壊発生前、 B:北に向かう岩屑なだれ、 C:白雪川沿いに北西方向の象潟に向かう、 D:崖を登って中島台へ、象潟からは北に広がる。(尾上(1988)神戸大修論に加筆)

下流に向かって次第にばらける岩屑なだれ

セントヘレンズの岩屑なだれでは、堆積物の中流部で密集していた流れ山が下流部では小さくまばらになってくるのがはっきりわかります。

ニュージーランド北島の西部にあるタラナキ火山では岩屑なだれがさえぎる地形が何もない西山麓に広く分布しています。現地は牧場地帯で柵に囲まれて多数の流れ山があり、側面の一部を削り取った露頭も多数あります（図6・37）。先端部の地形は海に入っていて確認できないのが残念ですが、岩屑なだれ堆積物が上流部から下流部に向かってどう変化するかを調べてみるのに好都合でした。

岩塊相の中の溶岩に生じたジグソークラックの開口幅を、各露頭での任意の10か所で計測して平均値を求めてみると、下流部に向かって次第に開口幅が大きくなっていました（図6・38）。

図6・37
タラナキ火山山麓の牧場地帯に多数ある岩屑なだれ堆積物の小露頭。（赤丸内に人物）

岩屑なだれは運ばれる過程で次第に緩んでいくのでしょう。岩屑なだれ中の岩塊相は流動中に徐々に分解してしまい流れ山は次第に小さくなりまばらになると判断しました（図6・39）。

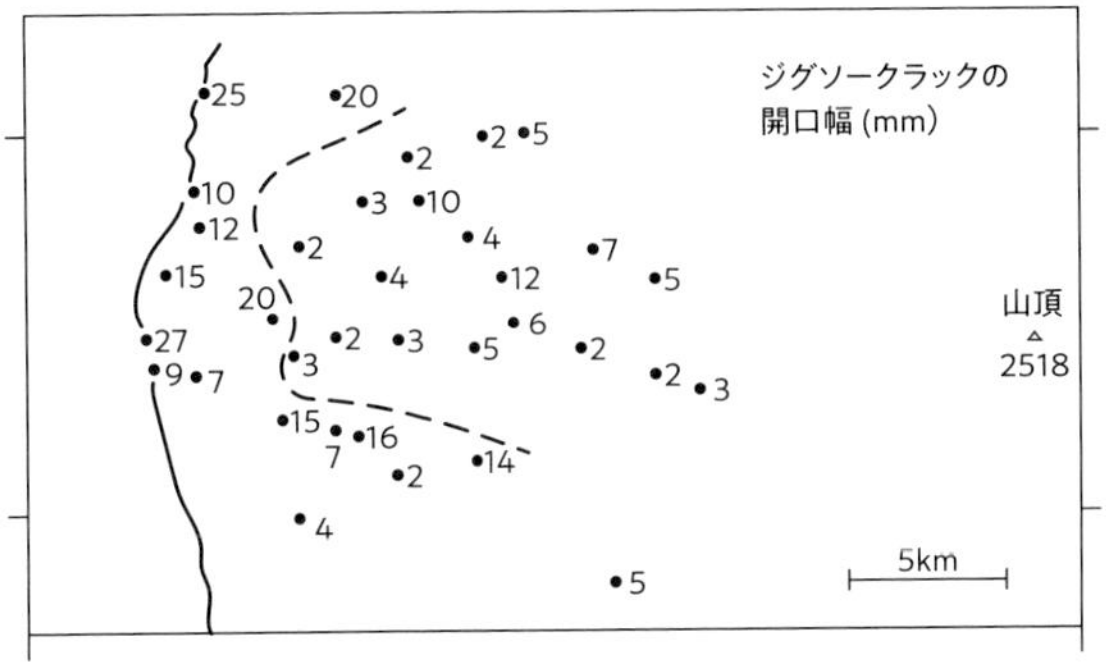

図6•38
ジグソークラックの開口幅は下流に向かって広がる。
(Ui et al. (1986)を改変)

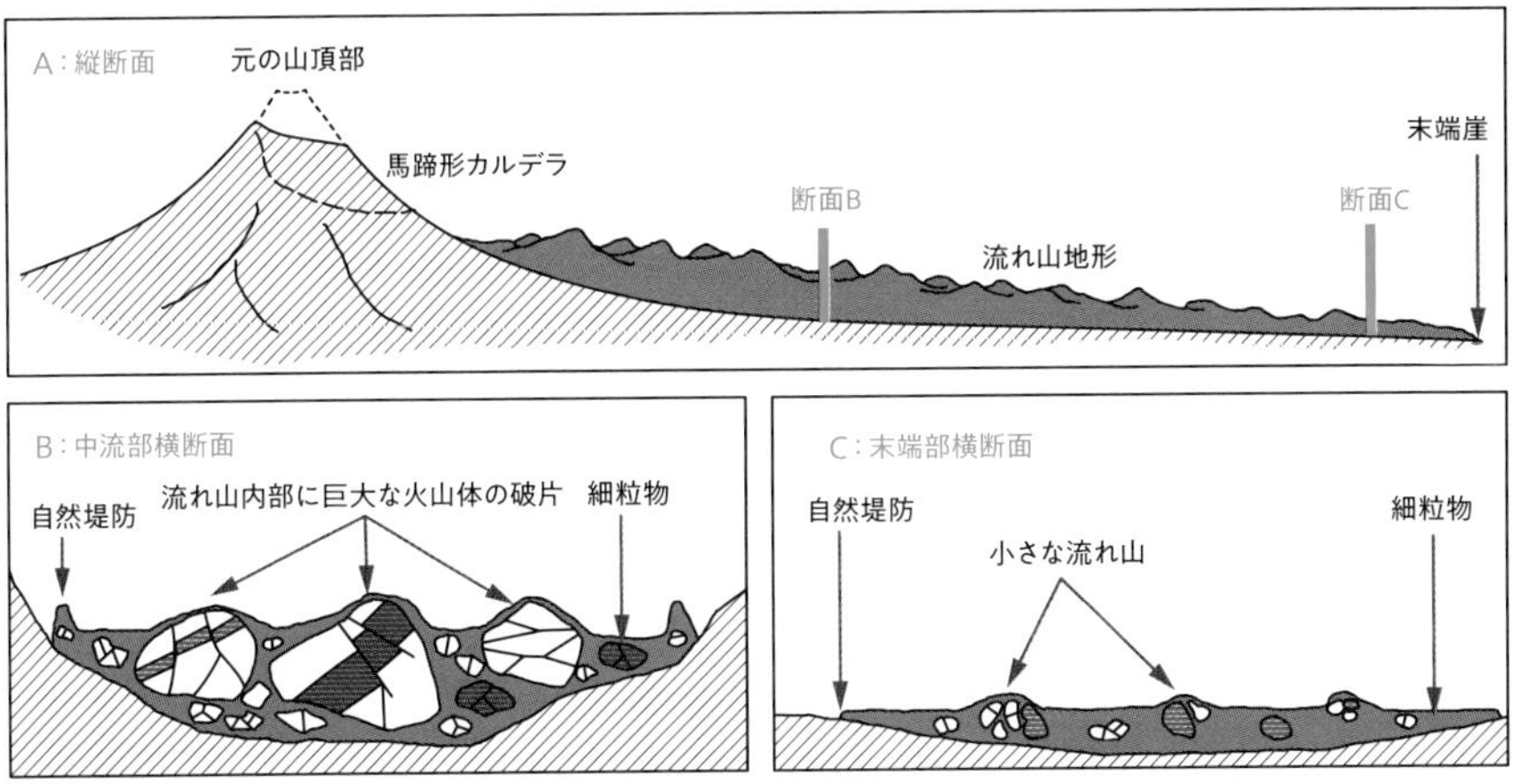

図6•39
岩屑なだれ堆積物の中流部から下流部に向かっての地形や内部構造の変化。
(Ui et al. (2000)を改変)

河川再生過程の痕跡

山麓の河川を埋め尽くしたセントへレンズ火山の岩屑なだれ堆積物からは、1980年の堆積当初に流れ山の間を縫って多数の小河川が生じていました。それが1年後には限られた河川のみが優勢となり、それから外れて干上がった河川堆積物が残された状況が見えていました（図6・40）。

鳥海山北麓で象潟岩屑なだれの分布域では、赤石川から外

図6･40
岩屑なだれ堆積物中に見られる河川再生過程の痕跡。1981年6月30日上空より撮影。

図6･41
鳥海山象潟岩屑なだれの流れ山の間に見られる河川の痕跡。

れて流れ山の間を縫うように幅の狭い水田が続いています。残された河川跡を利用している水田ではないかと推測しています（図6・41）。

八ヶ岳山麓の中央本線長坂—韮崎間と、磐梯山南西山麓の磐越西線翁島—東長原間で、それぞれ流れ山の間を縫うように鉄道のカーブや古い線路跡地が連続しています。これらは韮崎岩屑なだれ堆積物と翁島岩屑なだれ堆積物に残された河川跡の地形を利用して鉄道を通したようです。

図6・42
渇水期に堰止湖の湖底から姿を現した大山祇神社の参道跡。（蓮岡真撮影）

堰止湖の生成

岩屑なだれが山麓の峡谷を埋めてしまうことにより河川の本流や支流に堰止湖が生じます。1888年に発生した磐梯山の岩屑なだれは桧原川の上流部が堰き止められて桧原湖が生じました。そのため江戸時代の街道沿いにあった桧原宿が水没してしまいました。現在は渇水期になると桧原宿にあった大山祇神社の参道跡が姿を現します（図6・42）。画面手前の鳥居は湖岸に復元された一の鳥居です。

図6・43
有珠山善光寺岩屑なだれに取り込まれた河床礫層。

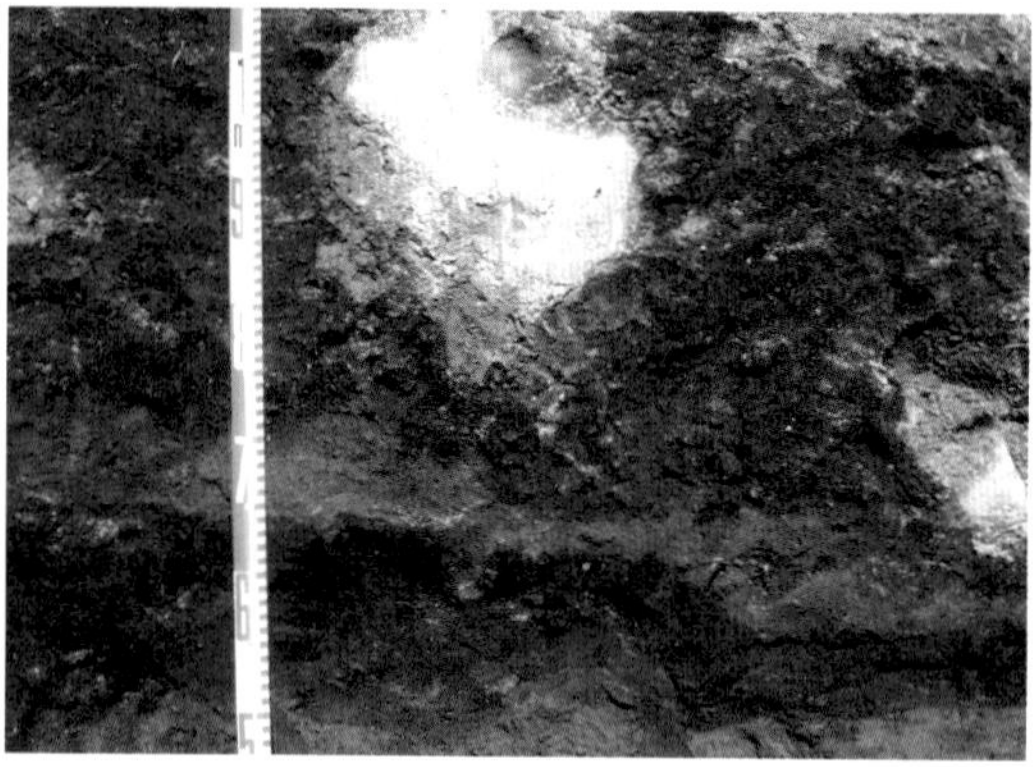

図6・44
雲仙眉山岩屑なだれ堆積物の最下部。

岩屑なだれはブルドーザー

火山山麓まで到達した岩屑なだれは未だ毎秒100mを超える高速で動いていることもあり、ブルドーザーのように山麓にある柔らかい表層を剝ぎ取って取り込んでしまうことがあります。その結果取り込まれた地層でできた岩塊相が岩屑なだれ堆積物に見つかることがあります。

有珠山の善光寺岩屑なだれ堆積物では山麓にあったはずの洞爺火砕流堆積物や河川の砂礫層がまるごと剝ぎ取られて流れ山の一部になっている場所があります。露頭を丹念に観察してみるとジグソークラックに相当する亀裂が見つかります（図6・43）。

岩屑なだれにより剝ぎ取られた表土は堆積物の中で古土壌の破片として見つかることもあります。岩屑なだれ堆積物の最下部では土壌が剝ぎ取られ引き伸ばされて変形した状態で見つかることもあります（図6・44）。

6-5
岩屑なだれに伴ったブラスト

図6・10の連続画像からは崩れ落ち始めた岩屑なだれを追うように爆発して、北方向に噴煙が急拡大する様子が写っています。崩壊の開始と共に火山体内部に上昇してきていた新マグマの頭部が切られて爆発的に脱ガスが起こってしまったと解釈されています（図6・9）。この噴煙は高速の砂嵐となって大地に吹き付け森林をなぎ倒しました（図6・45）。この現象を**ブラスト**あるいは**爆風**と呼んでいます。ブラストの中には表面に開口割れ目が入っている丸みを帯びた岩片が混ざっています（図6・46）。高温のために地表に積もった後にも内部に含まれるガス成分が抜け出す発泡現象が続き、体積が増したので割れ目が入ったのです。

図6・45
ブラストによりなぎ倒された森林。
1980年6月21日上空より撮影。

図6・46
ブラスト堆積物中に含まれる高温のマグマから急冷した岩片。

ブラストの温度は樹木を焼くには至りませんでしたが、葉は水分を失って赤く変色して枯死してしまいました（図6・47）。なお、この地点は林業会社の所有地で樹木がない手前側は噴火前に伐採されていました。

セントヘレンズ火山は山体崩壊を起こして10分後には噴煙が20㎞以上上空まで達し、軽石や火山灰が北東方向に広範囲に降り注ぎました。小規模な火砕流も発生して北山麓で岩屑なだれ堆積物の上を覆いました（5－6参照）。岩屑なだれ堆積物の先端からは火山泥流がトートル川を流れ下って川沿いの集落を襲い、橋を流してしまいました（図6・48）。その後火口底に溶岩ドームが現れては爆発によって破壊され、火砕流を流すという噴火パターンを繰り返してから溶岩ドームの成長が始まり、１９８６年に噴火が終息しました（図6・49）。

図6•47
ブラスト到達域の末端部。1980年6月23日上空より撮影。

図6•48
泥流により道路橋が流された。

図6•49
カルデラ底で成長中の溶岩ドーム。1984年8月20日撮影。

6-6
海底に広がる岩屑なだれ

深海底から成長した海洋火山島では山体の一部が海底に向かって崩れ落ちて海底岩屑なだれ堆積物を作っていることがあり、ハワイ諸島を含むハワイ天皇海山列やアフリカ沖のカナリア諸島で確認されています。国内では渡島大島の１７４１年噴火に伴って海底岩屑なだれが発生しています。

オアフ島沖のヌアヌ岩屑なだれ堆積物を対象とした研究が行なわれました。高精度の音波探査による海底地形図が作られ、流れ山を含む広大な岩屑なだれ堆積物の存在範囲

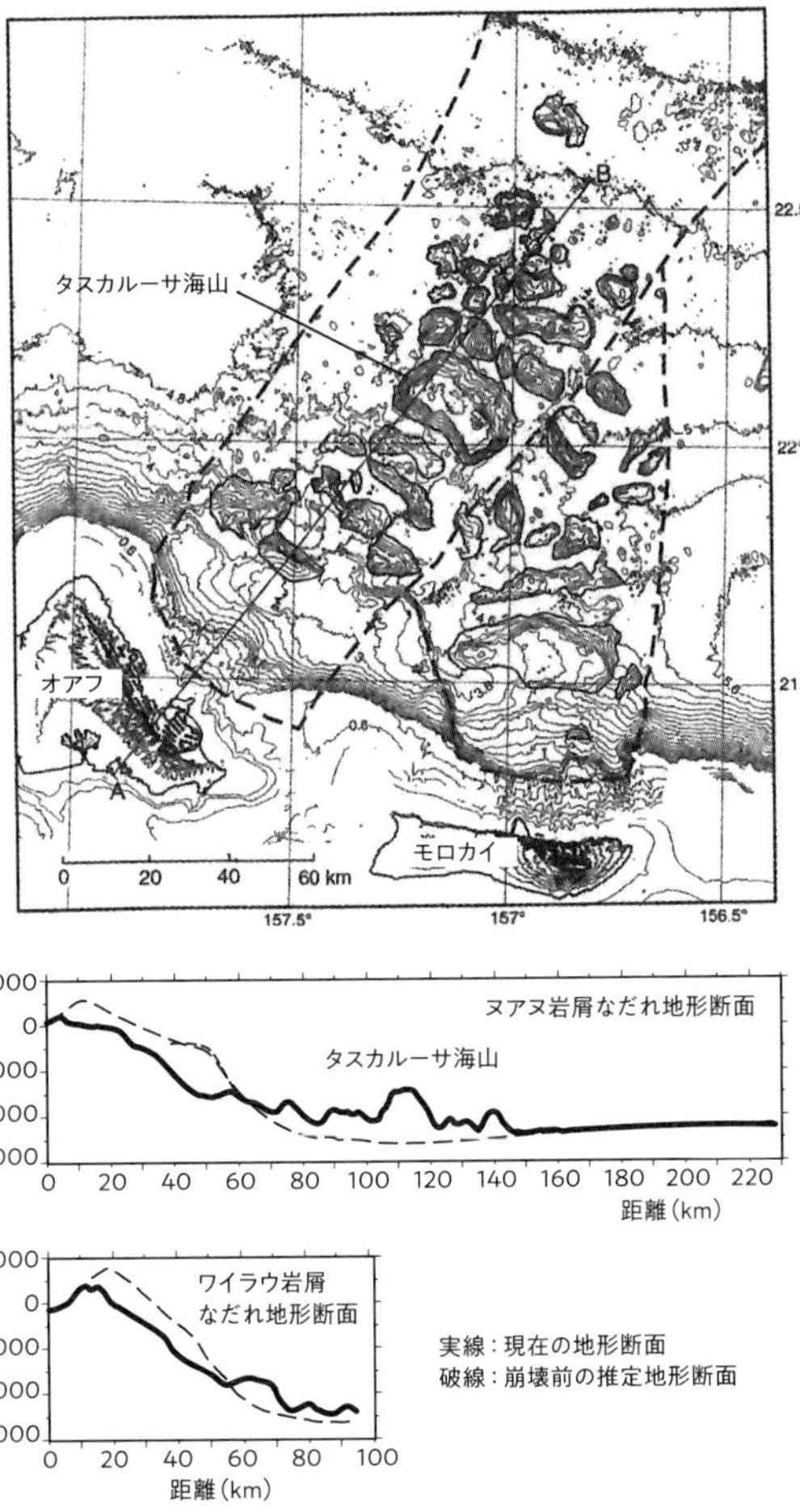

図6•50
オアフ島•モロカイ島沖の岩屑なだれ堆積物が作った流れ山地形。（Satake et al.（2002）を改変）

が確認されました（図6・50）。最大の流れ山であるタスカルーサ海山は大阪府とほぼ同じ面積で、周囲の海底からの比高は約1000mあります。陸上の岩屑なだれ堆積物のようにはばらばらに分解しないという特徴があります。

「しんかい6500」でタスカルーサ海山の西端の崖を潜航調査する機会を得ました。低速で浮上しながらの観察で露岩に亀裂が入っているのを見つけました（図6・51の赤矢印）が、ジグソークラックか否かは確定できませんでした。

図6・51
タスカルーサ海山の側方斜面に見られる亀裂。「しんかい6500」Dive 6K-511 水深3245mの画像に加筆。（海洋研究開発機構による）

6-7 岩屑なだれの発生は普遍的だが低頻度

岩屑なだれの発生年代測定

岩屑なだれは形成直後の火砕丘が崩れて発生したような特異なケースを除くと、火砕流や溶岩流のように高温ではありません。従って堆積物中に含まれている炭化木片を見つけて年代測定をしても、得られた年代値は岩屑なだれの発生年代ではなく、それ以前の古土壌に含まれる木片の年代なのです。

岩屑なだれは表土を削って取り込んでしまうことがあります。表土には植物由来の炭質物が含まれているのでその植物が枯死した年代を測定することが可能です。こうした試料を用いて得られた放射性炭素同位体年代よりも岩屑なだれは若いということがわかります。

日本のように四季があり湿潤な気候の下では樹木に成長に伴う年輪ができます。年々の天候は一様ではなく、寒くて樹木が育ちにくい年もあれば温暖で生育が良い年もあって年輪の幅は一様ではありません。多数の樹木試料の年輪幅を照合して年輪と生じた年代の特定ができます。

岩屑なだれ堆積物はその縁辺部で樹幹が集積していることがあります。鳥海山麓では大量に樹幹が集積しているのが見つかりました（図６・52）。掘り出して製材し、和風家屋の欄間に取り付ける銘木として販売する業者が現れました。この地点の埋もれ木を使った年輪年代測定が行なわれ、鳥海山北麓の岩屑なだれが紀元前４６６年に発生したことが突き止められました。

図6・52
鳥海山象潟岩屑なだれ堆積物から掘り出された埋もれ木。

岩屑なだれは普遍的に発生する

国土地理院が2万5000分の1地形図で全国をほぼカバーし終えた1980年代前半に地形図から火山山麓の流れ山地形を探してみました。その結果70か所を超える流れ山の分布候補地を抽出できました。その現場に出かけて露頭を探し岩屑なだれか否かの確認を行なうと、溶岩流とわかった一例を除いて全て岩屑なだれ堆積物であると判断できました。その結果から多くの成層火山や溶岩ドームでは、低頻度ながら普遍的に岩屑なだれを発生することがあるという結論が得られました。

この作業ではどの高さの火山が崩れて岩屑なだれとしてどこまで運ばれたか、つまり滑り落ちの落差Hと移動距離Lの情報が得られます。地形図から計測したデータを対数グラフ化してみました（図6・53）。岩屑なだれの規模の大小にかかわらず滑り落ちる際の動摩擦係数に相当するH／Lは0・2と0・06の範囲内に収まりました。

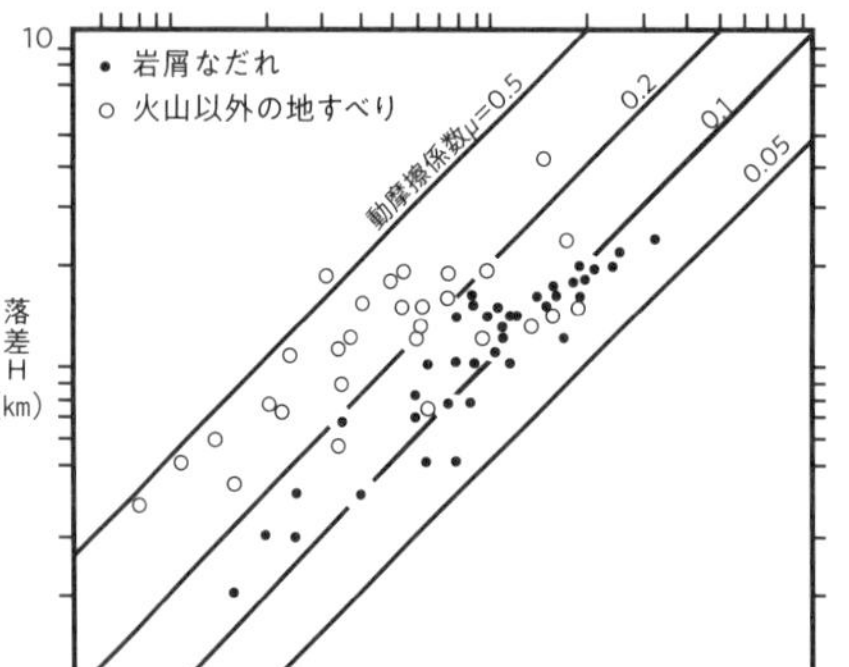

図6・53
岩屑なだれの落差と流走距離の関係。（Ui et al.（2000）を改変）

H／L比は火山で将来岩屑なだれが発生したらどこまで影響が及びそうかの推測材料になります。例えば将来富士山が南に向かって山体崩壊を起こしたら10分以内に駿河湾に突入して津波も誘発する可能性が大きいのです。

地震が引き金となった山体崩壊

雲仙岳では1792年の噴火で2月下旬から2か月かけて溶岩がゆっくりと山麓に向かって流れ下りました。溶岩流の前進が止まり、噴火が終息した後に雲仙岳付近の地下を震源とする地震の発生が繰り返されました。雲仙岳を挟む形で東西に伸びる活断層群がありその一つが活動したと推測されています。

5月21日に発生した推定M（マグニチュード）6・4の地震に伴って雲仙岳から東に離れた眉山溶岩ドームの一部が島原市街地に向かって崩れ落ちて岩屑なだれが発生しました。当時

図6・54
有明海に流れ込んだ雲仙眉山岩屑なだれ。

の島原市街地の南部を襲い、有明海に流れ込んで津波を誘発しました（図6・54）。約1万5000名の犠牲者が発生した日本の火山史上最悪の災害でした。

887年の仁和南海地震の際には八ヶ岳連峰北部が崩壊して大月川岩屑なだれを誘発しました。尾根を乗り越えた事例として紹介した1984年の長野県西部地震に伴う伝上崩れも含め、これらの堆積物の露頭の特徴は火山噴火が引き起こした岩屑なだれと同じです。

地震に伴う山体崩壊は火山以外でも発生します。発生源に生じた急崖や谷間を埋めてしまった地すべり堆積物の起伏ある表面地形と堆積物中の巨礫に生じる亀裂は火山の岩屑なだれと類似しています。1959年8月17日に米国モンタナ州南西部でM7・2の地震が発生しました。図6・55はこの時発生したヘブゲン湖岩屑なだれの小さな流れ山を構成する岩塊相の近接画像です。スケールの左側にジグソークラックが見えています。

1586年1月18日に発生したM7・8の天正地震により現在の岐阜県白川村保木脇で山体崩壊（図6・56）が発生しました。帰雲城が地すべりに襲われて崩壊し、城主を含む大勢が圧死したとの記録が残っています。

図6•55
地震により誘発された米国モンタナ州ヘブゲン湖岩屑なだれ堆積物の岩塊相。

図6•56
1586年天正地震による岐阜県白川村の崩壊跡。

COLUMN 6

セントヘレンズ国立火山モニュメント

セントヘレンズ火山の１９８０年噴火の際には岩屑なだれが発生したために地形が大きく変わり、生態系は壊滅的な被害を受けました。米国政府の国有林を管理する農商務省は、被災地の中にあった林業会社の社有地と国有林との土地交換を行なって、セントヘレンズ火山とその周辺の岩屑なだれ発生の影響を被った地域を保全する国立火山モニュメントを創設しました。モニュメント内の展示施設を訪れ、トレイルを歩くと生態系が自然のままで回復していく状況を学ぶことができます。

日本からここに出かけるにはシアトル行きの国際線を利用するのがよいでしょう。シアトル・タコマ国際空港に到着したらレンタカーを借りて市街地をわずかに走るだけで高速道路インターステート５号線に入ります。１７０㎞南の出口49を出ると東側にモーテル・レストラン・ガソリンスタンドが集結した区画があります。また西側の森の先には人口２０００人余りのキャッスルロックの市街地があります。

図6･57　ビジターセンター。

キャッスルロックから東に向かう州道504号沿いの主な展示施設とトレイルを紹介しましょう。道路沿いの5マイル（8km標識を過ぎて右手に入ると、ワシントン州政府が運営するビジターセンター（図6・57）があり、セントヘレンズ火山の噴火史や1980年噴火について学ぶことができます。沼を巡るトレイルが付設されています。

33マイル標識を過ぎた地点の右手には林業会社の展示施設があります。45マイルの地点で左に入ると短いトレイルがあり、岩屑なだれにより生じた堰止湖コールドウォーター湖に行くことができます。

州道に戻り橋を渡ると右手に駐車場があります。ここは1周3・5kmの流れ山の地形と堆積物、そして回復した森林の中を一周するトレイルの入り口です（図6・58）。

州道を更に進み海抜2600フィート（790m）標識の地点には左手に小さな駐車場があります。ここからトレイル230Aを登っていくと、約3kmで岩屑なだれに伴うブラストにより被災した林業会社の機材があ

図6・58　流れ山を巡るトレイル。

る場所に着きます。

州道に戻って52マイル標識を過ぎた地点が州道504号の終点でジョンストンリッジ観測所の広い駐車場に到着します。ここは米国地質調査所の観測施設の名称で呼ばれていますが、国立火山モニュメントが運営する展示施設がありま す。正面にセントヘレンズ火山を望むことができます（図6・59）。

ここは更に奥に進むトレイルの起点になっています。尾根筋を東に向かって岩屑なだれが乗り上げた区間のトレイル1を経て、トレイル207を下ると岩屑なだれと火砕流に埋められたトートル川の谷底に行くことができます。

東側からのアクセス道路はキャッスルロックから高速道路、州道、林道を経由しないとたどり着けません。林道に沿って解説看板がある駐車スペースがあり、岩屑なだれに伴うブラストによる森林の被災状況などをキャスルロックからの1日行程で見ることができます。豪雪地帯を通る林道のため、崖崩れなどの復旧に日時を要して閉鎖が続くことがあり、行く前に火山モニュメントのホームページで確認した方がよいでしょう。

図6•59　ジョンストンリッジ観測所の入り口広場から山頂部を望む人々。

第７章

マグマと水のせめぎあい

伊豆諸島から南のマリアナ諸島に向かって火山島が点々と連なっています。海面下にも火山があります。例えば西之島付近の海底で2013年に始まった噴火は新たな火山島を誕生させました。福徳岡ノ場では2021年に発生した海底噴火で大量の軽石が海面を漂い、海流に流されて太平洋沿岸の各地に漂着しました。このような海底火山の噴火はこれまで紹介してきたような陸上の火山の噴火や噴出物とは異なる様相を見せます。この章では何が違うのか画像で解説します。

日本列島は降雨の多い気候の下にあり、寒冷地では火山体に積雪があります。地下水が豊富な環境での噴火、そして降雨が噴出物に与える影響などもこの章で探ってみます。

7-1 枕状溶岩

枕状溶岩とは欧米の研究者が枕を連想してつけた溶岩の形態の和訳です。古い文献を読むと日本では俵状溶岩という名称を使っていたようです。

図7・1は枕状溶岩の断面が見える海蝕崖の画像です。海底で噴出したため白い堆積層の中に枕状溶岩が入り込んでいます。円形の断面を持っている岩が目立ちますが、赤矢印の部分ではくびれた瓢簞《ひょうたん》のような形をして垂れ下がったり、くぼみを埋めたりしていることが読み取れます。低い方へと流れたためにできた形態でしょう。枕の表面の形がよく保存されている図7・2の露頭からは、表面が丸みを帯びていることや、ひび割れが生じていることがわかります。丸みを帯びているのは表面張力が働いているからです。

地下にある地層を調べるためにボーリング調査を行なって試料を採取することがあり

ます。採取した試料はコアと呼び円筒形をしています。中部大西洋で約1億年前の海洋地殻を目指したボーリング調査が行なわれました。ボーリング地点の現在の水深は約5500m、厚さ200mの堆積物を貫いて玄武岩層に達しました。図7・3は玄武岩層の表面から約12m掘り進んだ部分の枕状溶岩の縦断面（IPOD-DSDP Leg 51 Site417D 28-3、82-88㎝）です。画面の上が上方になります。Aは枕状溶岩の表面を含むコアの縦断面の接写画像です。表面の厚さ2㎜程度の部分は黒みを帯びた、上に凸の曲面になっています。BはAの赤枠内の部分の薄片を顕微鏡で観察した画像です。枕状溶岩の表面に

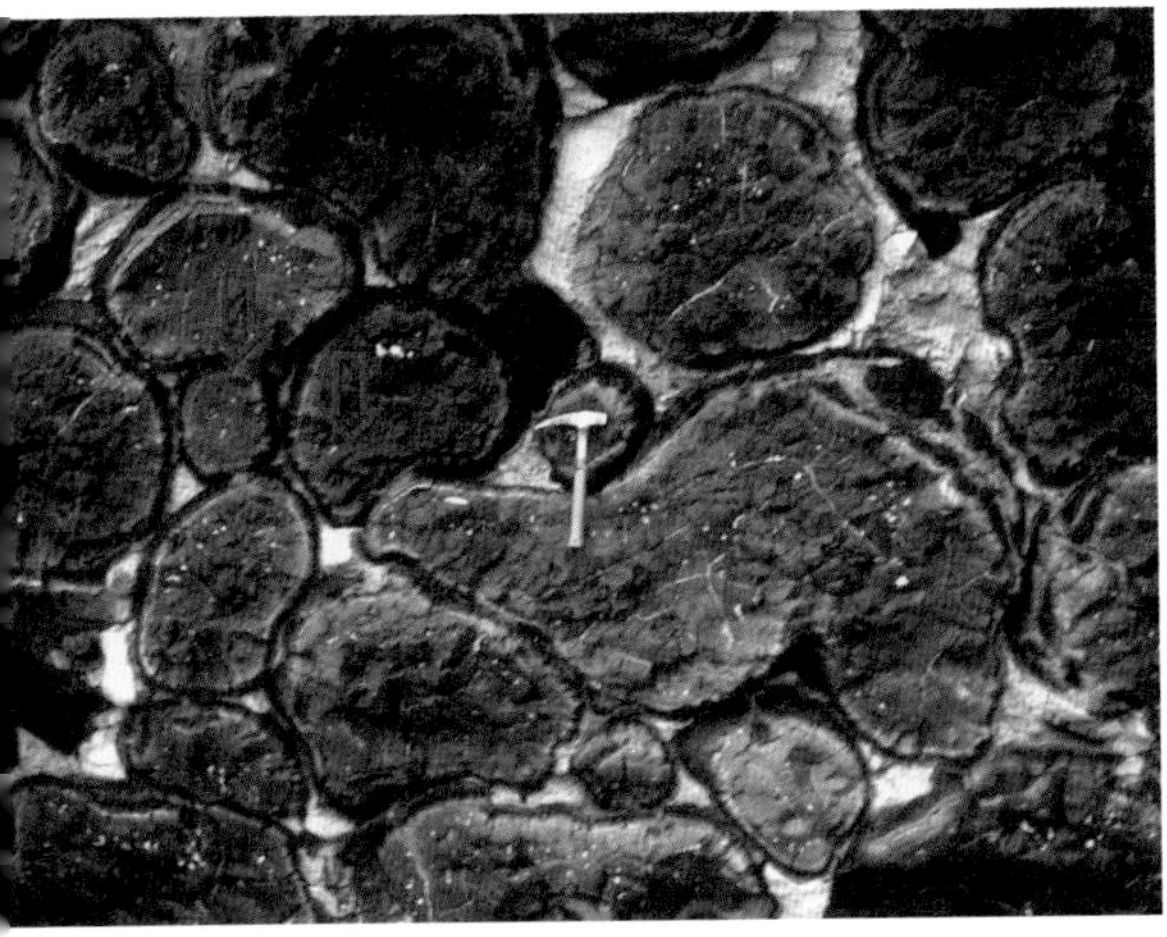

図7・1
典型的な枕状溶岩の断面。ニュージーランド南島オアマル海岸。

図7・2
枕状溶岩の外形がわかる露頭。アイスランドのレイキャビック東方約40km。

あたる画面の右半分は急冷した火山ガラスでできていることがわかります。細く黒い筋は急冷に伴って生じた亀裂の痕跡です。枕状溶岩の内部は冷却速度が遅いため石基鉱物ができていましたが、変質して黒く写っています。石基鉱物とはマグマが噴出した後の冷却時に晶出する細粒の鉱物のことです。

海底で玄武岩マグマが噴出したときに海水で急冷されて厚さ2㎜位の火山ガラスができたこと、そしてガラスに覆われた玄武岩マグマは表面張力が働いて直径数十㎝の球形に近い形態をとったことがわかります。枕状溶岩に気泡が見られないのは、水深10mごとに1気圧加わる水圧のためにマグマが噴出しても脱ガスによる発泡が起こらないためです。

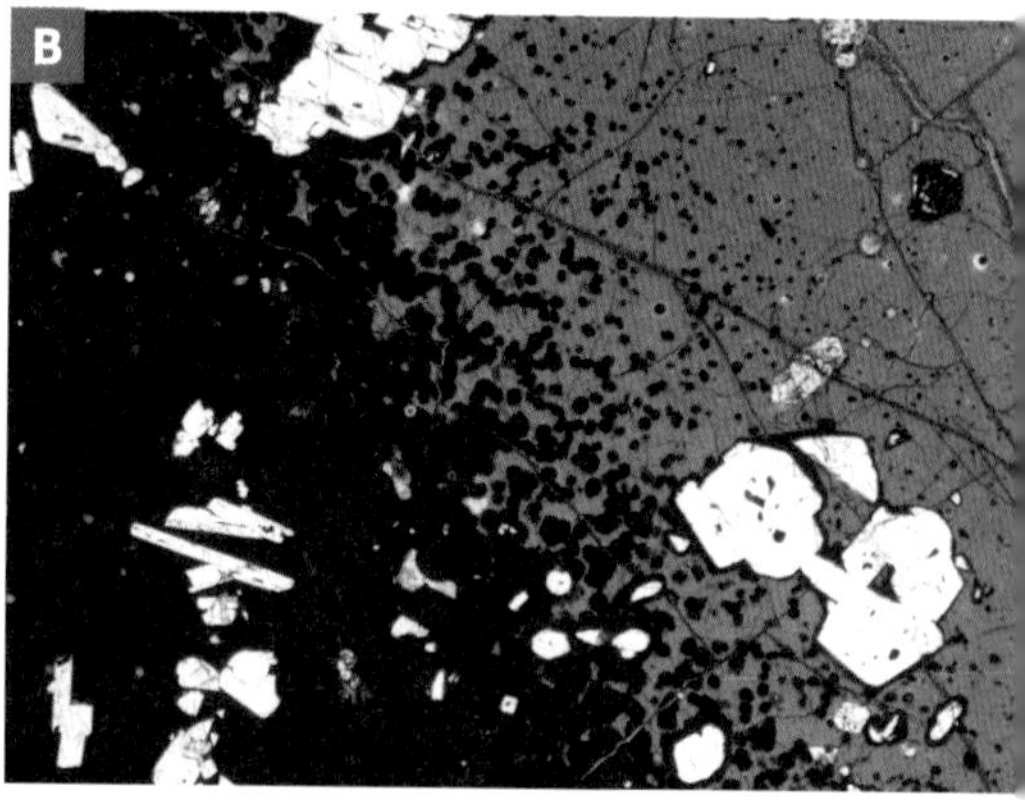

図7・3
中部大西洋で回収されたボーリングコア試料の切断面(A)とAの赤枠内の薄片画像(B)。

海嶺の中央部には**中軸谷**と呼ばれる谷地形があり、ここでは玄武岩マグマの火山活動が繰り返されています。大西洋中央海嶺での潜水艇を使った探査の報告で2種類の溶岩流が確認されました。枕状溶岩が積み重なった丘と低地に流れ広がったシート状溶岩です（図7・4）。マグマの噴出率が大きいと、勢いよく流れ広がって急速に低地を埋めてしまい、シート状溶岩となります。噴出率が小さいときにはチューブ状の形態を持った枕状溶岩が積み重なった丘ができます。枕状溶岩の先端部が破れては新たな枕を作りながら枕状溶岩が成長します（図7・5）。

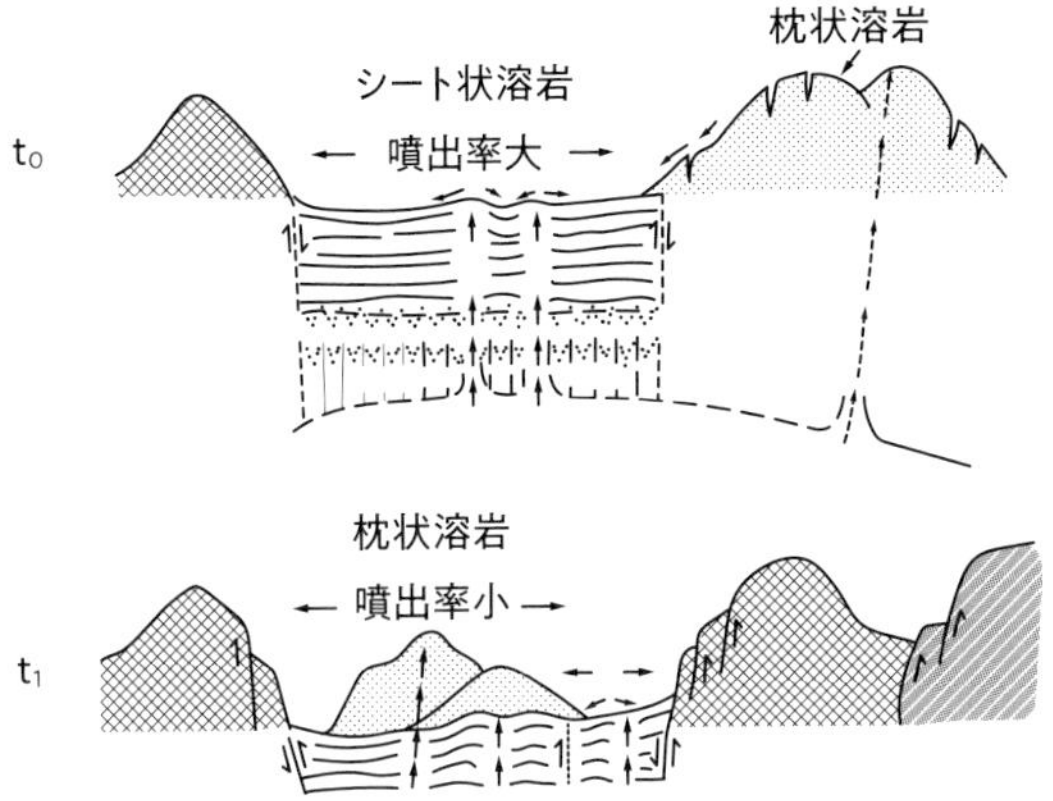

図7・4
ガラパゴス海嶺中軸谷で観察された枕状溶岩とシート状溶岩の関係。（van Andel and Ballard (1979) を改変）

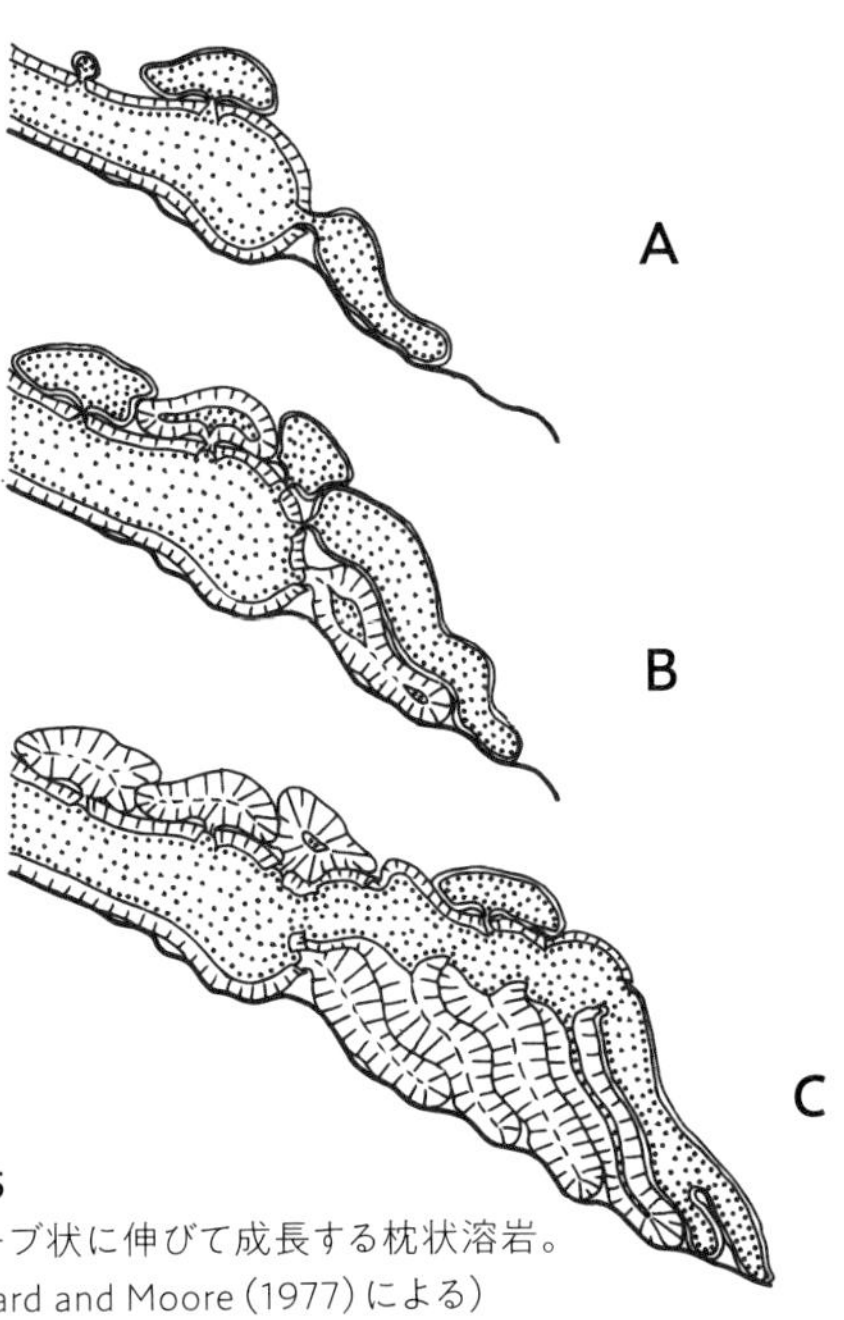

図7・5
チューブ状に伸びて成長する枕状溶岩。
（Ballard and Moore (1977) による）

7-2 水冷破砕溶岩

海底など水に覆われた比較的浅い環境で安山岩やデイサイトマグマの噴火が起こると、水による冷却のため陸上の溶岩流とは全く異なる形態の溶岩になります。これを**水冷破砕溶岩**といいます。

図7・6には2通りのケースが描かれています。図7・7から図7・12までの岩相が図7・6のどの部分に当たるのかを赤文字の図版番号で加筆してあります。

図7・6の左側の岩体は、水底に安山岩マグマが噴出して急冷されて割れた溶岩が生じ、周囲に向かって崩れて積もったケースを示しています。

図7・7は安山岩マグマを供給した火道を埋めていた岩体の急冷縁の断面です。急冷したことを示唆する割れ目が多数入っています。

図7・8では岩石ハンマーを置いた部分は細粒で、その上下には最大直径40㎝位までの岩塊が集まりその間を細粒粒子が埋めています。溶岩が破砕して周囲に崩れ落ちることを繰り返し

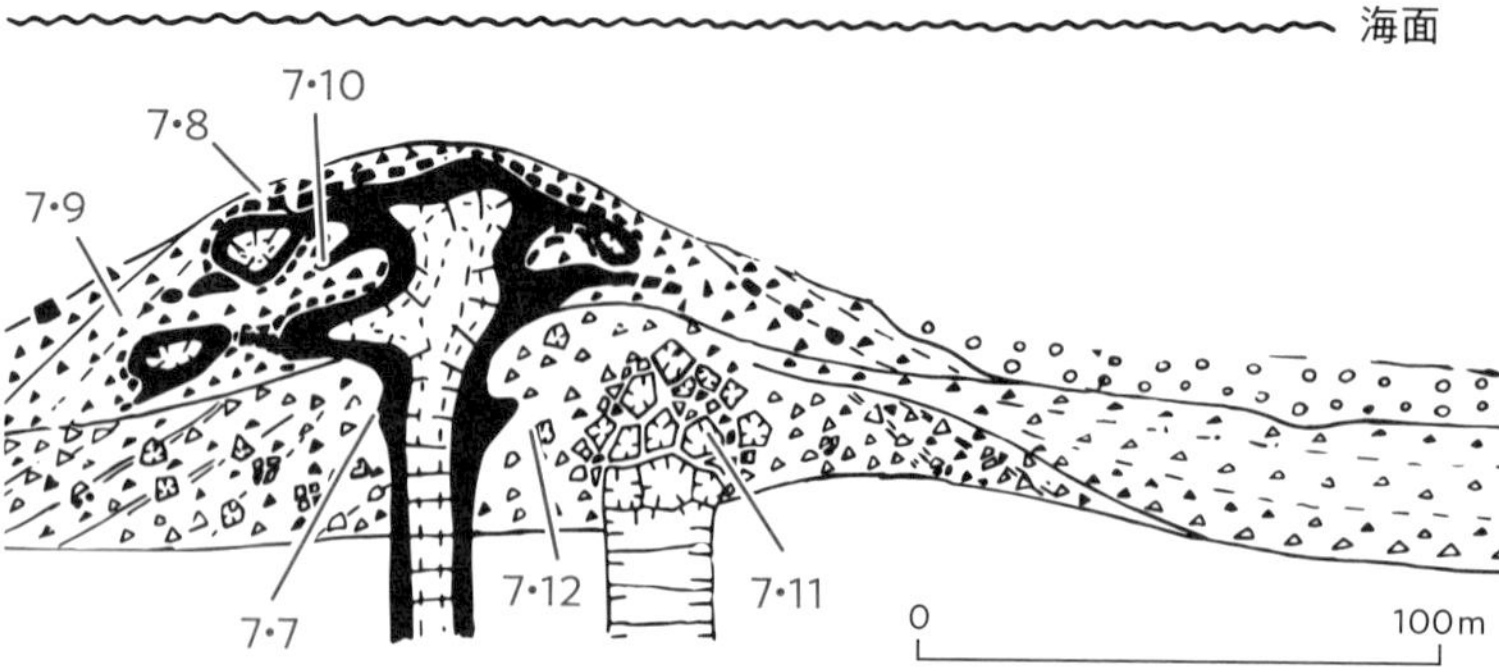

図7•6
水冷破砕溶岩生成の模式図。（山岸(1994)を改変）

たと思われます。

図7・9は図7・8の範囲から少し外れた場所にある岩塊の近接画像です。この画面の横幅は約1mです。岩塊の表面から内部に向かって急冷節理ができていることがわかります。

図7・6の画面右側には火道を上昇してきたデイサイトないし流紋岩のマグマが、含水量の多い堆積物の中に留まり破砕するケースが描かれています。図7・11は水冷破砕したデイサイト溶岩の画像です。赤矢印の部分では破砕した岩塊の間に細粒物を殆ど挟

図7・7
堆積物を貫く火道を埋めた溶岩の急冷縁。京都府京丹後市中浜。

図7・8
水中溶岩流が崩れて積もった岩相。京都府伊根町新井《にい》。

まずに割れただけで、岩塊同士の位置が殆ど変わっていません。青矢印の部分では破砕した岩塊が丸みを帯びていて間に細粒物が挟まっています。こうした状況から貫入してきた岩体から剥がれた溶岩は少し移動した程度かと思われます。

図7・12では海水に接触して急冷したため細かなひび割れが入った状況が観察できます。岩塊はやや丸みを帯びていて、岩塊の間に細粒物があります。

図7·9
図7·8の近傍には表面に急冷に伴う節理を持つ岩塊がある。

図7·10
堆積物中に枝を出して侵入した溶岩。京都府京丹後市中浜。

図 7•11
破砕した流紋岩。秋田県小坂町。

図 7•12
表面に細かな冷却節理が入った流紋岩の岩塊。京都府伊根町。

7-3 入水溶岩

図7・13
ハワイ州土地・天然資源局が設置した入水溶岩展望施設。
2008年4月8日撮影。

ハワイ島のキラウエア火山では溶岩の流出が活発化した時期にパホイホイ溶岩が海岸まで達し海に流れ込むことがあります。パホイホイ溶岩の表面が固化して断熱材となり、内部で溶岩が冷やされずに流れて行きます。積み重なった溶岩流の先端部は波浪により浸食されます。その結果海蝕崖に溶岩トンネルの断面が出現し、そこから赤熱状態の溶岩が滝のように直接海に流れ落ちるのです。

国立公園外のアクセスが容易な場所から溶岩流が海に流れ込んでいた時期に、ハワイ州土地・天然資源局は駐車場を設け、人々を安全な場所に誘導するロープを張って見物客に対応していました（図7・13）。上空からはヘリコプターで（図7・14）、海上からは観光船で入水溶岩を観察していました。

図7・14
入水溶岩から立ち上る水蒸気。2008年4月9日上空より撮影。

7-4
水中火砕流

デイサイトないし流紋岩のマグマの噴火は海底の火山体にかかっている水圧次第で噴火の様子が異なります。浅い海底での噴火が起こると、陸上での噴火と同様にマグマが激しく発泡して爆発的な噴火を引き起こして火砕流や火砕サージを発生することがあります。

伊豆諸島の新島は隣接する式根島や地内島と共に単成火山群を作っています。最新の噴火により生じた向山溶岩ドームにはそれに先行する火砕流堆積物があります。羽伏浦海岸の海蝕崖に露出する火砕流堆積物は波打った薄いフローユニットが繰り返し堆積していること（図7・15）、表面に急冷したことを示唆する細かな亀裂が認められる軽石を含むこと（図7・16）などの特徴が認められます。これらの証拠から海水の影響を受けたマグマ水蒸気噴火で発生した火砕流堆積物であると判断できます。

図7・17は秋田県男鹿半島の海岸に露出している2000万－2800万年前の水中火砕流堆積物です。少量含まれている白い岩片がこの噴火の際に噴出したマグマが急冷されたものです。沢山含まれている黒い岩片は噴火の際に火道にあった岩盤が壊されてマグマと一緒に噴出したものです。これらの岩片の間にあるのは粒が粗い火山灰です。発泡した軽石や火山灰は見当たりません。海面に浮き上がって流されてしまったと思われます。

2021年8月に噴火が発生した福徳岡ノ場は山頂部の水深が40m未満でした。軽石が海面に浮き上がり海流に乗って遠方に拡散して太平洋沿岸各地の海岸に漂着しました。火山体周辺の海底には図7・17のような水中火砕流が堆積したと思われます。

図7•15
伊豆諸島の新島羽伏浦海岸に露出する火砕流堆積物。画面中央下部のスケールは長さ2m。

図7•16
羽伏浦海岸に露出する火砕流堆積物中に含まれる細かく亀裂が入った軽石。

図7•17
水中火砕流堆積物。秋田県男鹿市船川港双六。

関東地方などで石垣をはじめとする石材として使われている大谷石（図7・18）は700万－1600万年前の海底火山活動の際に生じた**グリーンタフ**と呼ばれる水中火砕流堆積物を採掘したものです。大気に触れずに地中にあったものを切り出した新鮮な状態では噴出時には軽石であった緑色の岩片が含まれています。軽石が緑色になっているのは海底火山活動に伴って湧出した熱水により、軽石に含まれる火山ガラスが変質して緑泥石などの鉱物ができたためです。大谷石は風雨にさらされて風化すると白ないし薄い茶色になってしまいます。図7・18のくぼみは元軽石であった部分です。

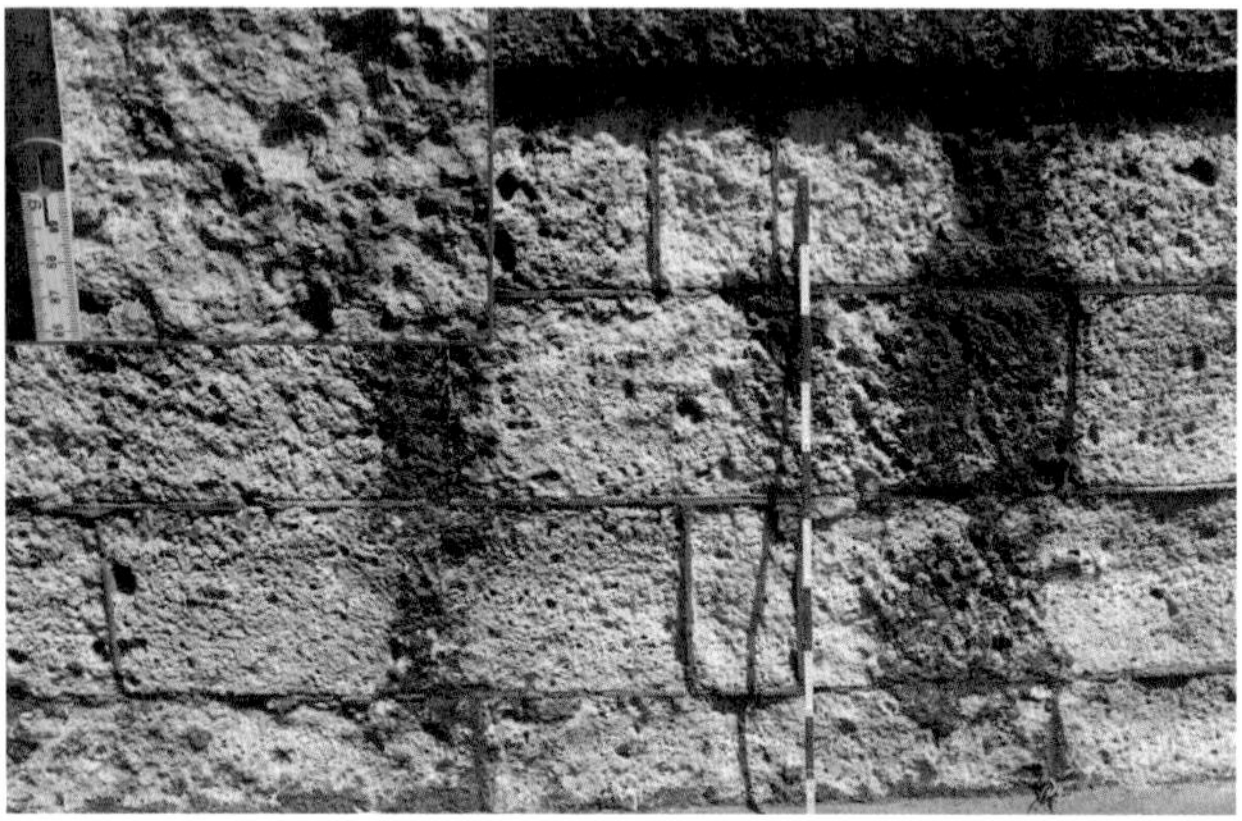

図7・18
石垣に使われている大谷石。東京都板橋区。

7-5 マール・タフリング・タフコーン

上昇してきたマグマが地下で水と接触すると爆発を繰り返し、急冷されたマグマの破片を含む噴煙が周囲にまき散らされます。高温で溶けた金属と水との接触実験の結果から、最も激しく爆発を起こすのは、接触する高温のマグマと水の質量比が0・3程度のときと推測されています。

マグマと水が接触したためでき上がる火山体がマール、タフリング、タフコーンです（図7・19）。

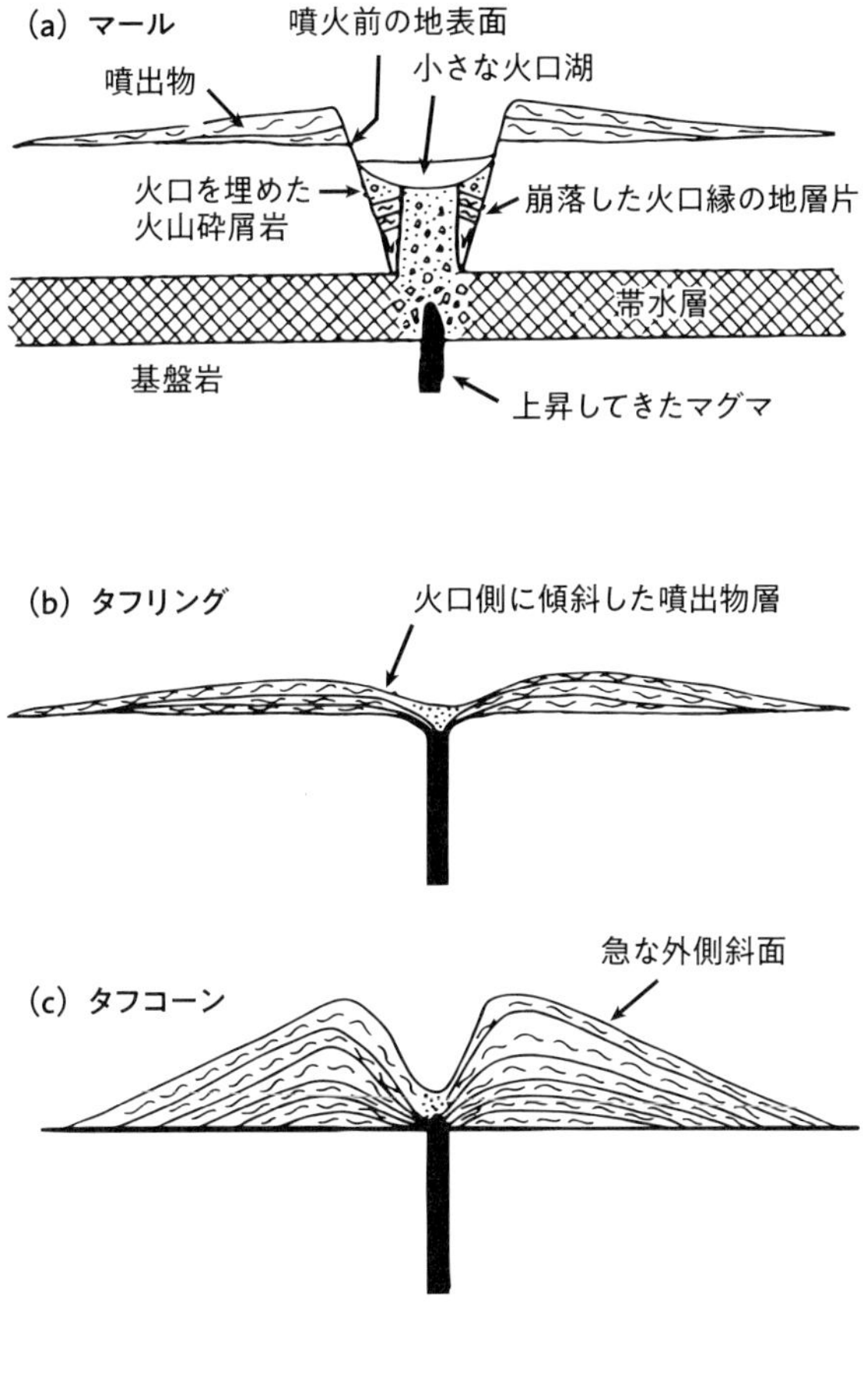

図7･19
マール･タフリング･タフコーンの違いを示す模式断面図。
（Cas and Wright（1987）を改変）

図7·20　米国オレゴン州ホールインザグラウンドマール。

マールは火口のサイズが大きい割に積もった噴出物の高さが低く、火山体の下積みとなっている地層が火口壁に露出しています（図7・20）。日本では秋田県の目潟、伊豆大島の波浮港などがマールとして知られています。

タフリングはマールよりは爆発力が弱く、火口内部に基盤の地層は見えていません。

タフコーン（図7・21）は更に爆発力が弱く、湿った噴煙を繰り返し吹き上げては火口の周りに噴出物が積もります。その結果、火山体の高さがタフリングよりは高くなります。山腹斜面は溝状に浸食が進みやすいのが特徴です。

図7·21
ココクレータータフコーン。ハワイ州オアフ島。

ベースサージ

ベースサージと呼ばれる噴火現象が火山研究者の間で最初に認知されたのは、1965年に起こったにフィリピンのルソン島中部のタール湖中にあるタール火山の噴火でした。浅い湖底で発生した噴火で噴煙が激しく上昇してから崩れ落ち、湖面と地上

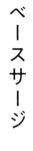

を砂嵐が吹き広がるベースサージ（図7・22A）が短時間の間に繰り返し発生しました。ベースサージの語源はタール噴火の噴煙が1946年にビキニ環礁の水面下90mで行なわれた核実験の際にキノコ雲の下で海面上に広がったベースサージ（図7・22B）に似ていたことによっています。現在ではマールやタフリングと呼ばれる火山体の周囲にはベースサージ堆積物が分布することが明らかになっています。

図7•22
1965年タール火山の噴煙（A）とベースサージという用語の源となったビキニ環礁での水中核実験映像（B）。（Fisher et al.（1997）による）

ワイキキビーチから見えるダイヤモンドヘッド

ハワイ州オアフ島のワイキキビーチに行くと市街地の東方にダイヤモンドヘッドと呼ばれている浸食の進んだ丘が見えます（図7・23）。

この丘は約40万－50万年前の噴火で生じたタフコーンです。火口の内部にある駐車場から頂上に向かうトレイルがあります。火山礫や火山岩塊を含む粗粒な部分（図7・24）から細粒で地層の縞模様が顕著な堆積物（図7・25）まで岩相の変化が確認できます。

図7・23
オアフ島ダイヤモンドヘッド。

図7・24
ダイヤモンドヘッドの噴出物、粗粒な部分には玄武岩の破片のほかにサンゴ礁の破片も含まれる。

図7・25
細粒の降下物が繰り返し堆積したため縞模様が顕著な露頭。

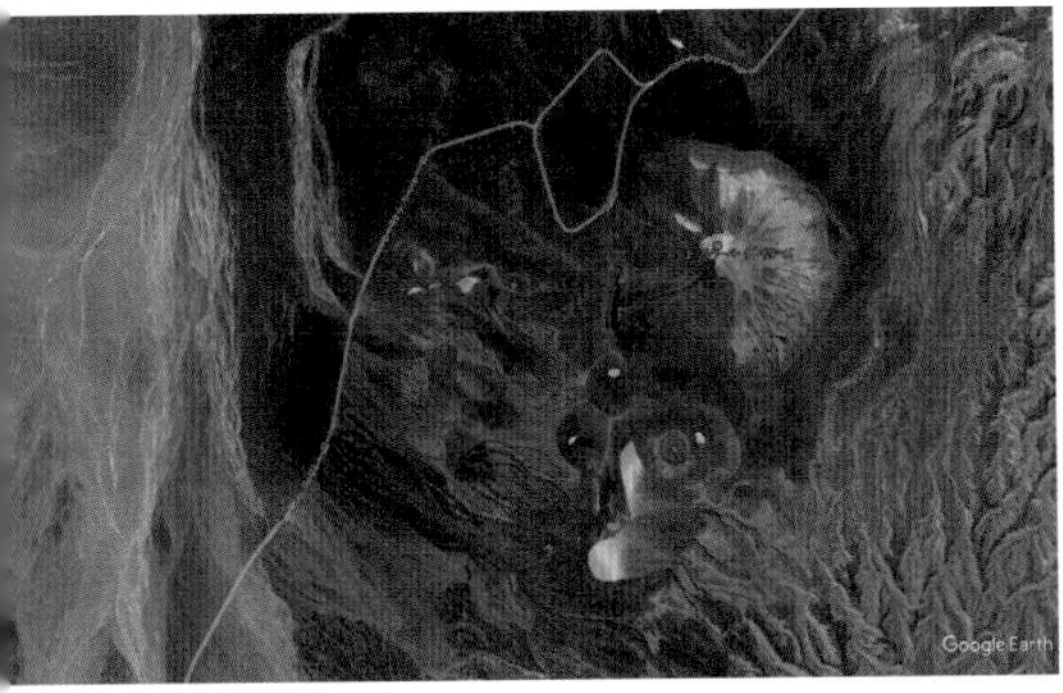

図7･26
ユビヒーブ火口。（Google Earth画像による）
（37° 00'34"N, 117° 27'03"W）

図7･27
ユビヒーブ火口の西北西縁から見た全景。

デスバレー国立公園のユビヒーブ火口

米国カリフォルニア州東部で南北に広がる雄大なデスバレー国立公園の最北端付近にマールとタフリングが密集する火山群があります（図7・26）。約2100年前に地下から上昇してきたマグマが地下水に接触して激しい爆発が起こりました。その結果狭い範囲に多くの火口を生じました。ユビヒーブ火口（図7・27）はその中で最大で最後にできたマールです。火口の直径は約800m、深さは約200mあります。ベースサージ堆積物は火口の縁で最も厚く約50mあります。

図7・28
ユビヒーブ火口起源のベースサージ堆積物。

図7・28はトレイル沿いの崖で見られるベースサージ堆積物です。赤矢印の層からはベースサージが画面の左から右に向かって表層を削って画面の右手で堆積したことがわかります。なお、インターネットで見られる日本人旅行者の旅日記やグーグルアースでの地名表記では、この火口の名称がウベへべ火口になっています。ローマ字読みでは現地で通じません。米国人はユビヒーブあるいはユビヒービーと発音しています。

火山豆石

ニュージーランド北島のオークランドは単成火山群の中に立地している大都市です。

単成火山群のうちスリーキングスは溶岩流を伴うタフリングとして記載されていますが、採石と宅地化に飲み込まれて火山地形を確かめることは不可能です。但し、山体東側のリバプール通り沿いで、良好なベースサージと降下火山灰層が多数繰り返されたことがわかる露頭があります（図7・29）。露頭に接近して観察すると**火山豆石**を含む火山灰層が見つかります（図7・30）。上空に湿った大量の火山灰が吹き上げられると、互いに接着して火山灰の塊である火山豆石ができてしまいます。特に上昇気流が激しいとき、雨雲を作る水滴があるときには火山豆石が大きくなりやすいようです。

図 7•29
スリーキングス火山からのベースサージ堆積物。ベースサージの発生源は画面の左側。

図 7•30
火山豆石を含む層がある。

7-6 火山泥流

陸上の火山で火山噴出物や火山体の一部が水に流されてしまう現象を**火山泥流**といいます。火山泥流は土木や治水の分野で使う土石流の中に含まれています。火山泥流の発生原因や発生のタイミングは多様です。代表的な4つのケースを紹介しましょう。

降雨型火山泥流

降雨型火山泥流は噴火に伴う噴出物が堆積してから大量の降雨があると発生します。1991－95年の雲仙普賢岳の噴火では、梅雨時や台風シーズンになると山腹に堆積した火砕流堆積物が雨水と共に流されて、山麓の河床を埋め尽くして氾濫し（図7・31赤矢印）、周囲の田畑や集落を埋めてしまいました。河川の上流部には火山泥流によって浸食された崖ができており、火砕流堆積物と火山泥流堆積物が互いに重なっています。

火山泥流堆積物を火砕流堆積物と識別する決め手は岩塊の並び方や上下方向での粒径の変化、そして岩塊の間を埋める細粒物の粒径と形です。火山泥流は河川の上流部や中流部に大きな岩塊や火山礫、更に粒の粗い火山灰などを置き去りにして、細かな火山灰粒子は下流部に流してしまいます。

図7・32は火山泥流堆積物中の細粒粒子の実体顕微鏡画像です。角が摩耗された粒子が多いのが特徴です。火山泥流として流される過程で粒子同士がこすれあって次第に摩耗したのでしょう。

図7・33は高さ5m位の火山泥流堆積物の特徴がよく見える崖の画像です。画面の下半分では粒径が上方に向かって大きくなる傾向が見えており、一気に堆積した火山泥流

です。赤矢印の細粒の部分にはかすかな縞模様が見えており、火山泥流が堆積した後に平常時の河川の水流で運ばれた堆積物ではないかと思います。その上には再び粒径が上方に向かって大きくなる火山泥流堆積物が積もっています。

図5・51、図5・52、図5・53で紹介した火砕流堆積物と、それを母材として発生した図7・31、図7・32、図7・33の火山泥流堆積物は、河川沿いの典型的な露頭でははっきり識別できます。しかし、火砕流の発生を繰り返しながら降雨期には火山泥流の発生を繰り返したため、火砕流堆積物と火山泥流堆積物が入り乱れて重なり合っており、いずれなのかの判断が難しいことがあります。

図7・31
雲仙普賢岳で発生した火山泥流
1991年7月13日上空より撮影。

図7・32
火山泥流堆積物中の細粒粒子の実体顕微鏡画像。

図7・33
2回分の火山泥流堆積物が見られる露頭。

融雪型火山泥流

積雪がある火山や氷河に覆われた火山で噴火が始まり、火砕流や降下物など高温の火山噴出物が雪や氷河を溶かすと水が流れ始めて噴出物を巻き込んで火山泥流が発生します。

山頂部が氷河に覆われている南米コロンビアのネバドデルルイス火山では1985年9月に小規模な水蒸気噴火が発生しました。11月13日の噴火で夜間に小規模な火砕流が発生し、山頂部を覆う氷河と雪の一部を溶かしました。**融雪型火山泥流**が発生して山麓の扇状地にあるアルメロの市街地で氾濫し、大きな泥流災害を引き起こしました（図7・34）（8－1参照）。

国内では十勝岳の1926年5月24日噴火の際に融雪型火山泥流が発生して山麓の開拓地を襲い、144名の犠牲者を出しました。十勝岳に限らず冬季に冠雪する火山は要注意です。

図7・34
アルメロ市街地に氾濫した融雪型火山泥流。1985年11月20日撮影。

火口湖決壊型火山泥流

山頂火口に湖水がある火山で噴火が起こり、火口壁の一部が崩れてしまうと湖水が流出して火山泥流が発生することがあります。ニュージーランドの北島にあるルアペフ火山は1945年の噴火以降1953年までの間に火口湖（図7・35）の水位が8m上昇していました。1953年12月24日の20時頃に噴火が始まり、山頂火口の南東部が崩れて34万立方メートルの湖水が南東に向かって流れるファンガエフ川に流れ込みました。山麓に達した火山泥流はタンギワイ集落付近で国鉄の橋脚を流し、橋の半分が流失してしまいました（8－1参照）。

国内では蔵王山、草津白根山、霧島山などに火口湖があり、噴火開始時に火口湖決壊型の火山泥流が発生する可能性があります。

図7・35
ルアペフ火山山頂部の火口湖。2021年10月15日撮影の画像。
（Google Earthによる）（39° 16'56"S, 175° 33'53"E）

熱水流出型火山泥流

図7・36
湯気を上げて流下中の熱水流出型火山泥流。

有珠山は洞爺カルデラの南縁に成長中の活火山です。2000年にはカルデラ内の洞爺湖に近い山麓に新たにマグマが上昇して、多数の火口を作るマグマ水蒸気噴火が発生しました。そのため一部の新火口からは熱水が湧き出して噴出物と混ざって湯気を上げながら河川を流れ下り（図7・36）、市街地で氾濫しました（8－1参照）。

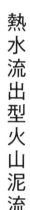

COLUMN 7

地層剝ぎ取り標本を作る

博物館などの展示施設で地層の標本を展示していることがあります（図7・37）。これはレプリカや蠟細工ではなく、野外の露頭から地層をまるごと剝ぎ取った標本です。その作り方を紹介しましょう。

剝ぎ取りが可能なのは最近100万年以内位に積もり固まっていない地層です。溶岩流のような硬い岩石でできた地層は剝ぎ取れません。

最初にねじり鎌を使って標本を作る範囲の露頭の風化した部分を削り取り、なるべく平らな面にします（図7・38）。

乾燥しているときは露頭面に水を噴霧して湿らせます。刷毛で剝ぎ取り用の樹脂（商品名トマックNS－10）を塗ります（図7・39）。そして補強用に寒冷紗という目が粗くて丈夫な日除け用の園芸用品を貼り付けます。更に樹脂を上塗りします。

数時間放置しておくと樹脂が水分と反応して硬くなるので上の方から丁寧に剝ぎ取ります（図7・40）。完全に乾燥するまで1日位屋外に放置しておきます。

図7・39
樹脂を露頭面に塗る。

図7・38
露頭面をねじり鎌で成型する。

図7・37
地層剝ぎ取り標本。（大阪市自然史博物館企画展示）

その後ホースを使って水洗いしながら充分に接着しなかった粒子を洗い流します（図7・41）。再び数日間放置して完全に乾燥させます。最後に地層剝ぎ取り標本の表面に透明ラッカーを繰り返し吹き付けると完成です。展示物として壁面に立てかけたりつるしたりするためには、標本の裏面をベニヤ板かスチロール板に接着して補強するとよいでしょう。

図7・40
樹脂が固まったら露頭の上部から剝ぎ取り始める。

図7・41
接着が不十分な粒子を水道水で洗い流す。

第 8 章

火山がもたらす災害と防災対策

火山の地形や火山噴出物の露頭からわかる火山の営みを前の章までに解説してきました。火山の噴火は災害を引き起こすことがあります。国内では最近30年余りの間に死傷者が出た噴火の事例としては、小規模な火砕流に巻き込まれた雲仙普賢岳の1991年と1993年の噴火、水蒸気噴火に伴う噴石の飛来に巻き込まれた2014年の御嶽山噴火と2018年の草津白根山噴火などがあります。火山の営みを理解できていれば、万一噴火に遭遇しても災害から逃れられる可能性があります。この章では火山の噴火が災害を起こした事例の紹介と火山災害対策について解説します。

8-1 噴火が引き起こした災害の事例

噴火した際に発生する噴石の飛来、降灰、溶岩流、火砕流・火砕サージ、火山泥流、地盤の変動、火山ガス、岩屑なだれなどで災害が起こります。

噴石の飛来

有珠山の2000年噴火の際には**噴石**が5階建ての公共住宅の屋根を直撃して突き破ってしまいました。図8・1は火口から約300mの場所にあり被災した5階の屋内です。飛来した噴石で天井に穴が開き、床に突き刺さりました。その近くの木造家屋も多数の噴石が飛来して屋根や壁が大破してしまいました（図8・2）。火口から約600mの地点に飛来した噴石は地面にめり込んでしまいました（図8・3）。三宅島の1983年噴火では火口のそばの小公園に多数の噴石が降り注ぎ、樹木は

図8・1
噴石がコンクリートの屋根を突き破った。有珠山2000年噴火。

図8・2
多数の噴石が飛来して屋根も壁も大破した木造家屋。有珠山2000年噴火。

図8・3
噴石が柔らかい地面にめり込んだ。有珠山2000年噴火。

図8・4
噴石が降り注いで幹と太い枝だけ残った森林。三宅島1983年噴火。

幹と太めの枝を残すだけになりました（図8・4）。周囲の地表には多数の噴石が散乱していました。

噴石は火道から上空に放出されます。そのため火山の山腹斜面に火口が開くと噴石は斜めに放出され、細長い範囲に飛来する傾向があります。距離が離れると噴石はまばらにしか飛来しません。そのため過去の噴出物層の中に埋まっている噴石を見つけて飛来するリスクがある範囲を判断するのは困難です。

噴石の直撃を受けると死傷事故が発生します。噴火が始まると同時に噴石が放出されることがあり、噴石の対策は厄介です。火口付近に居て噴火が始まったら直撃を回避するために岩陰や建物内に避難する行動を取りましょう。

噴石の飛来に伴う災害の発生はハザードマップでリスクがあると示された範囲内の全域には及びません。火口から離れると飛来する噴石が少なくなり被害の発生はまばらになるからです。

降灰

噴火により火口から上空に黒い噴煙が吹き上がると、風に流されて**火山灰**が風下に降ってきます。２０１１年の霧島山新燃岳の噴火では東方に火山灰が降りました。**降灰**中の道路では遠方の視界が不良となる中で、車は火山灰を巻き上げながら走っていました（図８・５）。農地では生育中の作物の上に火山灰が積もって収穫を断念せざるを得なくなりました（図８・６）。

火山灰が送電線の碍子《がいし》に付着したことにより、絶縁不良となり停電が発生することがあります。微細な火山灰粒子が空気中に漂うと、電子機器に侵入して電子基板に付着し誤動作を起こすこともあります。

火山灰にさらされただけでは命を落とすことはありません。しかし火山灰を吸い込むと急性の鼻炎や気管支炎を起こした症状になります。目に入ると角膜に擦り傷が付き結膜炎を引き起こします。これらを防止する対策として外出時にはゴーグルとマスクを着用することが有効です。

降り積もった火山灰層は雨が降ると固まってしまいます。木造家屋の屋根に10㎝以上火山灰が積もった状態で放置して雨が降ると、木造家屋の屋根が陥没するリスクが高まります。降灰が止んだら雨が降る前に除去した方がよいでしょう。

溶岩流

三宅島の1983年噴火の際には火口から流れ出た溶岩流が山麓の集落に達しまし

図8・5
降灰のため視界不良となった道路。新燃岳2011年噴火。（宮縁育夫撮影）

図8・6
降灰のため火山灰に覆われてしまった農地。新燃岳2011年噴火。（宮縁育夫撮影）

た。阿古小中学校の校舎の窓を突き破って溶岩流が侵入し内部の木造の部分を焼いてしまいました（図8・7）。

日本の火山で発生する溶岩流は殆どの場合動きが遅いので発生してからの避難が可能です。しかし建造物は移動できません。溶岩流に襲われると木造家屋は炎上してしまいます。

火砕流・火砕サージ

火砕流とそれに伴う火砕サージは大気を押しのけて高温・高速で流れ広がります。木造家屋はなぎ倒されてから引火して炎上してしまいます（図8・8）。火砕サージ到達の末端部付近になると倒壊や炎上を免れても高温にさらされたプラスチック製品が溶けたり変形したりという状況が見つかります（図8・9）。

マグマ水蒸気噴火に伴って100℃以下の低温で湿った火砕サージを発生することがあります。有珠山の2000年噴火の際には低温の火砕サージが木造2階建ての集合住宅前の空き地で発生し、建物はなぎ倒されてばらばらに分解してしまいました（図8・10）。火砕サージの襲来域では樹木の多くが損傷しました。樹木の枝葉は付着した火山灰の重みで脱落し、火砕サージの発生源に向いた樹幹には2か月経過しても火山灰が付着したままでした（図8・11）。

図8·7
溶岩流が校舎内に流れ込んだ、三宅島阿古小中学校。

火砕流・火砕サージは秒速20mを超える速さで山麓に流れ下り、面的に広がりながら大気と置き換わってしまいます。そのため火砕流が迫ってからの避難は間に合わず、窒息と火傷により死亡してしまいます。

図8・8
火砕サージにより倒壊し引火炎上した民家。島原市北上木場町。

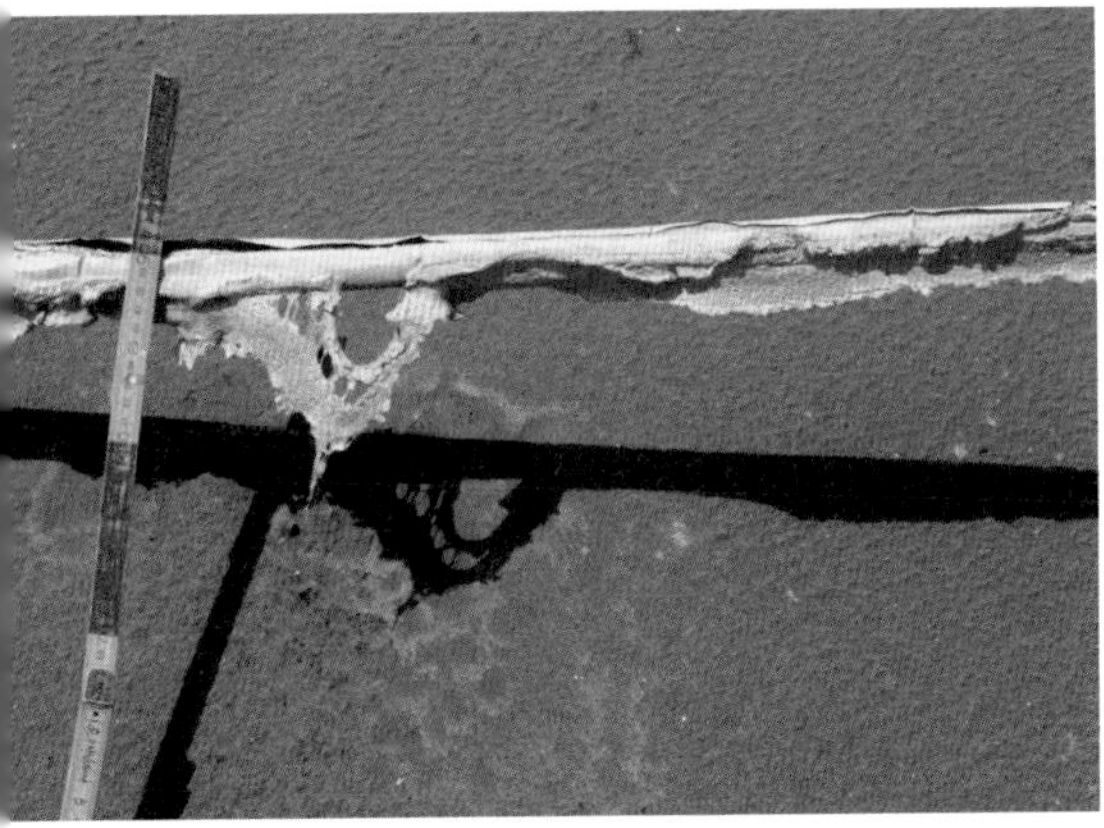

図8・9
火砕サージの影響によりプラスチックの被覆が溶けた電線。島原市北千本木町。

図8・11
低温の火砕サージで被災した街路樹。有珠山2000年噴火。

図8・10
火砕サージになぎ倒された木造の建物。有珠山2000年噴火。

火山泥流

7－6で解説したように**火山泥流**が発生する原因は多様です。噴火が長期化する中であるいは噴火終息後に、大雨により新しい火山噴出物が流されて発生する**降雨型火山泥流**はいずれの活火山でも生じる可能性があります。

1991－95年の雲仙普賢岳の噴火では梅雨時や台風シーズンになると、山腹に堆積した火砕流堆積物が雨水と共に流されて山麓の河床を埋め尽くして氾濫し（図7・31赤矢印）、周囲の田畑や集落に流れ込んでしまいました（図8・12）。

有珠山の2000年噴火では一部の新火口からは熱水が湧き出して噴出物と混ざって湯気を上げながら河川を流れ下り、河川にかかっていた橋梁を流し（図8・13）、氾濫して市街地の一部で建物が損傷しました（図8・14）。

山頂部が氷河に覆われている南米コロンビアのネバドデルルイス火山では1985年9月に小規模な水蒸気噴火が発生しました。11月13日の噴火で夜間に小規模な火砕流が発生し、山頂部を覆う氷河と積雪の一部を溶かしました。**融雪火山型泥流**が発生して、

図8・12
農地に氾濫した火山泥流。島原市。

図 8・13
火山泥流により流された国道の橋。有珠山2000年噴火。

図 8・14
火山泥流に埋まった町立図書館。有珠山2000年噴火。

図 8・15
山麓まで流れ下り扇状地に広がった融雪型火山泥流。1985年11月19日アルメロ上空より撮影。

図 8・16
融雪型火山泥流に襲われたアルメロの市街地。1985年11月20日撮影。

海抜5000mを超える山頂部から3つの河川を時速40km程度で流れ下りました。約2時間後に山麓にある人口2万8700名の地方都市アルメロを襲い、全人口の4分の3が犠牲となりました（図7・34、図8・15、図8・16）。別の河川を流下した泥流による犠牲者も合わせると約2万3000名の犠牲者が出ました。

ニュージーランドのルアペフ火山で、火口湖の壁が決壊して発生した火山泥流により国鉄の橋脚が失われ、数分後に乗客285名を乗せた急行列車が現場に差し掛かりました。急停車が間に合わず機関車と客車5両が川に転落して151名が犠牲となってしまいました。現場には橋梁が再建され、近隣の国道沿いの広場に事故の慰霊碑と解説看板、そして被災車両の部品が保存展示されています（図8・17）。

火山泥流は洪水と同じく河川から氾濫しつつ低いところに向かって流れ下ります。事前避難できずに火山泥流に巻き込まれると命を落とします。こうした事態を回避するには道路沿いに逃げるのではなく、河川から離れて高いところに登ることが肝心です。

マグマ貫入に伴う地盤の変動

ねばりけの大きなマグマが上昇して地表に近づくと大地が押し上げられます。その影響で、地表では多様な変動が徐々に進行します。

図8・17
ルアペフ火山の火山泥流により発生した列車事故慰霊碑。

図８・18は有珠山の２０００年噴火の際に断層運動で上下方向にずれてしまった道路です。地表が押し縮められたため道路の縁石が持ち上がり（図８・19）、アスファルトが折りたたまれてしまう現象も見られました。洞爺湖温泉中学校の校舎の屋上の片隅に雨水が溜まりました（図８・20）。大地が傾いたために校舎が水平を保てなくなったのです。

図8・18
断層運動でずれてしまった道路。有珠山2000年噴火。

図8・19
縁石が継ぎ目で折れ曲がった道路。有珠山2000年噴火。

図8・20
傾いた洞爺湖温泉中学校の校舎。有珠山2000年噴火。

洞爺湖温泉から洞爺カルデラの中央部にある中島に向かう遊覧船の桟橋は噴火終息後に下り階段を乗船口に付け足す改修が行なわれました（図8・21）。洞爺湖の湖岸が有珠山の北麓に近い洞爺湖温泉付近だけ隆起した影響で見かけ上湖水の水位が低下してしまったのです。

地盤の変動は徐々に進行しますから発生しても命を落とすリスクはありません。しかし、建物や道路・上下水道・鉄道などのインフラは大きな損傷を受けてしまい復旧に日時を要します。

火山ガス

噴火中のみならず噴火が休止している間にも火口から火山ガスの放出が続くことがあります。高温を保っている火口から強い刺激臭のある青白い火山ガスが出ていることがあります。これはマグマから分離した二酸化硫黄ガスが混ざった噴煙です（図8・22）。低濃度でしたらせき込むだけで済みますが、濃度が上がると頭痛が起こり始め、呼吸困難になって死亡する事故が発生します。図8・22を撮影した樽前山のA火口周辺は常時

図8・21
隆起したため下り階段を付け足された遊覧船の桟橋。
有珠山2000年噴火。

立ち入り規制されており、火山研究者として特別に立ち入り許可をいただきました。

大気よりも重い二酸化炭素（炭酸ガス）や硫化水素を放出している噴気孔も危険です。大気を置き換える形で地表、特にくぼみに漂ってしまいます。とりわけ二酸化炭素は無色無臭で大気より重いため気が付かずにその中に立ち入り、窒息死する事故が発生します。

岩屑なだれ

第6章で記したように岩屑なだれが発生すると高速で山麓に達しますので巻き込まれると命を落とします。岩屑なだれが発生するリスクの高さは火山の地形や過去の発生履歴から推測することができます。6－2で解説した1980年のセントヘレンズ火山の観測事例のように火山体斜面が局部的に膨らみ亀裂が入ることが観測されれば警戒が必須でしょう。

図8・22
樽前山A火口から放出されている高温で二酸化硫黄濃度が高い火山ガス。

8-2 活火山の防災対策

火山災害の軽減対策としてハザードマップ（防災マップ）を作成して配布し、日常的な啓発活動の資料として活用されています。また火山泥流の被害を軽減するために砂防施設を作り、噴石対策として避難シェルターを設置している火山もあります。

火山のハザードマップ

北米大陸の西部、米国のカリフォルニア州北部からカナダにかけてのカスケード山脈に火山帯があります。セントヘレンズ火山は1856年に噴火し、その後は静穏でした。米国地質調査所が1978年に出版した報告書の中で、過去4500年間の噴火履歴を調査した結果、100－200年の休止期間を経て噴火が再開したケースが少なからずあるとし、次の噴火は早ければ20世紀のうちに発生すると指摘していました。報告書の中には付属資料

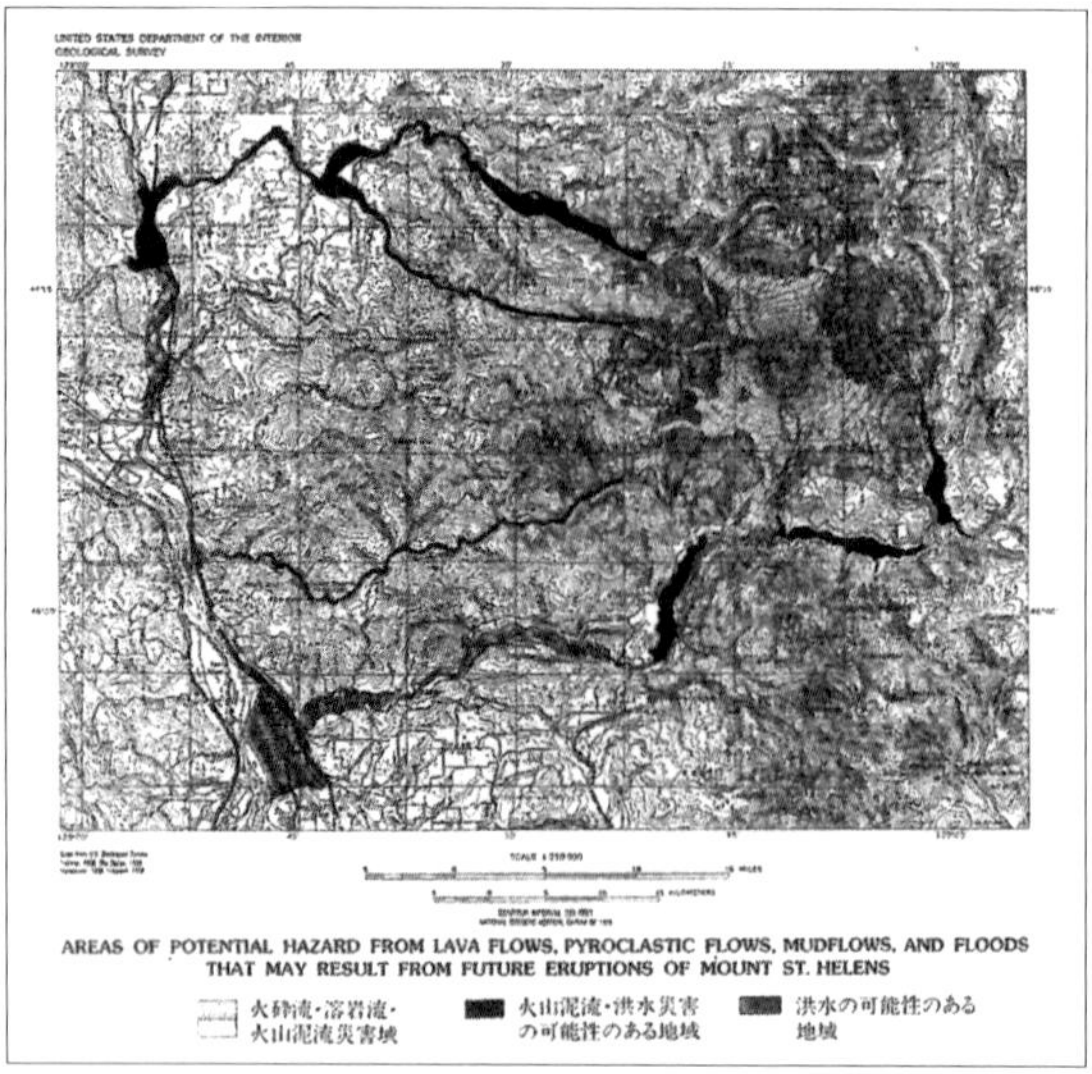

図8・23
セントヘレンズ火山のハザードマップ。（Crandell and Mullineaux (1978) を改変）

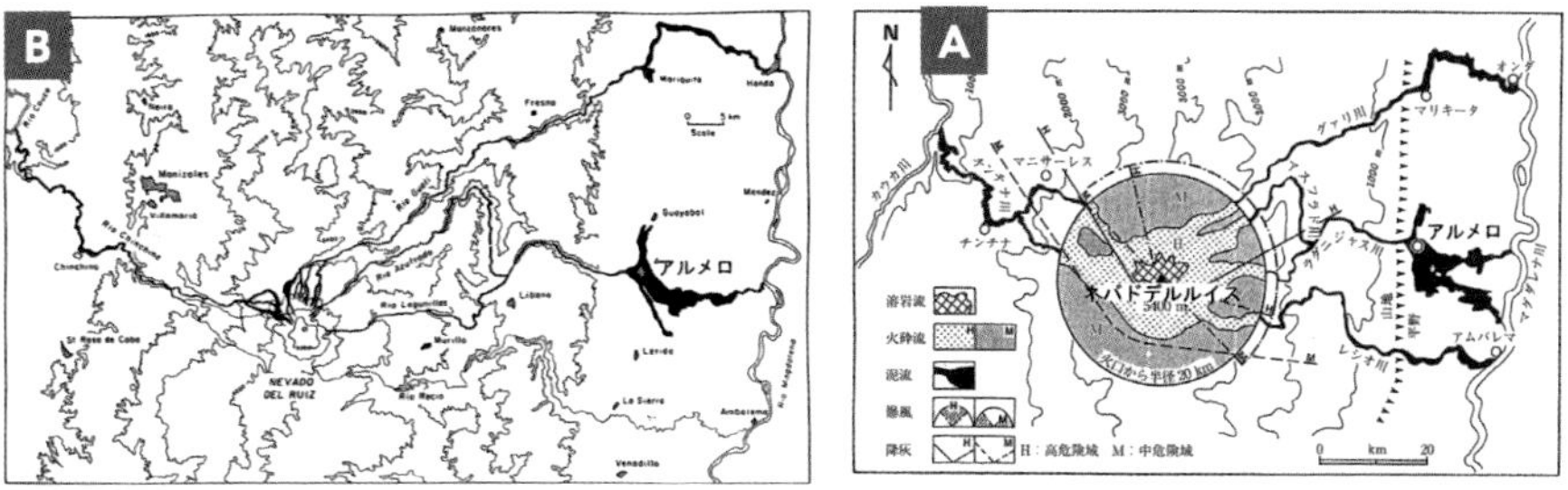

図8･24
事前に作成されていたネバドデルルイス火山のハザードマップ（A：勝井（2008）による）と1985年噴火による泥流被災域（B：Sigurdsson and Carey (1986)を改変）。

として火砕流や泥流に襲われる可能性がある範囲を示した地図が添付されていました（図8・23）。

この指摘が現実となったのが第6章で解説した1980年に始まった噴火でした。山麓住民の避難区域と外部からの立ち入り規制対象区域を設定する材料として公表されたばかりの地図（図8・23）が使われました。想定されていた火砕流と泥流だけではなく大規模な山体崩壊が発生しましたが、犠牲者を57名に留めることができました。立ち入り規制をしていなかったら5000名程度の見物人が犠牲となったであろうと推測されました。

山頂部が氷河に覆われている南米コロンビアのネバドデルルイス火山では1985年9月に小規模な水蒸気噴火が発生しました（8－1参照）。火山泥流が発生した過去の履歴があるのでハザードマップが試作されました（図8・24A）。しかし地元の行政機関や市民には伝わりませんでした。融雪型火山泥流が堆積した範囲（図8・24B）は図8・24Aによる予測とほぼ一致していました。現在アルメロの市街地を通る幹線道路が再開され、泥流に半ば埋もれた建物が災害遺構として保存されています（図8・25）。

セントヘレンズの成功事例とネバドデルルイスの悲劇はハザードマップを作成配布して、地元の行政機関や住民がそれを理解することの重要さを示す教訓となりました。

図 8・25
災害遺構として残されているアルメロの市街地跡。（Google Earth Street View による）（4° 57'45"N, 74° 54' 21"W）

日本では十勝岳の１９２６年噴火で融雪型火山泥流が発生して山麓の平野部に達し、１４４名の犠牲者と開拓農地の壊滅的被害が出ていました。十勝岳の将来の噴火でも同様の事態が発生する可能性を懸念した北海道大学の勝井義雄はネバドデルルイス火山災害の現地調査を行ない、その成果を踏まえて十勝岳山麓の上富良野町にハザードマップを作成するよう助言しました。１９８６年にでき上がったポスター形式のハザードマップ（図８・26）を町が住民に配布しました。その特徴はリスクのある地域を地図上に示すだけではなく、火山泥流の解説や避難方法、避難所のリストなども含めた独創的なものでした。配布直後の１９８８－89年にかけての冬季に発生した十勝岳の噴火ではこのマップを参考にして住民の避難と観光施設の休業が実施され災害の発生を回避することができました。

国土庁は火山研究者を招集したハザードマップ作成の検討会を設置して１９９２年に８火山についての

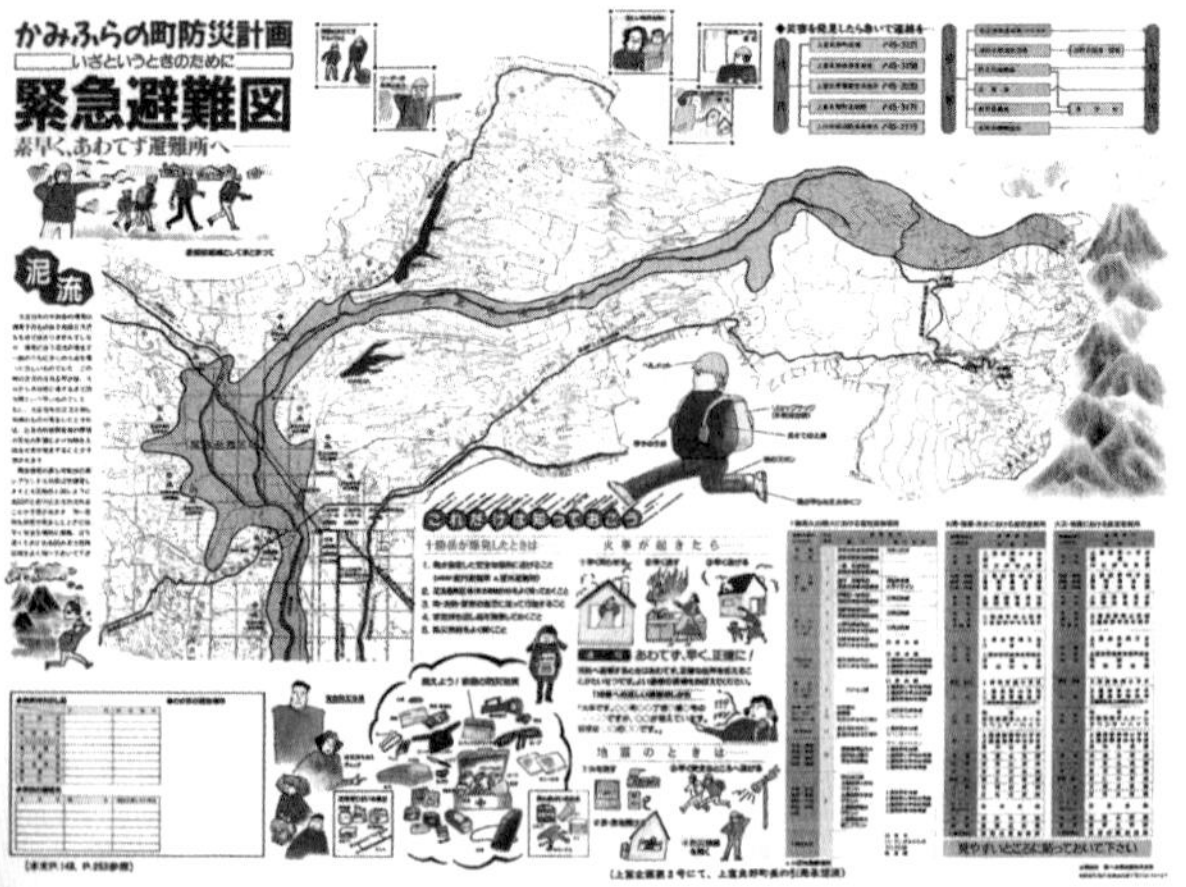

図 8・26
日本で最初に住民に配布されたハザードマップ。（北海道上富良野町（1986）による）

ハザードマップ試作版を含む作成指針を公表しました。図８・27はその指針を活用した一例で、１９９５年に有珠山麓の住民向けに配布したハザードマップです。

２０００年噴火の際には住民の事前避難にこのハザードマップを活用し犠牲者を一人も出さずに済みました。その後ハザードマップを作成して配布する火山が急速に増え始めました。現在では常時観測火山のうち市民が居住していない硫黄島を除く49火山でハザードマップを作成して配布することが活火山の地元に義務付けられています。

火山のハザードマップを作るための基礎データは、現地での噴出物の地質調査によります。植生に覆われ浸食されて分布が限られている噴出物を丹念な野外調査によって見出して、その成因と噴火発生時の分布を把握し、噴火履歴を解き明かせるかは研究者の力量にかかっています。シミュレーションをすればわかる、予算を確保できれば単年度で作れる、という事業ではないのです。

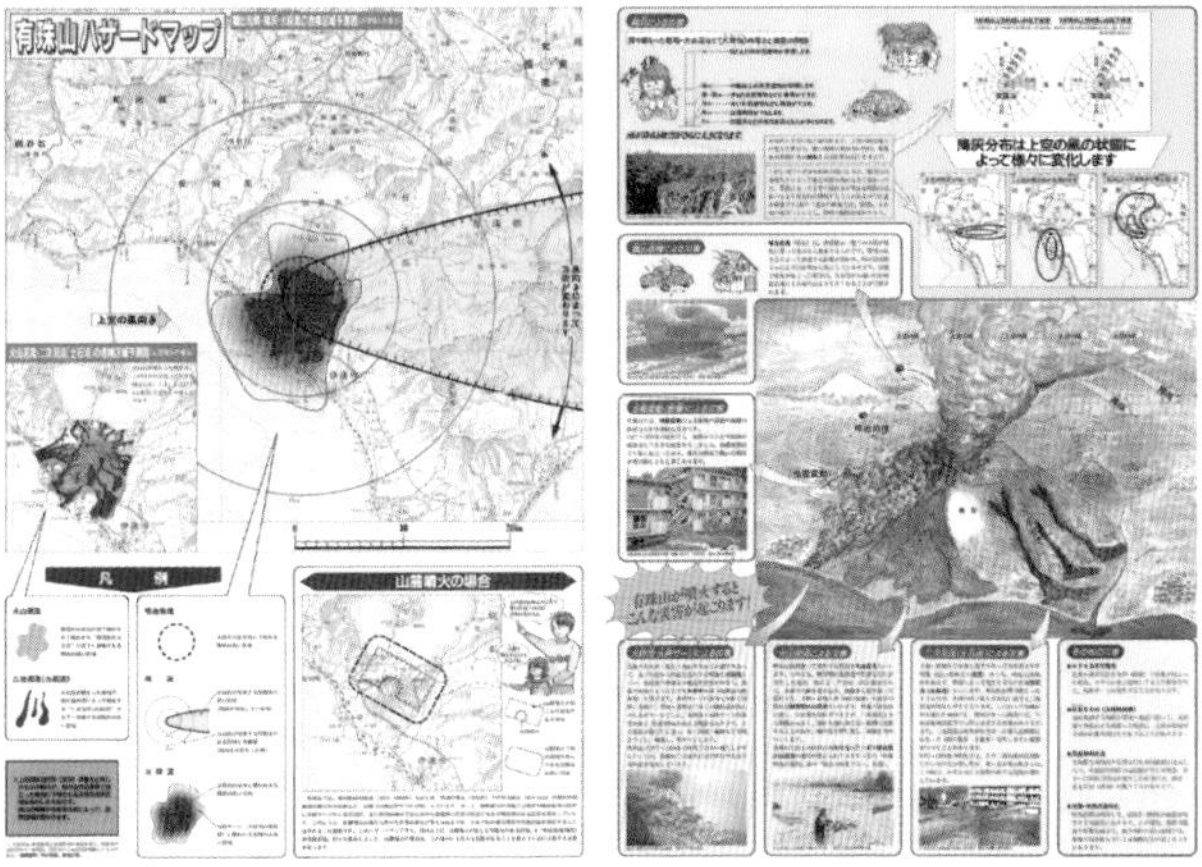

図8・27
2000年噴火対応に使われた有珠山ハザードマップ。（伊達市ほか（1995）による）

住民に配布されるマップはA４サイズの冊子スタイルとなっている火山と、大判の用紙に両面カラー印刷してA４サイズに折りたたんでいる火山とがあります。十勝岳での先行事例を踏襲して、災害が発生するリスクがある範囲を地図上に示すだけではなく、予測される噴火現象の解説がついています。また、避難行動の仕方、避難所のリスト、気象庁が発信する火山情報の解説などもついているという特徴があります。

ハザードマップの作成は一度限りではなく、数年から10年余り経過すると最新の情報に合わせた改訂版を配布する地域が多いようです。最近は各自治体のホームページからダウンロードできるようになってきました。

砂防施設とシェルター

火山泥流の被害を軽減するための多様な砂防施設が活火山に作られています。火山以外の山岳地帯で見かける土石流対策の砂防堰堤と同じ形式だけではなく、火山泥流の破壊力を軽減する工夫を凝らしたものがあります。鉄パイプを組んだ巨大な構造物（図8・28）や円筒形のタンクを一列に並べた施設（図8・29）などがあります。これらは火山泥流が発生して渓流を流下中に取り込んでしまった巨礫や樹木をトラップして、細粒物と水だけを下流に流すことで破壊力を軽減する仕掛けです。

集落と山地との間には火山泥流が発生したときに一時的に河川からあふれ出させて溜め込む遊砂地が作られている火山もあります（図8・30）。

突然噴火が始まったとき登山者や火口見物の観光客が飛来する噴石を避けるための

シェルター（図8・31）の設置が御嶽山の噴火災害以降に各地で進められています。

図8・28
透過型砂防堰堤。
十勝岳富良野川。

図8・29
セル型砂防堰堤。
樽前山覚生川。

図8・30
有珠山麓洞爺湖
温泉街の背後に
作られた遊砂地。

図8・31
噴石対策のシェルター。桜島黒神地区。

8-3 噴火時に発信される情報

活火山を抱える国では国の機関が火山災害の軽減を目指して、活火山に観測機器を設置し常時観測を行なっています。そして異常が検出されると情報が発信されます。

気象庁が発信する火山情報

気象庁は49の常時観測火山に観測計器を設置して、24時間体制で観測計器から送られてくる情報を監視しています。そして異常があれば噴火警報を発信することにしています。

噴火警報には5段階の噴火警戒レベルが付いています。それぞれ市民の行動を規制する入山規制・避難などのキーワードがついているのが特徴です（図8・32）。レ

種別	名称	対象範囲	噴火警戒レベルとキーワード		説明：火山活動の状況	説明：住民等の行動	説明：登山者・入山者への対応
特別警報	噴火警報（居住地域）又は噴火警報	居住地域及びそれより火口側	レベル5	避難	居住地域に重大な被害を及ぼす噴火が発生、あるいは切迫している状態にある。	危険な居住地域からの避難等が必要（状況に応じて対象地域や方法等を判断）。	
			レベル4	高齢者等避難	居住地域に重大な被害を及ぼす噴火が発生すると予想される（可能性が高まってきている）。	警戒が必要な居住地域での高齢者等の要配慮者の避難、住民の避難の準備等が必要（状況に応じて対象地域を判断）。	
警報	噴火警報（火口周辺）又は火口周辺警報	火口から居住地域近くまで	レベル3	入山規制	居住地域の近くまで重大な影響を及ぼす（この範囲に入った場合には生命に危険が及ぶ）噴火が発生、あるいは発生すると予想される。	通常の生活（今後の火山活動の推移に注意。入山規制）。状況に応じて高齢者等の要配慮者の避難準備等。	登山禁止・入山規制等、危険な地域への立入規制等（状況に応じて規制範囲を判断）。
		火口周辺	レベル2	火口周辺規制	火口周辺に影響を及ぼす（この範囲に入った場合には生命に危険が及ぶ）噴火が発生、あるいは発生すると予想される。	通常の生活。（状況に応じて火山活動に関する情報収集、避難手順の確認、防災訓練への参加等）。	火口周辺への立入規制等（状況に応じて火口周辺の規制範囲を判断）。
予報	噴火予報	火口内等	レベル1	活火山であることに留意	火山活動は静穏。火山活動の状態によって、火口内で火山灰の噴出等が見られる（この範囲に入った場合には生命に危険が及ぶ）。		特になし（状況に応じて火口内への立入規制等）。

図8・32
噴火警戒レベル。（気象庁による原図を改変）

ベル4や5の噴火警報はハザードマップに表示されている避難区域設定とリンクしています。わかりやすいという評価がある半面、レベルを変えることにより避難や立ち入り規制の範囲を特定してしまうことになります。

各火山の噴火警戒レベルには対応する噴火事例が示されています。しかし、事例の中には被害が出るような規模の噴火の発生頻度が低いため、過去の噴出物調査や古文書の記述から発生したことがわかっていても、計器観測の蓄積がないものが含まれています。つまり観測データと噴火警戒レベルとの間で必ずしも対応がとれていないのです。

米国が発信する火山情報

海外でも国家機関が常時監視観測をして火山情報を市民に伝える体制がとられるようになっています。多くの国では活動の活発さ・リスクの大きさを簡潔に伝えるために4－6段階の数値か色分けで表現し、随時更新する形で公表しています。

米国地質調査所傘下の5火山観測所が発信する火山情報は、観測データに基づいて正常、報告、注意、警戒の4段階で表示されています。それぞれ静穏な状態、何らかの異常が見られる状態、活発化しており噴火の可能性があるがそれがいつかは不明な状態、災害をもたらす噴火が始まったか始まりそうな状態、を表わしています。そして観測データから火山の現況をどう解釈しているかの解説文が続いています。火山灰が放出されると航空機に影響を与えるので、緑、黄、橙、赤の4段階カラーコードも併せて発表されます。

日本とは違って米国の火山観測所は観測データに基づいて火山活動の活発さを伝えることに専念し、市民の行動にどういう制約を加えるかの判断は市民生活の危機管理を担う別の専門機関（市民防衛局）にゆだねられています。〝警戒〟の段階になると両機関や国立公園が共同で記者会見や市民向け説明会を随時開催して各機関からの解説の後にたっぷり時間をかけて質疑が行なわれます。火山観測所のスタッフは火山に関わる専門職であり、大学との間で人事交流も行なわれているという仕組みは日本と違っています。

火山情報の現状と課題

火山噴火対応の成功事例として有珠山の２０００年噴火が紹介されることが多いようです。しかし、どこの活火山でも噴火の直前予知と事前避難ができるようになったのではありません。

有珠山麓では１９９０年代に入ってから地元自治体がハザードマップを活用して次期噴火に備える啓発活動を展開し始めていました。山麓には北海道大学の火山観測所があり、研究者が常駐して噴火予知を目指した基礎研究が行なわれていました。噴火の前兆地震が始まり、誰でも明確にわかる前兆地震の群発に移行したため、火山噴火予知連絡会の委員でもあった観測所所長の岡田弘は地元自治体と気象庁に噴火のリスクが迫っていることを伝えて噴火予知情報の発信を促しました。２０００年噴火の際に事前避難に成功して死傷者を出さずに済んだのは、こうした基礎研究と防災行政の連携が成功を収めた経緯があったからなのです。

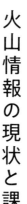

２０１４年の御嶽山噴火では、過去の噴火の観測事例にこだわって噴火警報を発信しないままに噴火が始まり、63名の犠牲者を出してしまいました。

多くの活火山では噴火の発生頻度が低いので、他の火山の事例も含めた専門的な知識を持ち、経験を積み重ねた研究者によるタイムリーな助言が得られるかどうかが噴火対策を乗り切る鍵となるでしょう。

多くの活火山は美しい景観を持っているので観光旅行や登山の対象となっています。活火山を訪れる際には事前に過去の噴火の事例や、気象庁が出している火山情報の内容をインターネットで把握するなど万一に備えることが肝心です。そして登山の際には安全を確保するためにヘルメットを着用しましょう。

COLUMN 8

火山のジオパークに出かけてみよう

ジオパークとは地形や地質などで価値のある場所を保全し、そこに暮らしてきた人々の営みも含めて教育や観光に活用することで地域振興を図る仕組みです。ヨーロッパが発祥の地で、日本には2023年5月現在46か所の日本ジオパークがあります。そのうち10か所はユネスコにより世界ジオパークに認定されています。

火山地域のジオパークに出かけると本書で紹介したような火山の地形や地層、そして発生した災害の現場も見ることができます。ここでは活火山を含む主なジオパークについて、そこで起こった噴火と公式ホームページのURLを紹介します。どこで何が見られるかの情報を把握して出かけてみることをお勧めします。

三島村・鬼界カルデラジオパーク

活発に火山ガスを放出する硫黄岳と鬼界カルデラが作った地形や地層を観察できます。

https://geomishima.jp/

桜島・錦江湾ジオパーク

桜島が大隅半島とつながってしまった1914年の大噴火から100年余り経過、小規模な噴火が頻繁に発生する火山です。

http://www.sakurajima-kinkowan-geo.jp/

霧島ジオパーク

多数の火山体や火口が北西—南東方向に連なっています。その中の新燃岳では2011年と2017－18年に噴火が起こり、火口からあふれ出した溶岩流が中腹まで達しています。

https://kirishima-geopark.jp/

阿蘇ユネスコ世界ジオパーク・おおいた豊後大野ジオパーク

阿蘇カルデラでは27万、14万、12万、9万年前の4回大規模火砕流を発生しています。阿蘇カルデラの中には噴煙が途絶えることのない中岳があります。そしてカルデラの周囲には火砕流堆積物の台地が広がっています。

http://www.aso-geopark.jp/about/index.html
https://www.bungo-ohno.com/

島原半島ユネスコ世界ジオパーク

島原半島ユネスコ世界ジオパークでは1991－95年噴火の災害遺構と1792年に発生した山体崩壊がもたらした地形を見ることができます。

https://www.unzen-geopark.jp/

おおいた姫島ジオパーク

小型の火山が密集する姫島で石器時代に作られた黒曜石の石器は西日本各地の遺跡で見つかっています。

https://geopark.jp/geopark/oita-himeshima/

隠岐ユネスコ世界ジオパーク

活火山はありませんが浸食が進んだ約500万年前の火山島の地層を見ることができます。

https://www.oki-geopark.jp/

白山手取川ユネスコ世界ジオパーク

白山の山頂部には新鮮な火山地形が広がっています。

https://hakusan-geo.jp/

南紀熊野ジオパーク

約1500万年前の大規模火砕流噴火に伴って形成されたコールドロンの地層が分布しています。

https://nankikumanogeo.jp/

伊豆半島ユネスコ世界ジオパーク

伊豆半島の土台となっている約2000万年前の海底火山噴出物、そして活火山である東伊豆単成火山群の地形と噴出物を見ることができます。

https://izugeopark.org/

伊豆大島ジオパーク

1986年に発生した約200年ぶりの大噴火で1か月余り全島避難したことで知られています。

https://izuoshima-geo.org/

浅間山北麓ジオパーク

1783年に発生した天明の大噴火で北麓の鎌原村の大部分が埋没しました。

https://mtasama.com/

苗場山麓ジオパーク

約 30 万年前に苗場山の噴火で流れ出した溶岩流により地形が変わったことがわかります。

https://naeba-geo.org/naebasanroku

磐梯山ジオパーク

1888 年に小磐梯峯が北に崩れ落ちる山体崩壊を引き起こし、堰止湖や五色沼湖沼群を作りました。

https://www.bandaisan-geo.com/

栗駒山麓ジオパーク

活火山である栗駒山の噴出物と基盤のグリーンタフが見られます。

https://www.kuriharacity.jp/geopark/index.html

鳥海山・飛島ジオパーク

北西山麓に広く分布する流れ山地形は年輪年代測定によると紀元前 466 年に発生した山体崩壊の産物です。

https://chokaitobishima.com/

男鹿半島・大潟ジオパーク

寒風山や目潟など第四紀火山と日本列島がユーラシア大陸から分離した時代の海底火山噴火による地層があります。

http://www.oga-ogata-geo.jp/

洞爺湖有珠山ユネスコ世界ジオパーク

有珠山は 1 世紀の間に数回噴火が発生し、そのたびに地形が変化する火山です。2000 年噴火などの多数の災害遺構が保存展示されています。

http://www.toya-usu-geopark.org/

十勝岳ジオパーク

1926 年噴火では山麓の平野部まで融雪型火山泥流が到達しました。

https://tokachidake-geopark.jp/

第9章

火山の基礎知識

火山は美しい景観で私たちに恵みをもたらす一方で、噴火に伴って発生する災害にさらされるリスクもあります。第7章までは主に画像を使いながら火山の地形や地層を観察して読み取れる火山の営みを解説しました。そして第8章では火山災害と防災対策を解説しました。第9章では理科の授業で習った火山の基礎知識をより充実させる狙いでの解説を試みています。マグマが地下で生じて上昇して噴火を引き起こすまでの仕組み、火山噴出物や火山体の分類、噴火様式の名称、噴火の規模と継続時間、活火山の定義、不適切な火山用語、などを記します。公表されているハザードマップと気象庁が噴火時に発信する火山情報を適切に理解するために欠かせない内容です。

9-1 マグマのでき方

地球は物質の違いで分けた**地殻**、**マントル**、そして**コア**の3層でできています。地殻とマントルは固体ですが、地球内部からの放熱に伴って地下700km位までの部分は対流運動をしています。対流運動に乗って移動している地殻とマントルの最上部を**プレート**といいます（図9・1）。

図9・2は世界の活火山の分布を赤点で示しています。この図はプレートごとに色を変えて表示しています。地球上の火山の分布は偏っており、プレート運動と関わりの深いことがこの図からわかります。

地球内部でマグマができる場所は海洋プレート内の中央海嶺やハワイなど**ホットスポット**上の火山島、海溝の背後に位置する**島弧**、そして大陸プレート内の活動的なホットスポットとリフト帯です（図9・1）。

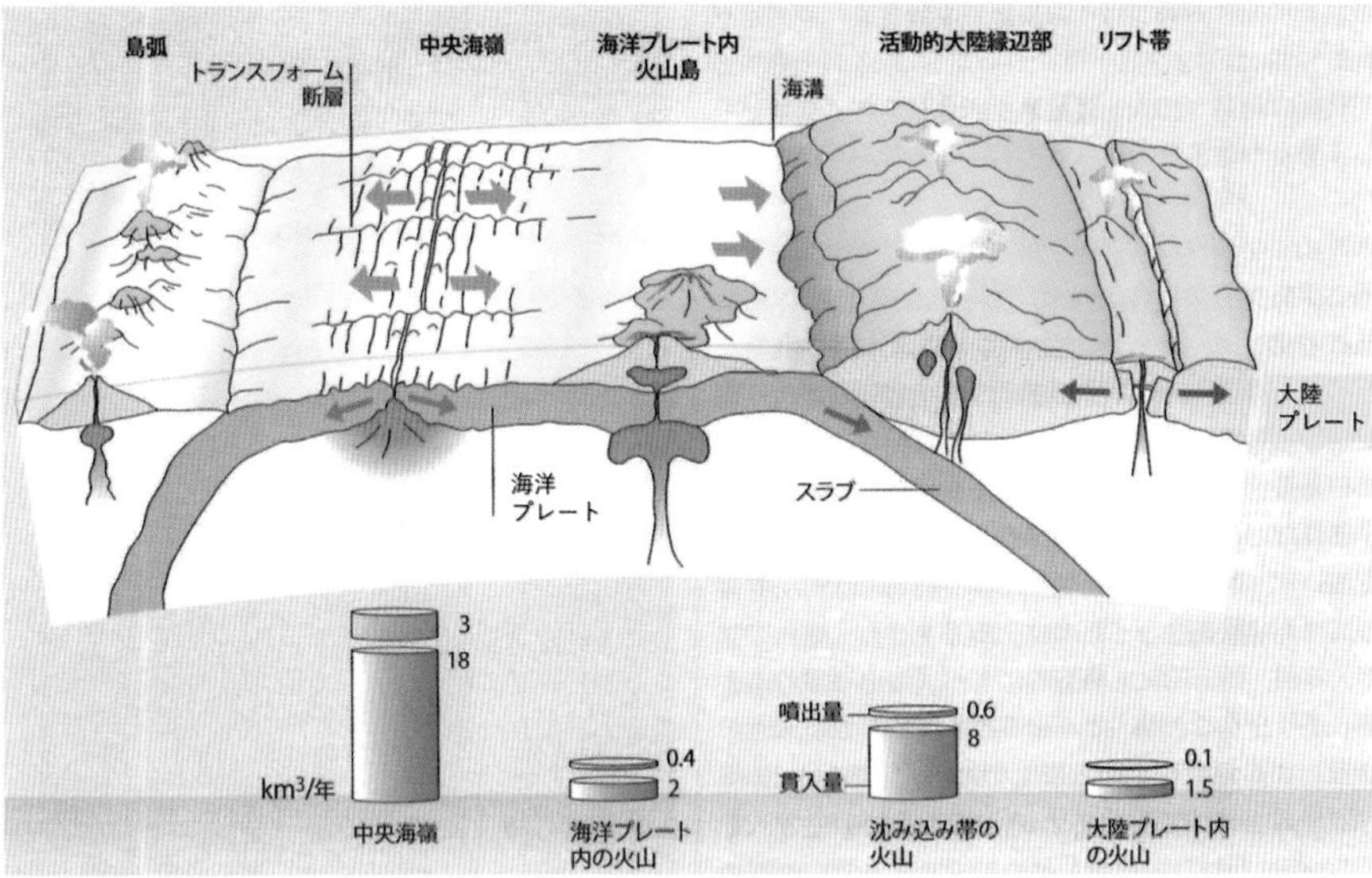

図 9･1
マグマができる場所の模式図。（シュミンケ（2010）による）

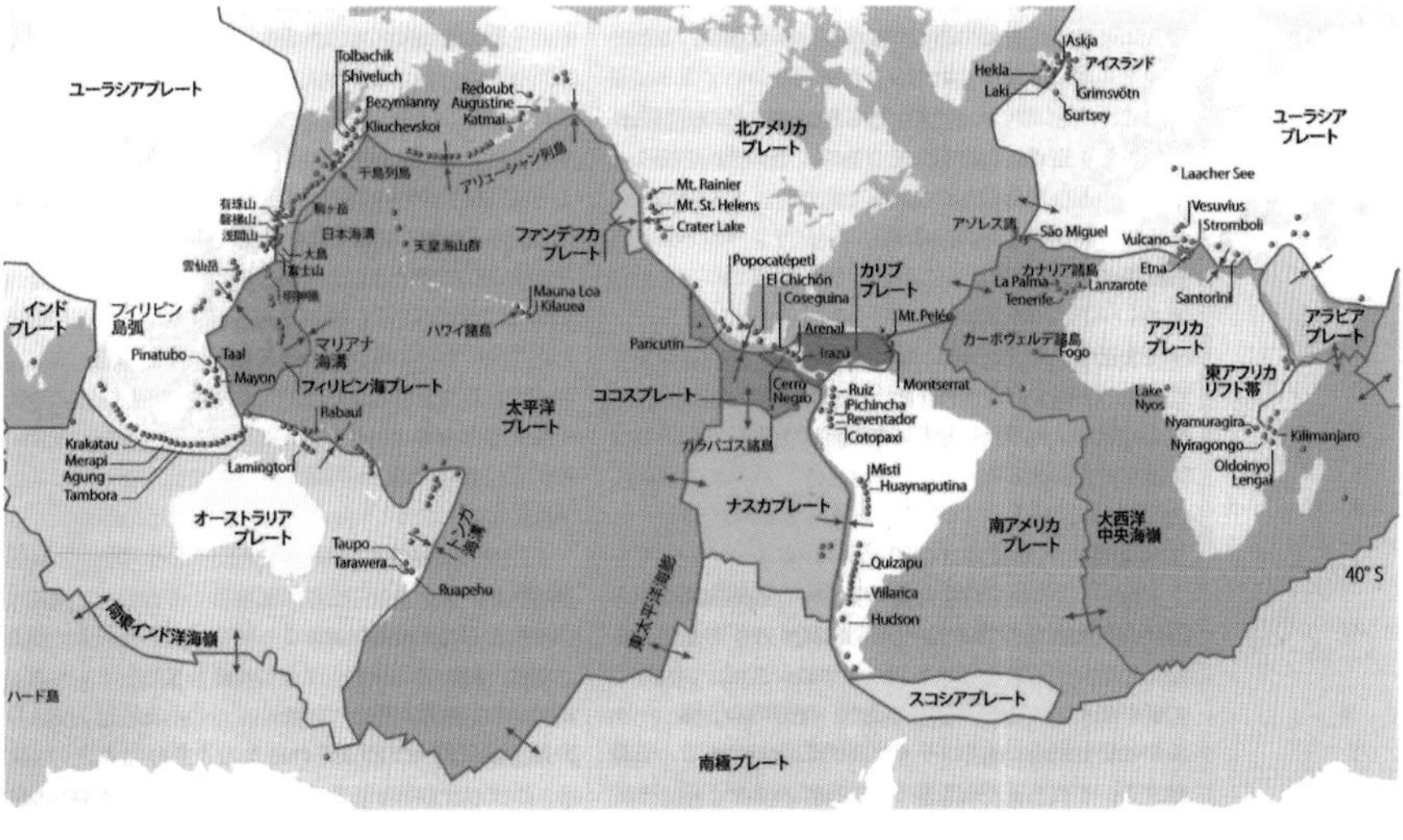

図 9･2
世界の活火山分布図。（シュミンケ（2010）による）

中央海嶺やホットスポット、そしてリフト帯では上部マントルの岩石（かんらん岩）の一部の成分が高温のために溶けだしてマグマを作ります。

日本列島のように冷えたプレートが沈み込む場所でマグマを作る役割を担っているのは水です。プレートが沈み込んで行くと圧力が高まるため、沈み込むプレートの表面から水が分離してマントル内を上昇し始めます。上部マントルの岩石は水が共存すると上部マントルの岩石の一部の成分が溶けだしてマグマを作る温度が低下します（図9・3B）。

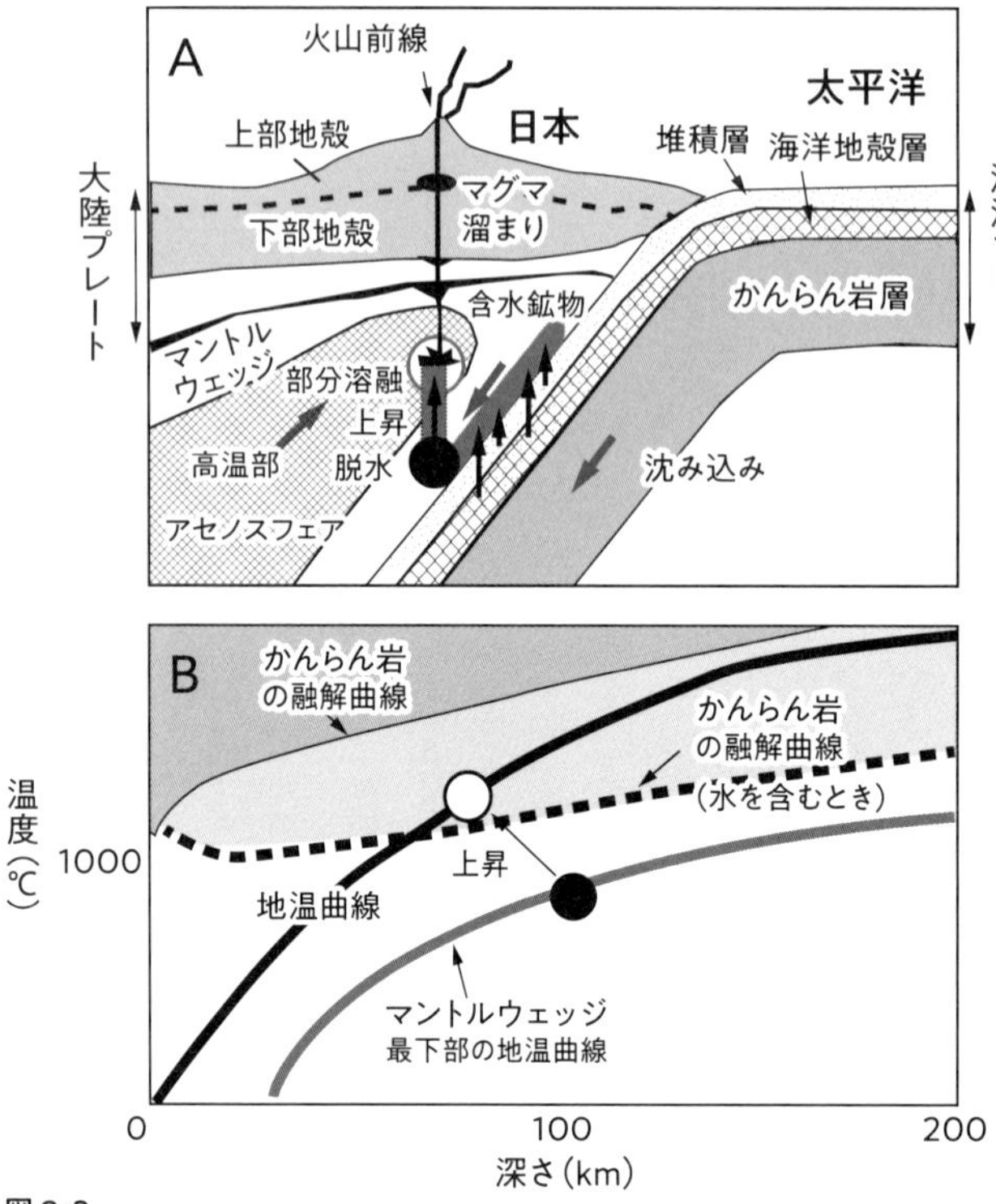

図 9・3
プレート沈み込み帯でのマグマ生成過程。（佐野（2015）による）

図9・4で、上部マントルでマグマができる仕組みを解説しましょう。上部マントルの岩石は輝石・かんらん石・斜長石などの鉱物の集合体です（図9・4A）。沈み込んだプレートから分離した水が温度の充分に高い場所まで上昇する（図9・3A）と、上部マントルの岩石は部分溶融を始めて玄武岩マグマができ始めます。部分溶融で最初にマグマができるのは図9・4Cで〝すみ〟と書か

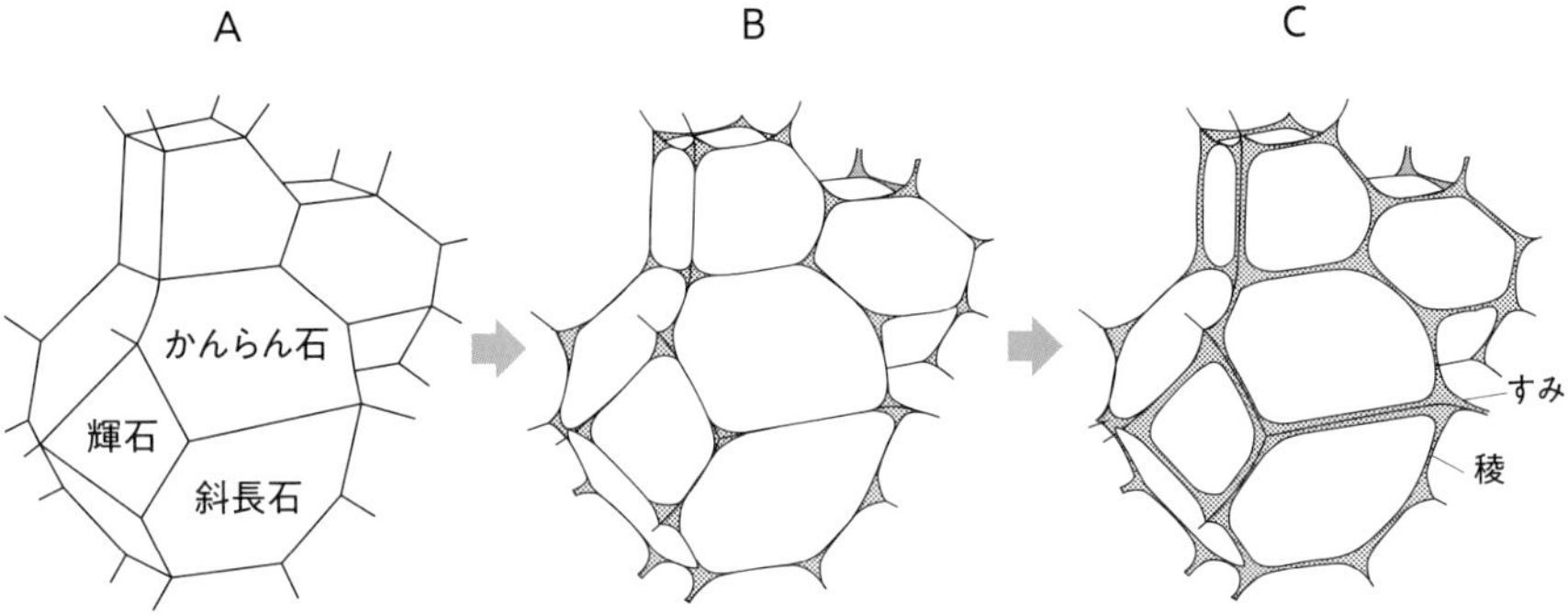

図9・4
上部マントルの岩石からマグマができるプロセス。（Toramaru and Fujii（1986）原図、兼岡・井田（1997）を改変）

れている輝石・かんらん石・斜長石などが接している場所です。ここでこれらの鉱物を溶かしてマグマができ始めます。部分溶融が進行すると図9・4Cで〝稜〟と書かれた部分にまでマグマができます。最終的には上部マントルの岩石内に液体のマグマのネットワークがつながり、上部マントルの岩石よりも玄武岩マグマは密度が低いので、分離して地殻とマントルの境界まで上昇してくるのです。

ここにマグマが留まっている間に2通りのことが起こる可能性があります。一つは図9・5で茶色に塗られたケースです。マグマが次第に冷えて重い鉱物が生成され沈むため、軽くなったマグマが地殻の中まで上昇し、マグマ溜まりを作ります。そして成層火山などを作る安山岩質マグマの噴火を引き起こします。2つ目は図9・5でうす紫色に塗られたケースです。地殻の底に留まっているマグマに熱せられて地殻の下部の岩石が部分溶融して流紋岩のマグマができるのです。それが上昇してマグマ溜まりを作り、大型のカルデラを作る大規模火砕流噴火を引き起こします。噴火に至らず花崗岩の貫入岩体となることもあります。

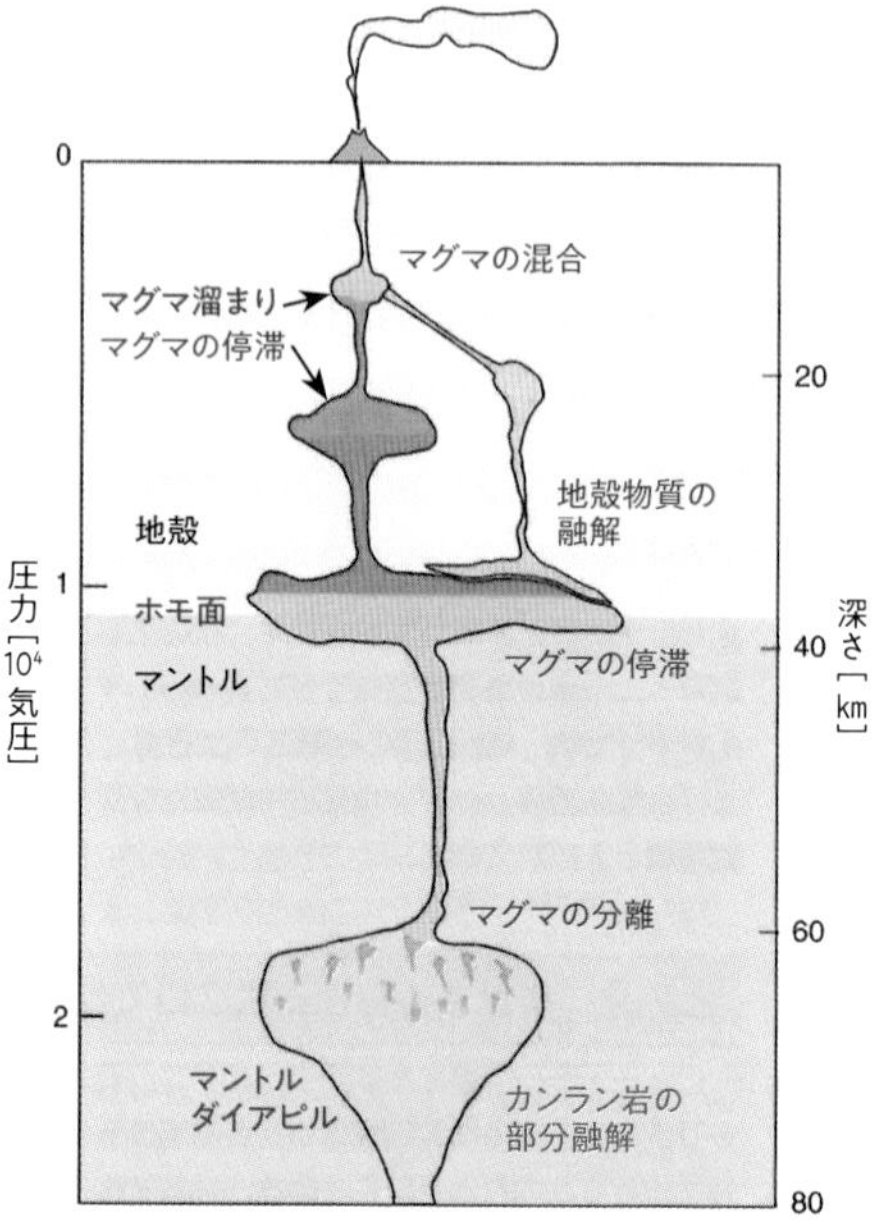

図9・5
マグマが上昇してマグマ溜まりを作る過程のモデル図。（藤井（2008）を改変）

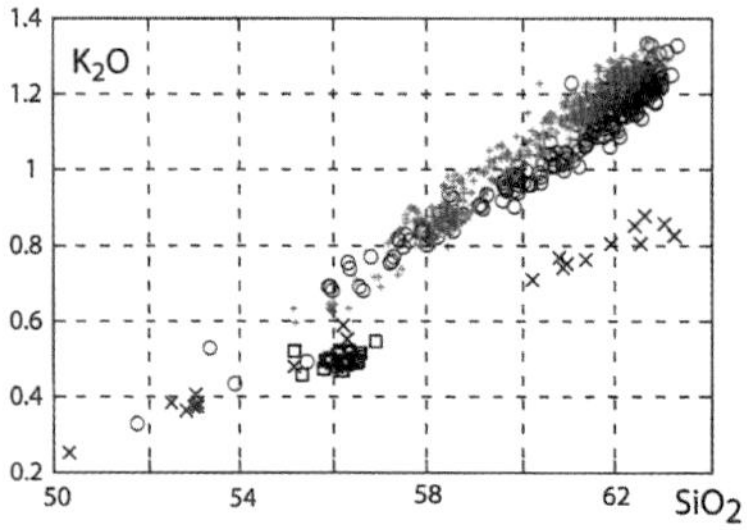

図9・6
樽前山の噴出物の化学組成。（古川・中川（2010）による）化学組成分析の結果は酸化物の重量％で表示される。

昔は最初にできるマグマは玄武岩であり、それが結晶を分離しながら安山岩マグマ、デイサイトマグマへと変化していく結晶分化作用によると考えられていました。しかし、噴出物の化学組成情報が主成分のみならず微量成分や同位体組成まで判明し、噴出量の情報まで得られた現在ではこのモデルでマグマ活動全体を説明できないことが明らかとなりました。

マグマ溜まりの中に別のマグマが入ってきて混ざってしまうことでマグマの化学組成が変わってしまうことも起こっています。図9・6はその一例で、樽前山の噴出物の分析結果です。図の中に示された3通りのマークはそれぞれ数百年から数千年ごとに繰り返された噴火による噴出物の化学組成を示しています。二酸化ケイ素（シリカ）が多い方から少ない方までのばらつきがあり2種類のマグマが混合したことを示唆しています。

9-2 火山岩の分類

マグマが地下から噴出して冷え固まった岩を**火山岩**といいます。地下に留まったままゆっくりと冷却して完全に結晶化した岩は**深成岩**です。火山岩と深成岩を一括して**火成岩**といいます。

マグマはケイ素をはじめとしてマグネシウム、鉄、ナトリウム、カリウム、チタン、マンガンなどの主成分元素とそれ以外の微量成分元素でできています。温度や流れやすさなど多様なマグマの性質をコントロールしているのはケイ素の含有量です。化学組成が連続的に変化するマグマ、そしてそれが冷え固まった火山岩を任意的に区切って玄武岩・安山岩・デイサイト・流紋岩などの名称を付けています（図９・７）。昔はデイサイトを石英安山岩と呼んでいました。しかし、岩石名に石英という鉱物名が入っていると石英という鉱物を含む安山岩と誤解しかねないので英語名をカタカナ書きにしたデイサイトという岩石名を使うようになりました。

上部マントルでマグマが生成される深さやどれほどのマグマを作るかによってマグマに入り込むナトリウムとカリウムの量が変わります。図９・８はそれを反映させた火山岩の詳細分類表の一例です。本書ではマグマと岩石の名称が煩雑になるのを避けて図９・７の分類を使っています。

岩石名	シリカ [重量%]
玄武岩	45－52
安山岩	52－63
デイサイト	63－70
流紋岩	＞70

図 9•7
火山岩の簡便な分類表。
（藤井（2008）を改変）

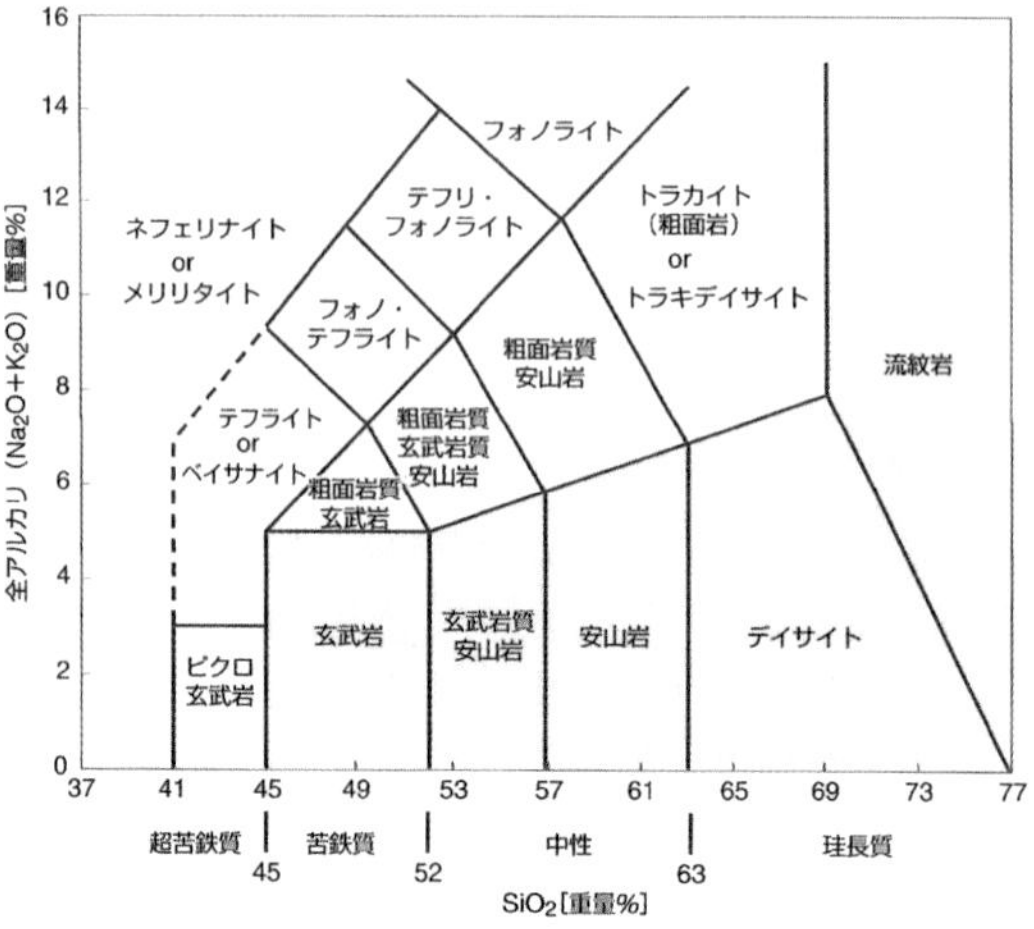

図9・8
火山岩の詳細な分類表。（藤井（2008）による）

小・中学校の理科では火山の形や噴火のしかたの多様性は〝マグマのねばりけの違い〟によると教えています。そしてその違いに対応する岩石名として玄武岩・安山岩・流紋岩の3種類と対応づけています。安山岩と流紋岩の間にあるデイサイトが岩石名として教科書には出てきません。4種のうち1つを削除して3種だけにすることや、火山名と岩石名を対応させることなど教科書の解説は誤った自然感を植え付けかねません。

大事なのはむやみに覚えることではなく、マグマの化学組成が連続的に変わるのはなぜか、ねばりけの違いを生むのがなぜかを理解することです。マグマはケイ素・酸素を主体としてマグネシウム・鉄・ナトリウム・カリウムなどが結合した多様な鎖状の高分子化合物の混合した物質です。マグマは液体なので特定の結晶構造は持っていません。マグマのイメージとしては色々な長さの鎖が互いに絡み合っているといった状態です。ケイ素は他の元素との結び目を4つ持っています。そのため、マグマ中のケイ素の含有量が多いほど鎖の結びつきが長く複雑になり、マグマとしては流れにくくなります。玄武岩から安山岩、更にデイサイト、流紋岩へとケイ素の含有量が増えるのでその順にマグマのねばりけが増すのです。そしてそのことが第1章で解説した溶岩の形態の多様さにもつながるのです。

9-3 火山砕屑物の分類

火山の噴火で生じる噴出物のうち火口からばらばらになって放出された大小さまざまな粒子を**火山砕屑物**といいます。その形や内部構造は噴火の仕組みにより違いがあります。

火山砕屑物の粒径による分類

粒子のでき方がわからなくともとりあえずその直径により火山灰・火山礫・火山岩塊に分けます。直径２㎜未満の粒子が火山灰、64㎜を超えた粒子が火山岩塊です（図９・９）。火山灰というと噴火により燃えてしまった草木の灰だと誤解する人がいますが、そうではありません。火山灰とは噴火により生じた砂粒以下、細かなものでは小麦粉サイズの火山の岩の破片です。火山礫と火山岩塊の64㎜という境目は半端なようですが２の６乗にあたります。大雑把に

粒子の直径	粒子が特定の外形や内部構造をもたないもの	粒子が特定の外形（構造）をもつもの	粒子が多孔質のもの
＞64mm	火山岩塊	火山弾 溶岩餅 スパター ペレーの毛 ペレーの涙	軽石 スコリア
64－2mm	火山礫		
＜2mm	火山灰		

図9・9
火山砕屑物の分類（荒牧（1979）を改変）

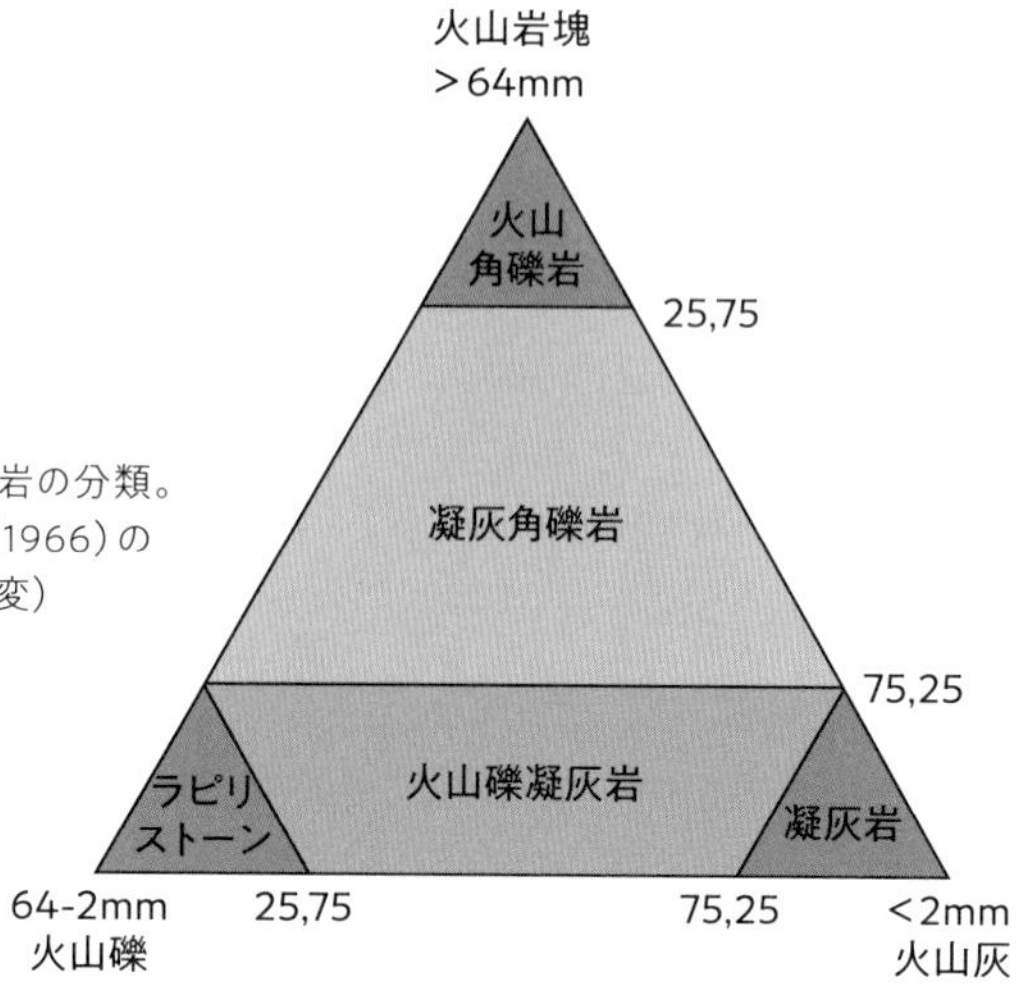

図9・10
火山砕屑岩の分類。（Fisher（1966）の原図を改変）

いえば大人の握りこぶしの大きさです。

火山砕屑物が集まってできた岩石を**火山砕屑岩**といいます。図9・10はある試料について火山灰・火山礫・火山岩塊がどれくらいの割合で含まれているかを表わした岩石名のつけ方を示したものです。見かけが多様な火山砕屑物に対して成因がわからなくてもとりあえず名前を付けられるのです。

火山砕屑物の成因による分類

特徴的な外形や内部構造があり成因がわかる粒子の名称として火山弾・スパター・ペレーの毛・ペレーの涙・軽石・スコリアなどがあります（図9・9）。

スコリアと軽石の違いは黒か白かの色によると書かれている書物がありますが、正しくありません。発泡の程度の違いにより水に沈むか浮くかが基本的な分類のポイントです。玄武岩か流紋岩かのマグマ組成の違いや、色の違いはそれに次ぐ分類のポイントです。

9-4 火山体の分類

火山の形は、長い年月の間に噴火の活動期と休止期を繰り返すか否か、第3章で紹介した火道の形、そして第7章で紹介した水の影響などに左右されて多様です。図9・11は中村一明(1975)が提案した火山体の分類表です。噴火を繰り返すか1回限りかを区別する複成と単成、また噴出口の形が円形か割れ目か区別するという2通りの要素で4グループに仕分けることを試みました。

例えば富士山は複成中心火山で、側火山を持つ成層火山の典型的な事例です(図9・12、図3・6)。

日本では火山体の分類名称としてコニーデ、トロイデ、アスピーテなどが1950年代まで使われていました。この分類を提唱したのはドイツ人の地理学者シュナイダーでした。ただ、今見える火山の形だけにこだわった分類であり、火山体の形成過程を反映していないことが明らかとなり火山学や地質学の分野では使われなくなりました。

しかし、一部の地理学の研究者が

複成中心火山	成層火山《ブルカノ式》 楯状火山《ハワイ式》 カルデラ - 火砕流台地《流紋岩質洪水噴火》 海嶺軸外側の海山
単成中心火山	成層火山の側火山(火砕丘《ストロンボリ式》、溶岩流) 単成火山群を作る個々の火山(火砕丘、溶岩流、溶岩ドーム、マール《フレアトプリニー式》)
複成割れ目火山	単成火山群全体 海嶺中軸谷内の火山
単成割れ目火山	独立の火山列

《 》内は代表的な噴火様式

図9・11
火山体の分類。(中村(1975)を改変)

図9・12
南東上空から見た富士山。山腹に1707年噴火で生じた宝永山の火口列がある。2008年2月羽田→伊丹の定期便から撮影。

シュナイダーの火山分類を使い続け、その影響が社会科の地理分野の教育に及びました。その結果市民にシュナイダーの分類名が広まりました。今でも有料道路やレストランの名称などに使われているのを見かけます。そしてその影響はブログなどにも及んでいます。成因を踏まえた現在の火山分類名にシュナイダーの分類と同じ名称が出てくるのはマールだけです。

観光地の解説看板などで見かける不適切な火山用語

火山観光地に設置された解説看板やパンフレット、そしてインターネットの旅行記で見かける二重式火山、三重式火山、複式火山、外輪山、内輪山などの地形表現も不適切です。火山は噴火を繰り返す過程でそれ以前の地形が変形したり破壊されたりします。新しい噴出物に覆われてしまうこともあります。従って今見られる地形だけではその火山を適切に理解できません。現在に至るまでの形成過程に配慮すべきなのです。

9-5
噴火様式の名称

比較的穏やかに溶岩を流す噴火から激しく成層圏まで噴煙を吹き上げる噴火まで噴火の仕方は多様です。噴火様式の名称の多くはそれがよく見られる火山の固有名詞が使われています。図9・11ではその一部が火山体の分類名の後ろのカッコ内に示されています。

ハワイ式噴火はハワイ島のキラウエア火山やマウナロア火山で見られます。割れ目火口から溶岩を吹き上げ、溶岩流を流します。噴煙には火山灰などの粒子は少なく、二酸化硫黄の放出量が多いのが特徴です（図1・18、図1・34、図2・5）。

ストロンボリ式噴火はイタリアのストロンボリ火山で見られる噴火です。赤熱溶岩のしぶきを間欠的な爆発に伴って吹き上げます。日本では阿蘇中岳（図9・13）や伊豆大島の1986年噴火の初期に見られました。

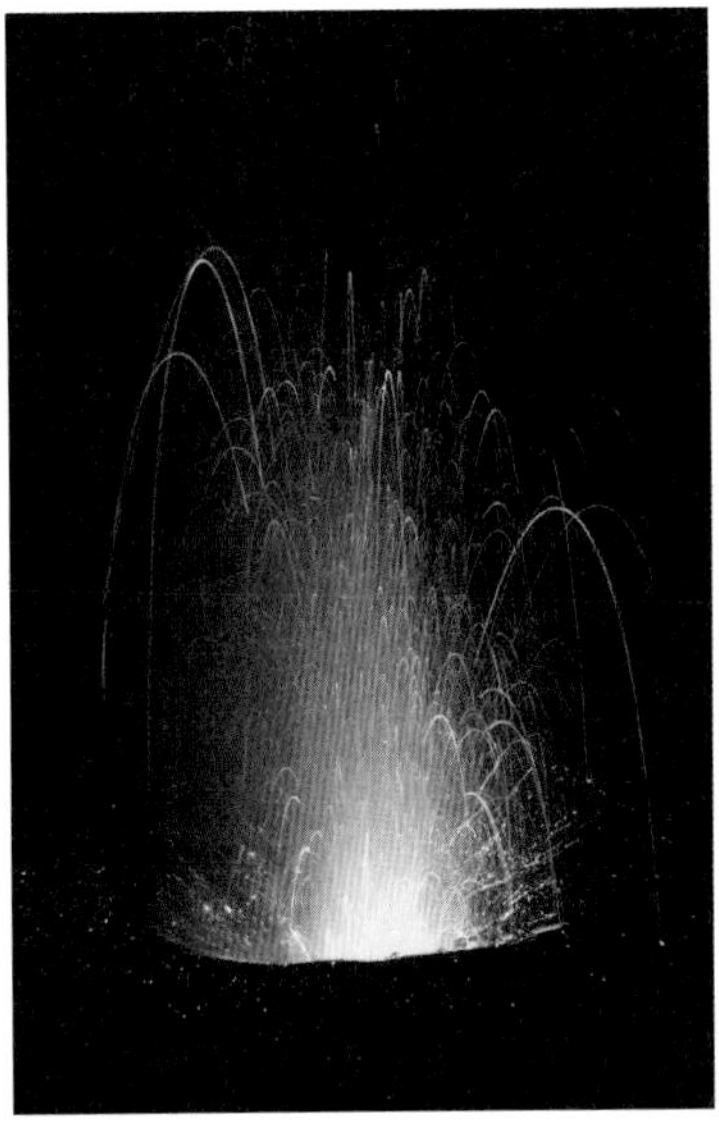

図9・13
阿蘇中岳の噴火で見られたストロンボリ式噴火。（宮縁育夫撮影。2015年1月13日）

ブルカノ式噴火の命名の元になったのはイタリアのブルカノ火山です。爆発的な噴火で火山灰を大量に放出します。日本では浅間山や桜島の噴火（図2・2、図2・6）でよく見られます。図9・11に例示されていない**プレー式噴火**は1902年に西インド諸島のプレー火山で小型の火砕流を発生した事例を指す名称です（5－2参照）。図9・11に例示されていない**プリニー式噴火**はイタリアのベスビオ火山の西暦79年噴火を記録したプリニーにちなんでいます。成層圏まで届くような噴煙を吹き上げて大量の軽石やスコリアを放出し、火砕流・火砕サージの流出に移行する噴火です（図5・3、図5・7）。図9・11の**フレアトプリニー式噴火**は**スルツェイ式噴火**とも呼ばれ、浅い水底で発生する爆発的な噴火です。鶏のとさかのような形状の噴煙が頻繁に発生し、周辺にベースサージ（7－5参照）を吹き付けます。流紋岩質洪水噴火は大型のカルデラと火砕流台地を作る大規模火砕流噴火のことですが、地球上全体で数千年に1回程度と発生頻度が低く、現代人による目撃事例はありません。

9-6 多様な噴火の規模と継続時間

本書でこれまで紹介したように火山の噴火で発生する現象は多様です。噴火が始まってから発生する現象やその規模が次第に変化し、終息まで長期化することが多いという特徴があります。そのため、噴火が始まった時点で今後の見通しやいつ終息するかを断定するのは困難です。噴火が終わったかのように見えても再開することさえあります。多様な観測データと知見に基づいた専門研究者による判断が必須なのです。

噴火の継続時間

図9・14はスミソニアン研究所のデータベースから求めた噴火の継続時間の統計データです。わずか数分で終わってしまう噴火から数十年以上継続する噴火まで多様です。全体の約70％は噴火開始から終息までの期間が10日以上3年以内であることがわかります。

噴火の開始から終息までの間にここに記した噴火が同じ強度や頻度で続くとは限らず、次第に変化していくのが普通です。また個々の火山で毎回同じことが起こるわけではありません。過去の噴火体験は参考にはなりますが、それに囚われるのはリスクがあります。

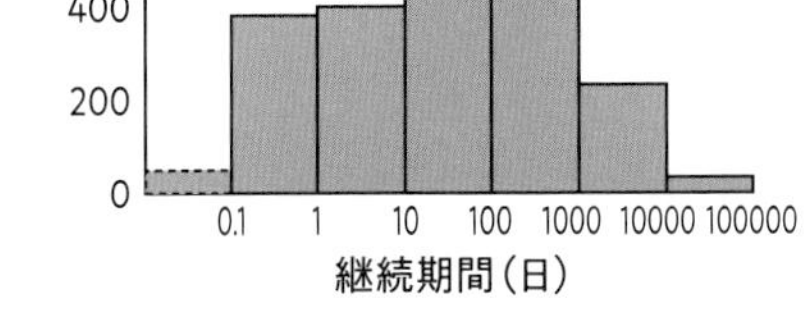

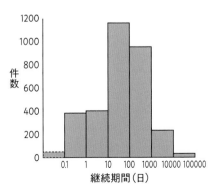

図 9・14
噴火の継続時間。
（Simkin and Siebert (1994) を改変）

火山爆発指数（VEI）

噴火の際に流れ出す溶岩流や溶岩ドームは影響が及ぶ範囲が限られ、流れ広がる速度も遅いので発生する災害は限定的です。一方、噴火に伴って発生する降灰や火砕流など爆発的な噴火による噴出物は広い範囲に影響を及ぼすことがあります。そこでスミソニアン研究所のデータベースから爆発的な噴火による噴出物の体積を統計処理したのが0から8までの数値で表示される**火山爆発指数（VEI）**です（図9・15）。日本列島ではVEIが4－5の噴火は17－19世紀には1世紀あたり4－6回発生しましたが、20世紀以降は1914年桜島と1929年の北海道駒ヶ岳噴火以来発生していません。

		1回の噴出量	噴煙高度	成層圏の影響	噴火例
0	非爆発的噴火	10万m³	0.1km以下	なし	
1	小噴火	100万m³	0.1-1km	なし	
2	中噴火	1000万m³	1-5km	なし	
3	中大噴火	1億m³	3-15km	可能	
4	大噴火	10億m³ 1km³	10-25km	明瞭	
5	巨大噴火	10km³	25km以上	深刻 ↓	セントヘレンズ 1980年
6	↑	100km³			ピナツボ 1991年
7	破局噴火	1000km³			鬼界 入戸
8	↓			↓	イエローストン

図9・15
火山爆発指数。（Newhall and Self（1982）原図、兼岡・井田（1997）を改変）

破局噴火の規模と発生頻度

噴出物の体積がVEI＝7、100立方キロメートルを超える大規模火砕流は、日本国内では過去12万年間に9回発生しています。日本列島で最新の大規模火砕流噴火は7300年前に南九州の鬼界カルデラで発生しました。大型のカルデラ火山では、数万年から十数万年間隔で大規模火砕流を発生する噴火を繰り返すことがあります。

3－7で述べた米国のイエローストンカルデラでのマグマ活動は熱源がホットスポットに由来しています。そのため発生する大規模火砕流の規模は日本のようなプレート沈み込み帯のカルデラよりは1桁大きいVEI＝8、3000立方キロメートルに達したことがあります。その代わり繰り返し間隔は数十万年以上開いています。

破局噴火の発生に伴う噴煙には大量の二酸化硫黄が含まれていて成層圏に放出されます。二酸化硫黄は水と反応してエアロゾルと呼ばれる硫酸の微粒子となり、火山灰と違って長期間、成層圏を漂いながら全地球に拡散して行きます。エアロゾルは太陽光エネルギーを吸収してしまうため、大気圏では異常低温気象が発生します。こうした事態の小型版は1783年のアイスランドのラカギガル火山の噴火や1991年のピナツボ火山の噴火の影響で翌年以降に穀物が不作となった事例が知られています。

大型のカルデラ火山で大規模火砕流を発生する噴火を、石黒耀は火山小説『死都日本』の中で破局噴火と表現しました。大規模火砕流では発生する事態の深刻さが伝わらないからでしょう。今では研究者も破局噴火を学術用語として使うようになってきました。

火山活動と噴火の違い

火山の専門家は〝噴火〟と〝火山活動〟という2つの用語を使い分けています。噴火とは火口から固体の噴出物が出てくる現象を指します。噴火はマグマの上昇を伴うために前兆現象として地震や大地の隆起などが観測されます。また、噴火が終わってからもマグマの上昇が続いて大地が隆起したり、火山ガスの放出が続いたりすることがあります。こうした異変が発生する期間を含めて火山活動といいます。

9-7 日本の活火山

日本の活火山が最初にリスト化されたのは１９６２年に刊行された国際火山学会議編集の世界活火山カタログ第11巻で、64火山が収録されていました。

気象庁は１９７５年に噴火記録がある活火山として北方領土を含む77火山をリスト化しました。その後１９８３年に「過去２０００年以内に噴火したか、活発な噴気現象が確認できる火山」を活火山と定義して北方領土を含む83火山を指定しました。スミソニアン研究所の定義に合わせて「過去1万年以内に噴火したか、活発な噴気現象が確認できる火山」に定義を改定したのは２００３年のことでした。２０２２年現在の日本の活火山は１１１です（図９・16）。この中には南千島の９火山が含まれています。活火山は今後も新たに公表された研究成果を反映して追加認定されることになっています。活動度が高い50火山を常時観測火山に指定して観測監視体制がとられています。

気象庁が指定した活火山は監視機材の配置の都合や火山の自治体との協議を経て名称を決めているため、研究者による学術成果に由来するスミソニアンのデータベースとは一部で火山名に食い違いがあります。

死語となった休火山・死火山

活火山と共に休火山や死火山という用語がありました。過去に噴火したことがあるが今は噴火を休んでいる火山を休火山と定義していました。例えば富士山がそうでした。

しかし、火山の噴火履歴の調査研究が進んだ結果、活火山の火口から噴煙を上げている期間は短くて普段は噴煙を上げていないのが普通で、噴火の休止期間が数千年に及ん

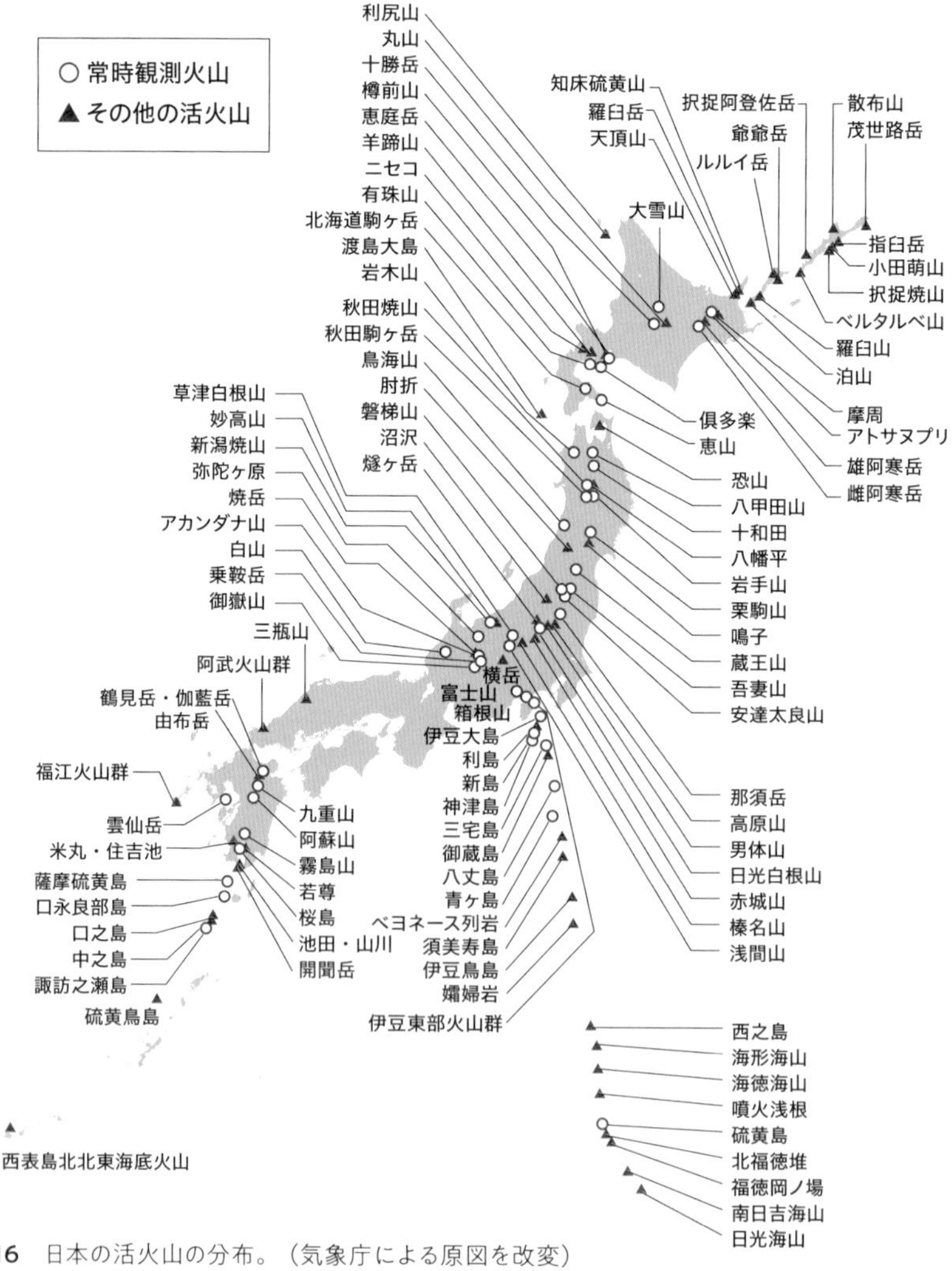

図 9･16　日本の活火山の分布。（気象庁による原図を改変）

だ火山が噴火を再開するケースがあることもわかってきました。こうした火山が突然噴火を開始することがあり、不用意に噴火災害に巻き込まれてしまう懸念があります。休火山として区別するのは防災対策上好ましくありません。そこで休火山とせずに活火山に含めるようになりました。

休火山と共に死火山という分類名も使われなくなりました。活火山ではないが地形や地層から火山であることがわかっている場合一括して〝その他の第四紀火山〟と呼んでいます。第四紀とは地質学的な年代区分の用語で過去258万年以内を指しています。

観光施設のパンフレットやテレビの紀行番組に今でも休火山や死火山という用語が出てくることがあります。しかし、こうした使い方は適切ではありません。

COLUMN 9

世界の火山データベース

どのような基準で活火山と認識するかは歴史的な流れがあり、国により違いがあります。米国のスミソニアン研究所は世界各国の火山研究者からの協力を得て、統一した判断基準で学術論文や観測記録を精査しています。その成果として地球上の過去１万年以内の火山活動データベースを構築して公開しています。

これまでに１９８１年、１９９４年、２０１０年の３回 Volcanoes of the World という表題の書籍を出版してその成果を公表してきました。２０１０年版では活火山数を最新の噴火年代が未確定な火山を含めて１５４５としています。また、新規に協力者から入ってきた火山観測情報を無償の月刊誌 Bulletin of the Global Volcanism Network として希望する研究者に配布していました。

２０１３年５月からは Volcanoes of the World と Bulletin of the Global Volcanism Network はウェブサイトに移行して数か月ごとに内容を更新しています。２０２３年１月現在、収録されている世界の活火山数は噴火年代が特定されている活火山に限れば１３２８で、その約８％が日本にあります。

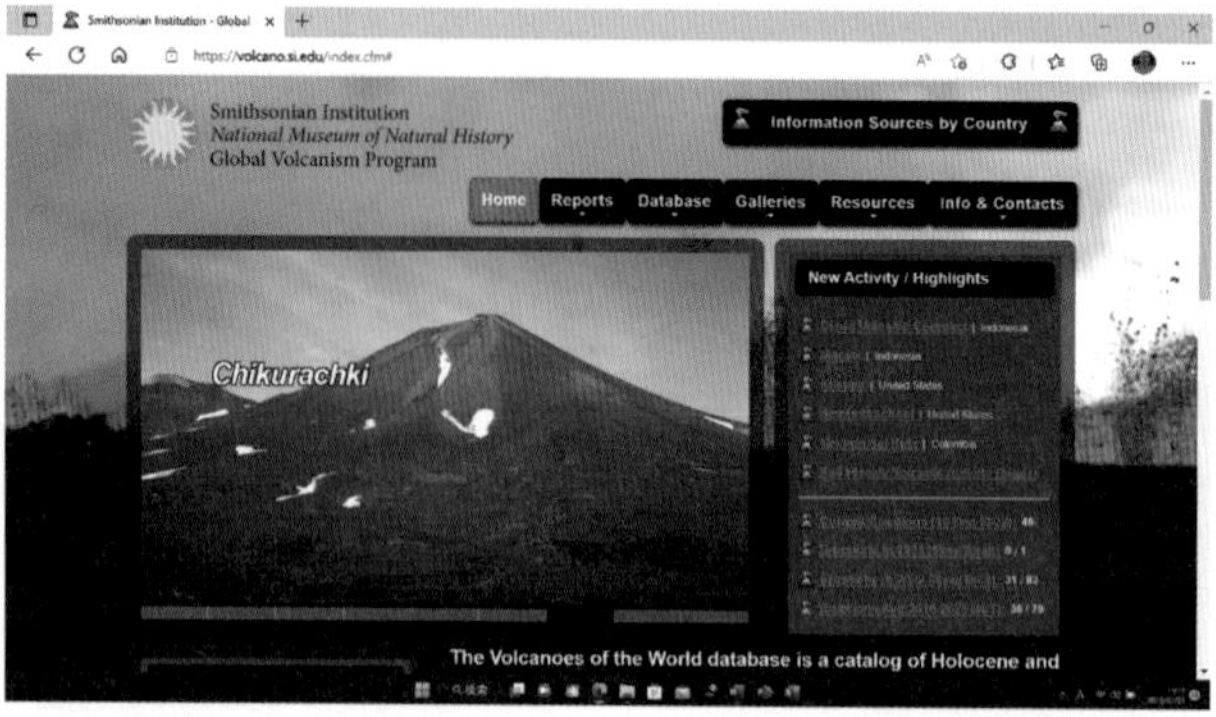

図 9･17　スミソニアン研究所の火山ウェブサイトトップページ画面。

https://volcano.si.edu/index.cfm のトップページ（図９・17）を表示して Reports のプルダウンメニューからは週報と月報の形で協力者から入ってきた噴火観測結果についての速報を閲覧できます。Database のプルダウンメニューでは火山名を入力するとその火山の噴火履歴や形成史などと火山の画像が閲覧できます（図９・18）。Galleries のプルダウンメニューでは収集されている大量の画像やビデオ映像を検索できます（図９・19）。但し、商業目的での利用に規制がかかっている画像があります。

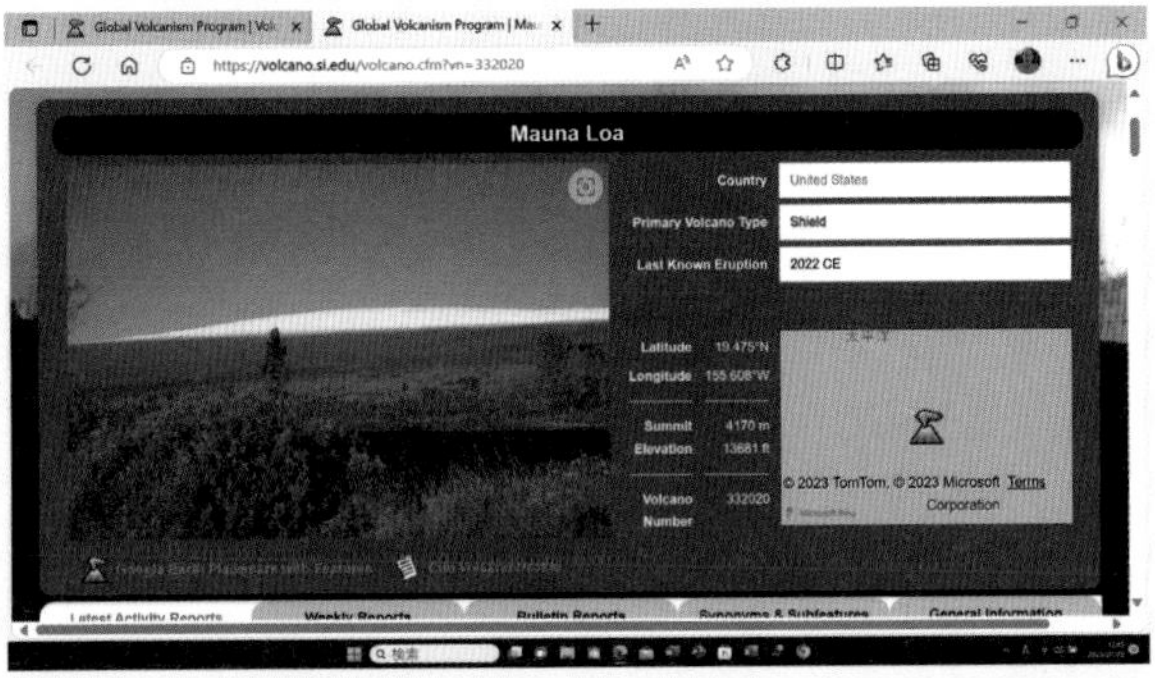

図9•18　データベースの検索ページ。

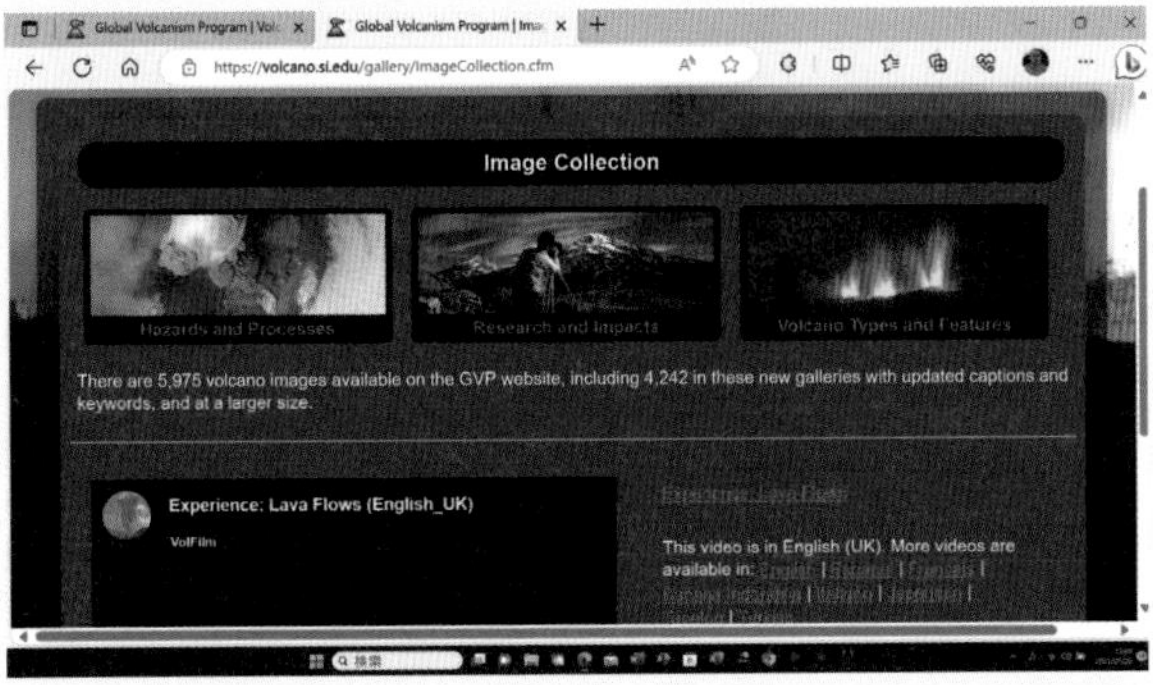

図9•19　画像の検索ページ。

あとがき

本書は火山の地形や噴火中の現場、そして残されている過去の噴出物を観察して火山の営みを知るという視点で執筆しました。

火山の専門研究者として過ごした大学在職中とその後の防災啓発活動で得た情報から話題を選んでいます。私が関わったことに特化していますから全てを網羅しているわけではありません。個別にお名前は記しませんが、神戸大学及び北海道大学在職中の私の研究室に所属された卒研生・院生の方々、そして大学退職後に企画した火山研修行事に参加された方々との現場での討論の成果を本書に取り入れることができました。

本書の中で撮影者を明記していない画像は私が撮影しました。2003年までにフィルムカメラで撮りためていた約6万コマのカラースライドもデジタル化し、その中から本書の解説に適したものを掲載しています。すでに劣化が進んでおり発色は最近のデジタルカメラで撮ったものとは違いますが、火山の姿とともに撮影当時の現場の空気が伝わればと思っています。現地の状況が年々変化してしまうものについては図の説明文に撮影年月日を明記しました。空撮画像のうち雲仙普賢岳及び有珠山の噴火関連の画像は陸上自衛隊による噴火観測支援により撮影できました。それ以外の北海道での空撮画像は北海道防災会議の活火山の定期観測の際に撮影しました。米国セントヘレンズ火山とフィリピンピナツボ火山での空撮画像は米国地質調査所及びフィリピン火山地震研究所の噴火観測に便乗させていただいた際に撮影しました。ハワイ島とセントヘレンズ火山の噴火画像の一部は米国地質調査所の公開資料を使わせていただきました。ネバドデルルイス火山1985年噴火時の画像はTBSの『報道特集』の取材に同行した際に撮影できました。

一部の原稿を読んでいただいた鈴木桂子さん、田島靖久さん、藤縄明彦さんからのコメントにより内容を改善することができました。和田穣隆さん、臼井里佳さん、蓮岡真さん、宮縁育夫さん、鈴木桂子さんから画像を提供していただきました。佐竹健治さんと藤原辰彦さんには図版の使用や撮影地についてアドバイスをいただきました。

ベレ出版の坂東一郎さんには本書の企画当初から多くのアドバイスをいただき、出版にこぎつけることができました。カバーのデザインを担当してくださった井上新八さん、本文のデザインや図版の作成をしてくださった三枝未央さんにも感謝します。

宇井忠英

図6.36:尾上秀司(1988) 岩屑流堆積物の岩相変化—鳥海山北麓象潟岩屑流堆積物の研究—神戸大学修士論文.
図6.38:Ui, T., Kawachi, S. & Neall, V.E. (1986) Fragmentation of debris avalanche material during flowage—evidence from the Pungarehu Formation, Mount Egmont, New Zealand. Jour.Volcanol.Geotherm.Res., 27, 255-264.
図6.39, 6.53:Ui, T., Takarada, S.& Yoshimoto, M. (2000) Debris Avalanches. Encyclopedia of Volcanoes, 617-626.
図6.50:Satake, K., Smith, J.R. & Shinozaki, K. (2002) Three-dimensional reconstruction and tsunami model of the Nuuanu and Wailau giant landslides, Hawaii. Geophysical Monograph 128, 333-346.

第7章

図7.4:van Andel, T.H. & Ballard, R.D. (1979) The Galapagos Rift at 86° W:2. Volcanism, structure, and evolution of the rift valley. J.Geophy.Res. 84, 5390-5406.
図7.5:Ballard, R.D. & Moore, J.G. (1977) Photographic Atlas of the Mid-Atlantic Ridge Rift Valley. Springer-Verlag.
図7.6:山岸宏光 (1994) 水中火山岩. 北海道大学図書刊行会.
図7.19:Cas, R.A.F. & Wright, J.V. (1987) Volcanic Successions-Modern and Ancient. Allen and Unwin.
図7.22:Fisher, R.V., Heiken, G. & Hulen, J.B. (1997) Volcanoes:Crucibles of Change. Princeton University Press.

第8章

図8.23:Crandell, D.R. & Mullineaux, D.R. (1978) Potential hazards from future eruptions of Mount St. Helens volcano, Washington. U.S.Geol.Surv. Bull., 1383-C.
図8.24A:勝井義雄(2008) ネバドデルルイス. 火山の事典第2版, 553-554.
図8.24B:Sigurdsson, H. & Carey, S. (1986) Volcanic disasters in Latin America and the 13th November 1985 eruption of Nevado del Ruiz volcano in Colombia. Disasters, 10, 205-216.
図8.26:北海道上富良野町(1986)かみふらの町防災計画緊急避難図.
図8.27:伊達市・虻田町・壮瞥町・豊浦町・洞爺村(1995)有珠ハザードマップ.
図8.32:https://www.jma.go.jp/jma/kishou/books/funka/funka.pdf

第9章

図9.1, 9.2:ハンス-ウルリッヒ シュミンケ (2010) 火山学. 古今書院.
図9.3:佐野貴司 (2015) 地球を突き動かす超巨大火山. 講談社 Blue Backs.
図9.4, 9.15:兼岡一郎・井田喜明 (1997) 火山とマグマ. 東京大学出版会.
図9.4:Toramaru, A. & Fujii, N. (1986) Connectivity of melt phase in a partially molten peridotite. J. Geophys. Res., 91, 9239-9252.
図9.5, 9.7, 9.8:藤井敏嗣 (2008) 火山のもと、マグマ. 地震・津波と火山の事典, 109-115.
図9.6:古川竜太・中川光弘 (2010) 火山地質図15 樽前火山地質図. 産業技術総合研究所.
図9.9:荒牧重雄 (1979) 火山砕屑物と火砕岩. 岩波講座地球科学7火山, 142-154.
図9.10:Fisher, R.V. (1966) Rocks composed of volcanic fragments and their classification. Earth Sci.Rev., 1, 287-298.
図9.11:中村一明(1975) 火山の構造および噴火と地震の関係. 火山, 20, 229-240.
図9.14:Simkin, T.& Siebert, L. (1994) Volcanoes of the World 2nd ed. Geoscience Press.
図9.15:Newhall, C.G. & Self, S. (1982) The volcanic explosivity index (VEI) :An estimate of explosive magnitude for historical volcanism. J.Geophys.Res., 87, 1231-1238.
図9.16:https://www.data.jma.go.jp/vois/data/tokyo/STOCK/kaisetsu/katsukazan_toha/katsukazan_toha.html
図9.17, 9.18, 9.19:https://volcano.si.edu/

図3.37:気象庁編（2013）活火山総覧第4版.
図3.45:佐藤大介・山元孝広・高木哲一（2016）地域地質研究報告 5万分の1地質図幅 播州赤穂地域の地質.
図3.51:Swanson, D.A., Wright, T.L. & Helz, R.T.（1975）Linear vent systems and estimated rates of magma production and eruption for the Yakima basalt on the Columbia Plateau. Amer.Jour.Sci., 275, 877-905.
図3.53, 3.54:https://www.gsj.jp/data/chishitsunews/06_11_02.pdf

第4章

図4.24:Siebert, L., Simkin, T. & Kimberly, P.（2010）Volcanoes of the World 3rd ed. University of California Press.

第5章

図5.2, 5.7:Francis, P.（1993）Volcanoes:A Planetary Perspective. Oxford University Press.
図5.3:Fisher, R.V. & Heiken, G.（1982）Mt.Pelée, Martinique:May 8 and 20, 1902, pyroclastic flows and surges. Jour.Volcanol.Geotherm.Res., 13, 339-371.
図5.13:黒墨秀行．土井宣夫（2003）濁川カルデラの内部構造．火山，48, 259-274.
図5.17:Wright, J.V., Self, S. & Fisher, R.V.（1980）Towards a facies model for ignimbrite-forming eruptions. Tephra Studies, 433-439.
図5.20:荒牧重雄（1979）火山砕屑物と火砕岩．岩波講座地球科学7火山，142-154.
図5.22:Suzuki-Kamata, K.（1988）The ground layer of Ata pyroclastic flow deposit, southwestern Japan—Evidence for the capture of lithic fragments. Bull.Volcanol., 50, 119-129.
図5.24:Suzuki-Kamata, K., Kamata, H. & Bacon, C.R.（1993）Evolution of the caldera-forming eruption at Crater Lake, Oregon, indicated by component analysis of lithic fragments. J.Geophys. Res., 98, 14059-14074.
図5.30:町田洋・新井房夫（2003）新編火山灰アトラス．東京大学出版会．
図 5.38:Suzuki, K. & Ui, T.（1982）Grain orientation and depositional ramps as flow direction indicators of large-scale pyroclastic flow deposit in Japan. Geology, 10, 429-432.
図5.40:Williams, H.（1942）The Geology of Crater Lake National Park, Oregon. Carnegie Inst. Washington Pub.540, 157pp.
図5.41:Bacon, C.R.（1983）Eruptive history of Mount Mazama and Crater Lake caldera, Cascade Range, U.S.A. Jour.Volcanol.Geotherm.Res., 18, 57-115.
図5.43:https://www.usgs.gov/volcanoes/mount-st.-helens/pyroclastic-flow-hazards-mount-st-helens
図5.47:Nakada, S., Shimizu, H. & Ohta, K.（1999）Overview of the 1990-1995 eruption at Unzen Volcano. Jour. Volcanol.Geotherm.Res., 89, 1-22.
COLUMN 5:千葉達朗編（2006）赤色立体図でみる日本の凸凹．技術評論社．

第6章

図6.2:Sekiya, S. & Kikuchi, Y.（1890）The eruption of Bandai-san. Jour.Coll.Sci., Imp.Univ.Tokyo, 3, 91-172.
図6.3:本間美術館所蔵作品データベース
図6.4:辻村太郎・木内信蔵（1936）火山泥流地形．科学，6, 288-290. 岩波書店．
図6.5:Gorshkov, G.S.（1959）Gigantic eruption of the volcano Bezymianny. Bull.Volcanol., 20, 77-109.
図6.9:Decker, R. & Decker, B.（1989）Volcanoes:Revised and Updated Ed. W.H. Freeman & Co.
図6.10:Voight, B.（1981）Time scale for the first moments of the May 18 eruption. U.S.Geol.Surv. Prof.Paper, 1250, 69-86.
図6.11:Kieffer, S.W.（1981）Fluid dynamics of the May 18 blast at Mount St. Helens. U.S.Geol.Surv. Prof.Paper, 1250, 379-400.
図6.14:https://pubs.usgs.gov/sim/3008/
図6.19:Siebert, L., Glicken, H. & Ui, T.（1987）Volcanic hazards from Bezymianny- and Bandai-type eruptions. Bull.Volcanol., 49, 435-459.

引用文献

図版を引用した文献とホームページ

はじめに

宇井忠英（1973）幸屋火砕流—極めて薄く拡がり堆積した火砕流の発見．火山，18, 153-168.

第1章

図1.2：荒牧重雄（1979）火山砕屑物と火砕岩．岩波講座地球科学7火山，132-141.
図1.33：Hazlett, R.（2014）Explore the Geology of Kilauea Volcano. Hawaii Pacific Parks Association.
図1.42：小林哲夫・味喜大介・佐々木寿・井口正人・山元孝広・宇都浩三（2013）火山地質図1 桜島火山地質図（第2版）．産業技術総合研究所．
図1.44:https://store.usgs.gov/product/88456, https://store.usgs.gov/product/350410
図1.49：渡辺一徳・星住英夫（1995）火山地質図8 雲仙火山地質図．産業技術総合研究所．

第2章

図2.1:https://www.pref.shizuoka.jp/_res/projects/default_project/_page_/001/030/190/21_kouhai.pdf
図2.2:https://www.data.jma.go.jp/svd/vois/data/tokyo/STOCK/monthly_v-act_doc/fukuoka/22m07/506_22m07.pdf
図2.3:https://www.usgs.gov/volcanoes/mount-st.-helens/multimedia/images
図2.5:https://www.usgs.gov/volcanoes/mauna-loa/multimedia/images
図2.31:Casadevall, T.J.（1992）Volcanic hazards and aviation safety:Lessons of the past decade Aviation Safety Journal, 2, 9-17.
図2.32：小野寺三朗（1995）航空機災害．火山の事典，382-391.
図2.33:Casadevall, T.J.（1994）The 1989-1990 eruption of Redoubt Volcano, Alaska:Impacts on aircraft operations. Jour.Volcanol.Geotherm.Res., 62, 301-316.
図2.34:https://www.weather.gov/aviation/vaac
図2.35:https://www.data.jma.go.jp/mscweb/ja/prod/image_05.html
図2.36:https://www.metoffice.gov.uk/services/transport/aviation/regulated/vaac/advisories/5dfc8a3ac8e0fe3b917669bc3037c2a1
図2.37, 2.38, 2.39：廣瀬亘・岡崎紀俊・石丸聡・長谷川健・藤原伸也・中川光弘・佐々木寿・佐藤十一・札幌管区気象台・釧路地方気象台（2007）2006年（平成18年）3月の雌阿寒岳噴火：噴火の経過および降灰調査結果．道立地質研究所報告，78, 37-55.

第3章

図3.5:https://www.data.jma.go.jp/vois/data/tokyo/STOCK/souran/main/15_Usuzan.pdf
図3.6：高田亮・山元孝広・石塚吉浩・中野俊（2016）特殊地質図12 富士火山地質図（第2版）説明書．産業技術総合研究所．
図3.9:Nakamura, K.（1977）Volcanoes as possible indicators of tectonic stress orientation–principle and proposal. Jour.Volcanol.Geotherm.Res., 2, 1-16.
図3.10：小林哲夫・味喜大介・佐々木寿・井口正人・山元孝広・宇都浩三（2013）火山地質図1 桜島火山地質図（第2版）．産業技術総合研究所．
図3.14：津久井雅志・川辺禎久・新堀賢志（2005）火山地質図12 三宅島火山地質図．産業技術総合研究所．
図3.15：中田節也（2008）三宅島．火山の事典第2版．494-497.
図3.17:Nakada, S. Uto, K., Sakuma, S., Eichelberger, J.C. & Shimizu, H.（2005）Scientific results of conduit drilling in the Unzen Scientific Drilling Project（USDP）. Scientific Drilling, 1, 18-22.
図3.20:USGS（2010）Eruptions of Hawaiian Volcanoes—Past, Present, and Future. General Information Product 117.
図3.22, 3.23:https://www.usgs.gov/volcanoes/kilauea/multimedia

ま　行

や　行

ら　行

わ　行

な 行

は 行

さ　行

た　行

索　引

あ 行

か 行

著者紹介

宇井 忠英（うい・ただひで）

1940年東京都生まれ。東京大学大学院理学系研究科博士課程修了。理学博士。北海道大学名誉教授・NPO法人 環境防災総合政策研究機構理事。専門は火山地質学・火山防災。火砕流と岩屑なだれの発生や堆積機構を研究し、大学を退職後は火山噴火などの自然災害の軽減に関わる啓発活動に従事している。『火山噴火と災害』（東京大学出版会）、『旅客機から見る世界の名山』（イカロス出版）、『地震と火山のメカニズム』（古今書院）などの共著書がある。

◉── カバーデザイン　井上 新八
◉── 本文デザイン・DTP　三枝 未央
◉── 校正　株式会社ぷれす

現場《げんば》で熱《ねつ》を感《かん》じ探《さぐ》る　火山《かざん》の仕組《しく》み

2023年 9月 25日　初版発行

著者	宇井《うい》 忠英《ただひで》
発行者	内田 真介
発行・発売	ベレ出版 〒162-0832　東京都新宿区岩戸町12 レベッカビル TEL.03-5225-4790 FAX.03-5225-4795 ホームページ　https://www.beret.co.jp/
印刷・製本	三松堂株式会社

ISBN 978-4-86064-736-0 C0044　編集担当　坂東 一郎